高校核心课程学习指导丛书

量子力学题解
量子理论在现代物理中的应用

THE QUANTUM MECHANICS SOLVER
HOW TO APPLY QUANTUM THEORY TO MODERN PHYSICS

〔法〕吉恩·路易斯·巴德旺
〔法〕吉恩·达利巴尔 / 著

丁亦兵　沈彭年 / 译

中国科学技术大学出版社

安徽省版权局著作权合同登记号:第 12151582 号

The Quantum Mechanics Solver:How to Apply Quantum Theory to Modern Physics, first edition by Jean-Louis Basdevant,Jean Dalibard.
first published by Springer 2006.
All rights reserved.
This simplified Chinese edition for the People's Republic of China is published by arrangement with Springer,Berlin Heidelberg,Germany.
© Springer-Verlag Berlin Heidelberg & University of Science and Technology of China Press 2017
This book is in copyright. No reproduction of any part may take place without the written permission of Springer and University of Science and Technology of China Press.
This edition is for sale in the People's Republic of China (excluding Hong Kong SAR,Macau SAR and Taiwan Province) only.
此版本仅限在中华人民共和国境内(不包括香港、澳门特别行政区及台湾地区)销售.

图书在版编目(CIP)数据

量子力学题解:量子理论在现代物理中的应用/(法)吉恩·路易斯·巴德旺,(法)吉恩·达利巴尔著;丁亦兵,沈彭年译.—合肥:中国科学技术大学出版社,2018.1

书名原文:The Quantum Mechanics Solver:How to Apply Quantum Theory to Modern Physics

ISBN 978-7-312-03971-3

Ⅰ.量… Ⅱ.①吉… ②吉… ③丁… ④沈… Ⅲ.量子力学—高等学校—题解 Ⅳ.O413.1-44

中国版本图书馆 CIP 数据核字(2016)第 116160 号

出版	中国科学技术大学出版社 安徽省合肥市金寨路 96 号,230026 http://press.ustc.edu.cn https://zgkxjsdxcbs.tmall.com
印刷	安徽省瑞隆印务有限公司
发行	中国科学技术大学出版社
经销	全国新华书店
开本	710 mm×1000 mm 1/16
印张	17.75
字数	358 千
版次	2018 年 1 月第 1 版
印次	2018 年 1 月第 1 次印刷
定价	49.00 元

序

量子力学是新问题和有趣的观测现象的一个无穷无尽的源泉.在目前量子力学的解释及其哲学含义的流行争论中,以及在基础物理和应用物理及数学问题中,我们都可以找到许多例子.

量子力学的讲授大多依赖于理论课程,它们通过一些简单的、时常带有数学特征的练习来举例说明.把量子物理简化成这种类型的问题有点令人沮丧,因为只有极少的实验的量,如果有的话,可以用来与这些结果相比较.不管怎么样,长期以来,从20世纪50年代到70年代,这些基本练习的唯一选择似乎只限制在起源于原子物理和核物理的问题,它们被转换为精确的可解问题并且与已知的一些较高阶的超越函数联系起来.

在过去的10年或20年中,情况发生了根本的变化.高技术的发展是一个很好的例子.对初学者来说,一维方势阱曾经是一个相当好的教学练习.半导体技术中量子点和量子阱的出现已经彻底地改变了这种情况.光电子学及相关联的红外半导体和激光技术的发展已经显著地提升了方势阱模型的科学地位.结果,越来越多的重点放在了现象的物理方面而不是在分析或计算的考虑上.

近年来,量子理论一开始就提出的许多基本问题得到了实验的回应.一个很好的例子是20世纪80年代的中子干涉实验,它对50年来关联着波函数相位可测性的老问题给出了实验的回答.也许最基本的例子是贝尔不等式(Bell's inequality)破坏的实验证明和纠缠态的性质,它们已经在自20世纪70年代后期起的一些决定性的实验中被确立了.

最近，为定量验证退相干效应和"薛定谔猫"状态所进行的实验已经引起了对量子力学基础和解释的极大兴趣.

本书包含了一系列关系到现代量子力学的实验或理论的问题. 所有这些问题都基于实际的物理实例，即使有时把所考虑的模型的数学结构有意地简化，也是为了更迅速地掌握物理.

在过去的十几年，这些问题都曾经出给了我们在巴黎高等理工学院和巴黎高等师范学校的学生. 巴黎高等理工学院的特色来自两个多世纪一直被保持的一个传统，由此说明了为什么每年都有必要设计一些原创性的问题. 考试有双重的目的. 一方面，它是一种测试学生知识和能力的手段；另一方面，不管怎样，它也被视为工程、行政管理和军事职业方面公职工作入职考试的一部分. 因此，激烈的竞争性考试的传统特征和严格的精才管理制度禁止我们利用可在现有著作中找到的问题. 所以，我们必须在目前的研究前沿中寻找问题. 结果证明，我们与许多同事合作完成的这项工作是我们之间进行讨论的一个令人吃惊的源泉. 通过把各自感兴趣的领域的知识汇集在一起，我们实际上都学到了很多东西.

与 2000 年施普林格出版社出版的这本书的第 1 版相比，我们已经做了若干修改. 首先，本书包含了一些新的主题，如有关测量中微子振荡、量子点、量子温度计等方面的进展. 其次，在开始的时候一个关于量子力学基础和我们使用的公式的小结显然是很有用的. 最后，我们把问题分到了三个主要的主题组之下. 第一个主题（A 部分）处理基本粒子、原子核和原子，第二个主题（B 部分）处理量子纠缠和量子测量，而第三个主题（C 部分）处理复杂系统.

我们受惠于很多同事，他们要么提供了起推动作用的主意，要么写出了呈现在这里的一些问题的初稿. 我们想把敬意献给吉尔伯特·格林柏格（Gilbert Grynberg），他撰写了第 1 版的"交叉场中的氢原子"、"隐变量和贝尔不等式"及"中子束的光谱测量". 我们特别要感谢佛朗索瓦·贾戈尔（François Jacquet）、安德烈·鲁热（André Rougé）和吉姆·里什（Jim Rich）的关于"中微子振荡"的启发性讨论. 最后，我们要感谢菲利普·格兰杰尔（Philippe Grangier），他实际上构思了很多问题，其中有"薛定谔猫"、"理想的量子测量"和

"量子温度计",还有杰拉尔德·巴斯塔德(Gérald Bastard)的"量子点",让-诺埃尔·查扎尔维埃勒(Jean-Noël Chazalviel)的"电子自旋共振中的超精细结构",蒂埃里·优利克(Thierry Jolicoeur)的"磁激子",伯纳德·埃凯(Bernard Equer)的"用正 μ 子探测物质",文森特·吉利特(Vincent Gillet)的"物质中离子的能量损失",伊凡·卡斯坦(Yvan Castin)、让-米歇尔·库尔蒂(Jean-Michel Courty)、多米尼克·德朗德(Dominique Delande)的"原子在表面上的量子反射"和"周期势中的量子运动".

吉恩·路易斯·巴德旺

吉恩·达利巴尔

2005 年 4 月于帕莱索(Palaiseau)

目　　录

序 .... (i)

概要 .... (1)
  0.1 原理 .... (1)
  0.2 一般结果 .... (4)
  0.3 类点粒子的特殊情况；波动力学 .... (5)
  0.4 角动量和自旋 .... (6)
  0.5 精确可解的问题 .... (8)
  0.6 近似方法 .... (9)
  0.7 全同粒子 .... (11)
  0.8 系统的时间演化 .... (12)
  0.9 碰撞过程 .... (13)

第 1 部分　基本粒子、原子核和原子

第 1 章　中微子振荡 .... (18)
  1.1 振荡机制：反应堆中微子 .... (19)
  1.2 三类振荡：大气中微子 .... (21)
  1.3 解 .... (24)
  1.4 评注 .... (27)

第 2 章　原子钟 .... (29)
  2.1 基态的超精细分裂 .... (29)
  2.2 原子喷泉 .... (30)
  2.3 GPS 系统 .... (32)
  2.4 基本常数的漂移 .... (33)
  2.5 解 .... (33)

2.6 参考文献 .... (37)
第3章 中子干涉测量方法 .... (38)
3.1 中子干涉 .... (39)
3.2 重力效应 .... (40)
3.3 将自旋 1/2 的粒子旋转 360° .... (41)
3.4 解 .... (43)
3.5 参考文献 .... (46)
第4章 中子束流的谱学测量 .... (47)
4.1 拉姆齐干涉条纹 .... (48)
4.2 解 .... (49)
4.3 参考文献 .... (53)
第5章 斯特恩-盖拉赫实验的分析 .... (54)
5.1 中子束流的制备 .... (54)
5.2 中子的自旋态 .... (56)
5.3 斯特恩-盖拉赫实验 .... (56)
5.4 解 .... (59)
第6章 测量电子反常磁矩 .... (63)
6.1 电子的自旋和动量在磁场中的进动 .... (63)
6.2 解 .... (64)
第7章 氚原子的衰变 .... (66)
7.1 氚核衰变中的能量平衡 .... (67)
7.2 解 .... (68)
7.3 评注 .... (69)
第8章 电子偶素的谱 .... (70)
8.1 电子偶素的轨道态 .... (70)
8.2 超精细分裂 .... (71)
8.3 基态中的塞曼效应 .... (72)
8.4 电子偶素的衰变 .... (72)
8.5 解 .... (74)
8.6 参考文献 .... (78)
第9章 交叉场中的氢原子 .... (79)
9.1 交叉的电场和磁场中的氢原子 .... (80)
9.2 泡利的结果 .... (80)
9.3 解 .... (81)

目录

第 10 章　物质中离子能量的损失 .... (84)
- 10.1　被一个原子吸收的能量 .... (85)
- 10.2　在物质中的能量损失 .... (86)
- 10.3　解 .... (87)
- 10.4　评注 .... (91)

第 2 部分　量子纠缠和测量

第 11 章　EPR 问题与贝尔不等式 .... (94)
- 11.1　电子自旋 .... (94)
- 11.2　两个自旋之间的关联 .... (95)
- 11.3　单态中的关联 .... (95)
- 11.4　一个简单的隐变量模型 .... (96)
- 11.5　贝尔定理和实验结果 .... (97)
- 11.6　解 .... (98)
- 11.7　参考文献 .... (103)

第 12 章　薛定谔猫 .... (104)
- 12.1　一个谐振子的准经典态 .... (104)
- 12.2　构造一个薛定谔猫态 .... (106)
- 12.3　量子叠加与统计混合对比 .... (106)
- 12.4　量子叠加的脆弱性 .... (108)
- 12.5　解 .... (109)
- 12.6　评注 .... (115)

第 13 章　量子密码学 .... (116)
- 13.1　预备知识 .... (116)
- 13.2　关联的自旋对 .... (117)
- 13.3　量子密码学程序 .... (119)
- 13.4　解 .... (121)

第 14 章　场量子化的直接观测 .... (125)
- 14.1　电磁场一种模式的量子化 .... (125)
- 14.2　场与一个原子的耦合 .... (127)
- 14.3　原子与一个"空腔"的相互作用 .... (128)
- 14.4　原子与一个准经典态的相互作用 .... (129)
- 14.5　大量的光子：阻尼和复苏 .... (130)
- 14.6　解 .... (131)

14.7 评注 .... (138)

第 15 章 理想量子测量 .... (139)
15.1 预备知识：冯·诺依曼探测器 .... (139)
15.2 谐振子的相位态 .... (140)
15.3 系统与探测器之间的相互作用 .... (141)
15.4 一个"理想"的测量 .... (142)
15.5 解 .... (142)
15.6 评注 .... (145)

第 16 章 量子擦除器 .... (146)
16.1 磁共振 .... (146)
16.2 拉姆齐条纹 .... (147)
16.3 中子自旋态的探测 .... (149)
16.4 量子擦除 .... (150)
16.5 解 .... (151)
16.6 评注 .... (157)

第 17 章 量子温度计 .... (158)
17.1 经典力学中的彭宁离子阱 .... (158)
17.2 量子力学中的彭宁离子阱 .... (159)
17.3 回旋与轴向运动的耦合 .... (161)
17.4 量子温度计 .... (162)
17.5 解 .... (164)

第 3 部分 复 杂 系 统

第 18 章 三体问题的精确结果 .... (174)
18.1 两体问题 .... (174)
18.2 变分法 .... (175)
18.3 三体和两体部分的关系 .... (175)
18.4 三体谐振子 .... (176)
18.5 在夸克模型中从介子到重子 .... (177)
18.6 解 .... (178)
18.7 参考文献 .... (182)

第 19 章 玻色 – 爱因斯坦凝聚的性质 .... (183)
19.1 谐振势阱中的粒子 .... (183)
19.2 两个禁闭粒子间的相互作用 .... (184)

19.3	玻色 – 爱因斯坦凝聚的能量	(185)
19.4	具有相互排斥作用的凝聚	(186)
19.5	具有相互吸引作用的凝聚	(187)
19.6	解	(187)
19.7	评注	(192)

第 20 章 磁激子 .... (193)

20.1	$CsFeBr_3$ 分子	(193)
20.2	在一个分子链中的自旋 – 自旋相互作用	(194)
20.3	链的能级	(195)
20.4	链的振动：激子	(196)
20.5	解	(198)

第 21 章 量子箱 .... (204)

21.1	一维谐振子的结果	(205)
21.2	量子箱	(206)
21.3	磁场中的量子箱	(207)
21.4	实验验证	(208)
21.5	量子箱的各向异性	(209)
21.6	解	(210)
21.7	评注	(218)

第 22 章 彩色分子离子 .... (219)

22.1	碳氢化合物离子	(219)
22.2	含氮的离子	(220)
22.3	解	(221)
22.4	评注	(223)

第 23 章 电子自旋共振中的超精细结构 .... (224)

23.1	与一个原子核的超精细相互作用	(225)
23.2	几个原子核情况下的超精细结构	(226)
23.3	实验结果	(227)
23.4	解	(228)

第 24 章 用正 μ 子探测物质 .... (233)

24.1	真空中的 μ 子素	(234)
24.2	硅中的 μ 子素	(235)
24.3	解	(237)

第 25 章 原子自表面的量子反射 .... (243)
- 25.1 氢原子 – 液氦相互作用 .... (243)
- 25.2 液 He 表面上的激发 .... (245)
- 25.3 在 H 与液 He 之间的量子相互作用 .... (246)
- 25.4 黏附概率 .... (246)
- 25.5 解 .... (247)
- 25.6 评注 .... (253)

第 26 章 激光致冷和陷俘 .... (254)
- 26.1 静止原子的光学布洛赫方程 .... (254)
- 26.2 辐射压力 .... (255)
- 26.3 多普勒制冷 .... (256)
- 26.4 偶极子力 .... (257)
- 26.5 解 .... (257)
- 26.6 评注 .... (263)

第 27 章 布洛赫振荡 .... (264)
- 27.1 在一个量子系统上的幺正变换 .... (264)
- 27.2 在一个周期势中的能带结构 .... (265)
- 27.3 布洛赫振荡现象 .... (266)
- 27.4 解 .... (268)
- 27.5 评注 .... (272)

概　　要

下面我们对量子力学的基本定义、标记法和结果给出一些提示.

0.1　原　　理

希尔伯特 (Hilbert) 空间

量子物理问题处理的第一步是准确恰当地描述该系统的希尔伯特空间. 希尔伯特空间是一个具有厄米的标量积的复矢量空间. 该空间的矢量称为右矢（ket）并用 $|\psi\rangle$ 标记. 右矢 $|\psi_1\rangle$ 和右矢 $|\psi_2\rangle$ 的标量积标记为 $\langle\psi_2|\psi_1\rangle$. 它对于 $|\psi_1\rangle$ 是线性的，而对于 $|\psi_2\rangle$ 是反线性的，故有

$$\langle\psi_1|\psi_2\rangle = (\langle\psi_2|\psi_1\rangle)^*.$$

系统态的定义；纯态

一个物理系统的态在任意时刻 t 由归一到 1 的希尔伯特空间矢量完全确定，记为 $|\psi(t)\rangle$. 如果 $|\psi_1\rangle$ 和 $|\psi_2\rangle$ 是一个给定物理系统的两个可能的态，由叠加原理，任意线性组合

$$|\psi\rangle \propto c_1|\psi_1\rangle + c_2|\psi_2\rangle$$

也是系统的一个可能的态，在这里 c_1 和 c_2 是复数. 这些系数的选取必须使 $\langle\psi|\psi\rangle = 1$.

测量

人们把一个作用在希尔伯特空间的自共轭（或厄米）算符 $\hat{A}$ 关联到一个给定的物理量 A. 在量 A 的测量中，唯一可能的结果是 $\hat{A}$ 的本征值 a_α.

考虑一个系统处于 $|\psi\rangle$ 态. 在物理量 A 的测量中，获得结果为 a_α 的概率 $\mathcal{P}(a_\alpha)$ 为

$$\mathcal{P}(a_\alpha) = \|\hat{P}_\alpha |\psi\rangle\|^2,$$

其中 $\hat{P}_\alpha$ 是投影到与本征值 a_α 关联的本征子空间 ε_α 的投影算符.

测量 $\hat{A}$ 给出结果 a_α 之后，系统的态就正比于 $\hat{P}_\alpha |\psi\rangle$（波包投影或约化）.

一次单一的测量只能给出测量后系统的态的信息. 得到的有关测量之前的态的信息非常"匮乏"，即如果测量给出 a_α 的结果，人们仅能推断态 $|\psi\rangle$ 不在与 ε_α 正交的子空间.

为了获得测量之前态的精确信息，人们需要使用 N（$N \gg 1$）个独立的系统，它们都被制备成相同的 $|\psi\rangle$ 态. 如果我们对 $\hat{A}_1$（本征值 $\{a_{1,\alpha}\}$）进行了 N_1 次测量，对 $\hat{A}_2$（本征值 $\{a_{2,\alpha}\}$）进行了 N_2 次测量，等等（$\sum_{i=1}^{p} N_i = N$），我们就可以确定 $a_{i,\alpha}$ 的概率分布，并进而确定 $\|\hat{P}_{i,\alpha}|\psi\rangle\|^2$. 如果精心挑选这 p 个算符 $\hat{A}_i$，就可毫无悬念地确定初态 $|\psi\rangle$.

演化

在系统未被测量的情况下，它的态矢量的演化可由薛定谔方程

$$i\hbar \frac{d}{dt}|\psi\rangle = \hat{H}(t)|\psi(t)\rangle$$

给出，这里厄米算符 $\hat{H}(t)$ 是系统在 t 时刻的哈密顿量，或能量可观测量.

假定我们考虑一个孤立的系统，它的哈密顿量与时间无关，则该哈密顿量的能量本征态 $|\phi_n\rangle$ 是时间无关薛定谔方程

$$\hat{H}|\phi_n\rangle = E_n|\phi_n\rangle$$

的解. 它们构成一个希尔伯特空间的正交基组. 这个基组是非常有用的. 如果在这个基组上展开初态 $|\psi(0)\rangle$，我们马上就能写出系统的态在任意时间的表示：

$$|\psi(0)\rangle = \sum_n \alpha_n |\phi_n\rangle \quad \Rightarrow \quad |\psi(t)\rangle = \sum_n \alpha_n e^{-iE_n t/\hbar}|\phi_n\rangle.$$

其中系数 $\alpha_n = \langle \phi_n | \psi(0) \rangle$，即

$$|\psi(t)\rangle = \sum_n \mathrm{e}^{-\mathrm{i}E_n t/\hbar} |\phi_n\rangle \langle \phi_n | \psi(0) \rangle.$$

对易可观测量的完备集（CSCO）

如果一组算符 $\{\hat{A}, \hat{B}, \cdots, \hat{X}\}$ 中的所有算符都相互对易，且它们共同的本征基 $\{|\alpha, \beta, \cdots, \xi\rangle\}$ 是唯一的（最多相差一个相因子），则这组算符是一组 CSCO.

在那种情况下，测量了物理量 $\{A, B, \cdots, X\}$ 之后，系统的态就毫无悬念地确定了. 如果由 A 给出值 α，由 B 给出 β，……，由 X 给出 ξ，则该系统的态就是 $|\alpha, \beta, \cdots, \xi\rangle$.

纠缠态

考虑一个由两个子系统 $\mathcal{S}_1$ 和 $\mathcal{S}_2$ 构成的量子系统 $\mathcal{S}$. 描述 $\mathcal{S}$ 的希尔伯特空间是分别关联着 $\mathcal{S}_1$ 和 $\mathcal{S}_2$ 的希尔伯特空间 ε_1 和 ε_2 的张量积. 如果把 $\mathcal{S}_1$ 的基记为 $\{|\alpha_m\rangle\}$，把 $\mathcal{S}_2$ 的基记为 $\{|\beta_n\rangle\}$，则整个系统的一个可能的基是 $\{|\alpha_m\rangle \otimes |\beta_n\rangle\}$.

整个系统的任意一个态矢可写为

$$|\Psi\rangle = \sum_{m,n} C_{m,n} |\alpha_m\rangle \otimes |\beta_n\rangle.$$

如果这个矢量能写成 $|\Psi\rangle = |\alpha\rangle \otimes |\beta\rangle$，这里 $|\alpha\rangle$ 和 $|\beta\rangle$ 分别为 ε_1 和 ε_2 中的矢量，人们就把它称为一个因子化的态.

一般来说，一个任意的态 $|\Psi\rangle$ 是不能因子化的：在两个子系统之间存在量子关联，则态 $|\Psi\rangle$ 被称为纠缠态（entangled state）.

统计混合和密度算符

如果我们只有系统态不完全的信息，例如测量是不完备的，人们就不可能精确地知道它的态矢量. 这样的态可用一个密度算符 $\hat{\rho}$ 来描写，该算符有如下的一些性质：

- 密度算符是厄米的，且它的迹为 1.

- 密度算符所有的本征值 Π_n 都是非负的. 因此密度算符能被写成

$$\hat{\rho} = \sum_n \Pi_n |\phi_n\rangle\langle\phi_n|,$$

其中 $|\phi_n\rangle$ 是 $\hat{\rho}$ 的本征态，而 Π_n 可被解释为概率分布. 在纯态的情况下，除了等于 1 的一个本征值外，所有的本征值均为 0.

- 在物理量 A 的测量中，找到结果为 a_α 的概率为

$$\mathcal{P}(a_\alpha) = \operatorname{tr}(\hat{P}_\alpha \hat{\rho}) = \sum_n \Pi_n \langle \phi_n | \hat{A} | \phi_n \rangle.$$

测量之后系统的态为 $\hat{\rho}' \propto \hat{P}_\alpha \hat{\rho} \hat{P}_\alpha$.

- 只要系统未被测量，密度算符的演化就可写成

$$i\hbar \frac{\mathrm{d}}{\mathrm{d}t} \hat{\rho}(t) = [\hat{H}(t), \hat{\rho}(t)].$$

0.2　一般结果

不确定性关系（uncertainty relations）

考虑 $2N$ 个全同且独立的并且全部被制备成相同 $|\psi\rangle$ 态的物理系统（假定 $N \gg 1$）. 我们在其中的 N 个系统中测量物理量 A，在另外的 N 个系统中测量物理量 B. 这两组测量的均方根 (rms) 偏差 Δa 和 Δb 满足不等式

$$\Delta a \Delta b \geqslant \frac{1}{2} |\langle \psi | [\hat{A}, \hat{B}] | \psi \rangle|.$$

埃伦费斯特 (Ehrenfest) 定理

考虑一个在哈密顿量 $\hat{H}(t)$ 的作用下演化的系统和一个可观测量 $\hat{A}(t)$. 这个可观测量的期待值将按照下述方程演化：

$$\frac{\mathrm{d}}{\mathrm{d}t}\langle a \rangle = \frac{1}{i\hbar}\langle\psi|[\hat{A},\hat{H}]|\psi\rangle + \langle\psi|\frac{\partial \hat{A}}{\partial t}|\psi\rangle.$$

特别地，如果 $\hat{A}$ 是时间无关的，且与 $\hat{H}$ 对易，则期待值 $\langle a \rangle$ 是一个运动常数.

0.3 类点粒子的特殊情况；波动力学

波函数

对一个能够忽略其可能内部自由度的类点粒子，希尔伯特空间是平方可积函数的空间 (数学上写成 $L^2(R^3)$).

态矢量 $|\psi\rangle$ 可由一个波函数 $\psi(\boldsymbol{r})$ 来描述. 量 $|\psi(\boldsymbol{r})|^2$ 是发现粒子处于尺度空间中 $\boldsymbol{r}$ 点的概率密度. 它的傅里叶变换

$$\varphi(\boldsymbol{p}) = \frac{1}{(2\pi\hbar)^{3/2}} \int e^{-i\boldsymbol{p}\cdot\boldsymbol{r}/\hbar} \psi(\boldsymbol{r}) \mathrm{d}^3 r$$

是发现粒子具有动量 $\boldsymbol{p}$ 的概率振幅.

算符

在与通常物理量关联的算符中，人们发现：
- 位置算符 $\hat{\boldsymbol{r}} = (\hat{x}, \hat{y}, \hat{z})$，它表示用 $\boldsymbol{r}$ 乘以波函数 $\psi(\boldsymbol{r})$.
- 动量算符 $\hat{\boldsymbol{p}}$ 作用在波函数 $\psi(\boldsymbol{r})$ 上就是进行 $-i\hbar\nabla$ 的操作.
- 对一个置于势阱 $V(\boldsymbol{r})$ 中的粒子，哈密顿量或能量算符为

$$\hat{H} = \frac{\hat{p}^2}{2M} + V(\boldsymbol{r}) \quad \Rightarrow \quad \hat{H}\psi(\boldsymbol{r}) = -\frac{\hbar^2}{2M}\nabla^2\psi(\boldsymbol{r}) + V(\boldsymbol{r})\psi(\boldsymbol{r}),$$

其中 M 为粒子的质量.

波函数的连续性

如果势 V 是连续的，则哈密顿量的本征函数 $\psi_\alpha(\boldsymbol{r})$ 是连续的，且它们的导数也连续. 如果 $V(\boldsymbol{r})$ 是一个阶梯函数，这个结论还是对的：在 $V(\boldsymbol{r})$ 不连续处，ψ 和 ψ' 还是连续的.

在无限高阶跃势的情况下（例如在 $x < 0$ 时 $V(x) = +\infty$，而在 $x \geqslant 0$ 时

$V(x) = 0$），$\psi(x)$ 连续且在 V 的间断处为 0（$\psi(0) = 0$），而它的一阶导数 $\psi'(x)$ 不连续.

在一维的情况下，考虑狄拉克分布的位势，$V(x) = g\delta(x)$ 是有意思的. 此时波函数是连续的，而其导数的不连续性是通过把薛定谔方程在 δ 函数中心的周围积分得到的 (在我们的例子中 $\psi'(0_+) - \psi'(0_-) = (2Mg/\hbar^2)\psi(0)$).

位置 – 动量的不确定性关系

利用上述的一般结果，人们得到

$$[\hat{x}, \hat{p}_x] = i\hbar \quad \Rightarrow \quad \Delta x \Delta p_x \geqslant \hbar/2.$$

对 y、z 分量也有类似的关系.

0.4 角动量和自旋

角动量可观测量

角动量可观测量 $\hat{\boldsymbol{J}}$ 是三个算符 $\{\hat{J}_x, \hat{J}_y, \hat{J}_z\}$ 的一个集合，它们满足对易关系：

$$[\hat{J}_x, \hat{J}_y] = i\hbar \hat{J}_z, \quad [\hat{J}_y, \hat{J}_z] = i\hbar \hat{J}_x, \quad [\hat{J}_z, \hat{J}_x] = i\hbar \hat{J}_y.$$

源于 $\hat{\boldsymbol{L}} = \hat{\boldsymbol{r}} \times \hat{\boldsymbol{p}}$ 的轨道角动量是一个角动量可观测量.

可观测量 $\hat{\boldsymbol{J}}^2 = \hat{J}_x^2 + \hat{J}_y^2 + \hat{J}_z^2$ 与 $\hat{J}_i$ 的所有分量都对易. 因此，人们能找到一个 $\hat{\boldsymbol{J}}^2$ 与三个分量之一的 $\hat{J}_i$ 的共同本征基. 通常人们选取 $i = z$.

角动量的本征值

$\hat{\boldsymbol{J}}^2$ 的本征值的形式为 $\hbar^2 j(j+1)$，其中 j 为整数或半整数. 在一个对应于给定 j 值的 $\hat{\boldsymbol{J}}^2$ 的本征子空间中，$\hat{J}_z$ 的本征值具有下列形式：

$$\hbar m, \quad \text{其中 } m \in \{-j, -j+1, \cdots, j-1, j\} \quad (2j+1 \text{ 个值}).$$

相应的本征态记为 $|\alpha,j,m\rangle$, 其中 α 表示完全定义该态所需要的其他量子数. 态 $|\alpha,j,m\rangle$ 通过算符 $\hat{J}_\pm = \hat{J}_x \pm \mathrm{i}\hat{J}_y$ 与 $|\alpha,j,m\pm1\rangle$ 态相关联:

$$\hat{J}_\pm|\alpha,j,m\rangle = \sqrt{j(j+1)-m(m\pm1)}|\alpha,j,m\pm1\rangle.$$

一个粒子的轨道角动量

就轨道角动量来说, j 和 m 只能取整数值. 这时人们通常习惯把它写成 $j = l$. 在球坐标系中, $\hat{L}^2$ 和 $\hat{L}_z$ 的共同本征态 $\psi(\boldsymbol{r})$ 可写成 $R(r)\mathrm{Y}_{l,m}(\theta,\varphi)$, 其中径向波函数 $R(r)$ 是任意函数, 而函数 $\mathrm{Y}_{l,m}$ 是球谐函数 (spherical harmonics), 即在半径为 1 的球上的谐函数 (harmonic functions). 最低阶的几个球谐函数为

$$\mathrm{Y}_{0,0}(\theta,\varphi) = \frac{1}{\sqrt{4\pi}}, \quad \mathrm{Y}_{1,0}(\theta,\varphi) = \sqrt{\frac{3}{4\pi}}\cos\theta,$$

$$\mathrm{Y}_{1,1}(\theta,\varphi) = -\sqrt{\frac{3}{8\pi}}\sin\theta\,\mathrm{e}^{\mathrm{i}\varphi}, \quad \mathrm{Y}_{1,-1}(\theta,\varphi) = \sqrt{\frac{3}{8\pi}}\sin\theta\,\mathrm{e}^{-\mathrm{i}\varphi}.$$

自旋

除了角动量, 一个粒子还具有一个被称为它的自旋的内禀角动量. 自旋通常记为 $j = s$, 它既可以取整数值也可以取半整数值.

电子、质子和中子都是自旋 $s = 1/2$ 的粒子, 对它们来说, 内禀角动量的投影可取两个 $m\hbar$ 值中的任何一个: $m = \pm 1/2$. 在 $|s=1/2,m=\pm1/2\rangle$ 基中, 算符 $\hat{S}_x$、$\hat{S}_y$ 和 $\hat{S}_z$ 具有矩阵表示:

$$\hat{S}_x = \frac{\hbar}{2}\begin{pmatrix} 0 & 1 \\ 1 & 0 \end{pmatrix}, \quad \hat{S}_y = \frac{\hbar}{2}\begin{pmatrix} 0 & -\mathrm{i} \\ \mathrm{i} & 0 \end{pmatrix}, \quad \hat{S}_z = \frac{\hbar}{2}\begin{pmatrix} 1 & 0 \\ 0 & -1 \end{pmatrix}.$$

角动量加法

考虑一个由角动量分别为 $\hat{\boldsymbol{J}}_1$ 和 $\hat{\boldsymbol{J}}_2$ 的两个子系统 $\mathcal{S}_1$ 和 $\mathcal{S}_2$ 构成的系统 $\mathcal{S}$. 可观测量 $\hat{\boldsymbol{J}} = \hat{\boldsymbol{J}}_1 + \hat{\boldsymbol{J}}_2$ 是一个角动量可观测量. 在对应着给定 j_1 和 j_2 值的子空间 ($(2j_1+1)\times(2j_2+1)$ 维空间) 中, 系统总角动量 $\hat{\boldsymbol{J}}$ 的量子数 j 的可能值为

$$j = |j_1 - j_2|, |j_1 - j_2|+1, \cdots, j_1 + j_2.$$

对每一个 j, 有 $2j+1$ 个 m 值: $m = -j, -j+1, \cdots, j$. 例如, 把两个 1/2 自旋相加, 人们能够得到一个角动量为 0 的态 (单态: $j = m = 0$) 和三个角动量为 1 的态 (三重态: $j = 1, m = 0, \pm 1$).

因子化的基 $|j_1, m_1\rangle \otimes |j_2, m_2\rangle$ 和总角动量基 $|j_1, j_2; j, m\rangle$ 之间的关系由克莱布施 – 高登 (Clebsch-Gordan) 系数给出:

$$|j_1, j_2; j, m\rangle = \sum_{m_1 m_2} C^{j,m}_{j_1, m_1; j_2, m_2} |j_1, m_1\rangle \otimes |j_2, m_2\rangle.$$

0.5 精确可解的问题

谐振子

为简单起见, 我们考虑一维问题. 谐振子势可写成 $V(x) = m\omega^2 x^2/2$. 自然长度和动量标度分别为

$$x_0 = \sqrt{\frac{\hbar}{m\omega}}, \quad p_0 = \sqrt{\hbar m\omega}.$$

引入约化算符 (reduced operators) $\hat{X} = \hat{x}/x_0$ 和 $\hat{P} = \hat{p}/p_0$, 哈密顿量可写为

$$\hat{H} = \frac{\hbar\omega}{2}(\hat{P}^2 + \hat{X}^2), \quad \text{其中 } [\hat{X}, \hat{P}] = \mathrm{i}.$$

用

$$\hat{a} = \frac{1}{\sqrt{2}}(\hat{X} + \mathrm{i}\hat{P}), \quad \hat{a}^\dagger = \frac{1}{\sqrt{2}}(\hat{X} - \mathrm{i}\hat{P}), \quad [\hat{a}, \hat{a}^\dagger] = 1$$

定义产生算符 $\hat{a}^\dagger$ 和湮灭算符 $\hat{a}$, 则

$$\hat{H} = \hbar\omega(\hat{a}^\dagger \hat{a} + 1/2).$$

$\hat{H}$ 的本征值为 $(n+1/2)\hbar\omega$, 其中 n 为非负整数. 这些本征值都是非简并的, 相应的本征矢记为 $|n\rangle$. 于是有

$$\hat{a}^\dagger |n\rangle = \sqrt{n+1}\, |n+1\rangle$$

和

$$\hat{a}|n\rangle = \begin{cases} \sqrt{n}\,|n-1\rangle, & n > 0, \\ 0, & n = 0. \end{cases}$$

相应的波函数为厄米函数（Hermite function）. 基态 $|n=0\rangle$ 由下式给出：

$$\psi_0(x) = \frac{1}{\pi^{1/4}\sqrt{x_0}}\exp(-x^2/(2x_0^2)).$$

更高维谐振子的问题可从这些结果直接推出.

库仑势（束缚态）

考虑一个电子在质子的静电场中运动. 我们用 μ 来标记约化质量 ($\mu = m_e m_p/(m_e+m_p) \approx m_e$)，并且令 $e^2 = q^2/(4\pi\epsilon_0)$. 由于库仑势是转动不变的，我们可以找到一套哈密顿量 $\hat{H}$ 及 $\hat{L}^2$ 和 $\hat{L}_z$ 共有态的基. 用

$$\psi_{n,l,m}(\boldsymbol{r}) = R_{n,l}(r)\mathrm{Y}_{l,m}(\theta,\varphi)$$

描述的束缚态具有 3 个量子数 n,l,m，其中 $\mathrm{Y}_{l,m}$ 是球谐函数. 其能级具有如下形式：

$$E_n = -\frac{E_\mathrm{I}}{n^2}, \quad \text{其中 } E_\mathrm{I} = \frac{\mu e^4}{2\hbar^2} \approx 13.6 \text{ eV}.$$

式中主量子数 n 是一个正整数，l 可取 $0\sim n-1$ 的所有整数值. 对一个给定 m 和 l 的能级，其总简并度是 n^2（我们没有计入自旋）. 径向波函数 $R_{n,l}$ 的形式为

$$R_{n,l}(r) = r^l P_{n,l}(r)\exp(-r/(na_1)), \quad \text{其中 } a_1 = \frac{\hbar^2}{\mu e^2} \approx 0.53 \text{ Å}.$$

$P_{n,l}(r)$ 是 $n-l-1$ 次 Laguerre 多项式. 长度 a_1 是玻尔（Bohr）半径. 基态波函数为 $\psi_{1,0,0}(\boldsymbol{r}) = \mathrm{e}^{-r/a_1}/\sqrt{\pi a_1^3}$.

0.6 近似方法

时间无关的微扰

考虑一个时间无关的哈密顿量 $\hat{H}$，它可以写成 $\hat{H} = \hat{H}_0 + \lambda\hat{H}_1$. 我们假定 $\hat{H}_0$ 的本征态是已知的：

$$\hat{H}_0|n,r\rangle = E_n|n,r\rangle, \quad r = 1,2,\cdots,p_n,$$

其中 p_n 是 E_n 的简并度. 我们还假定 $\lambda \hat{H}_1$ 项足够小, 以至它对 $\hat{H}_0$ 的谱只造成很小的扰动.

非简并的情况. 在这种情况下, $p_n = 1$, 并且在 $\lambda \to 0$ 时, 与 E_n 对应的 $\hat{H}$ 的本征值由

$$\widetilde{E}_n = E_n + \lambda \langle n|\hat{H}_1|n\rangle + \lambda^2 \sum_{k \neq n} \frac{|\langle k|\hat{H}_1|n\rangle|^2}{E_n - E_k} + O(\lambda^3)$$

给出. 相应的本征态为

$$|\psi_n\rangle = |n\rangle + \lambda \sum_{k \neq n} \frac{\langle k|\hat{H}_1|n\rangle}{E_n - E_k}|k\rangle + O(\lambda^2).$$

简并的情况. 为了求得 λ 的第一阶的 $\hat{H}$ 的本征值以及相应的本征态, 人们必须把 $\lambda\hat{H}_1$ 的约束对角化到与本征值 E_n 关联的 $\hat{H}_0$ 的子空间中, 也就是找到久期方程（"secular" equation）的 p_n 一个解：

$$\begin{vmatrix} \langle n,1|\lambda\hat{H}_1|n,1\rangle - \Delta E & \cdots & \langle n,1|\lambda\hat{H}_1|n,p_n\rangle \\ \vdots & & \vdots \\ \langle n,p_n|\lambda\hat{H}_1|n,1\rangle & \cdots & \langle n,p_n|\lambda\hat{H}_1|n,p_n\rangle - \Delta E \end{vmatrix} = 0.$$

到 λ 的第一阶的能量是 $\widetilde{E}_{n,r} = E_n + \Delta E_r, r = 1, \cdots, p_n$. 一般来说, 简并被微扰（至少部分地）解除.（译者注：原文此处文字有明显笔误, 已更正.）

对基态的变分法

考虑一个归一到 1 的任意态. 在该态上, 能量的期待值大于或等于基态能量 E_0: $\langle\psi|\hat{H}|\psi\rangle \geqslant E_0$. 为了找到 E_0 的上限, 人们使用一组依赖于一个参数集合的试探波函数, 并寻找 $\langle E\rangle$ 对这些函数的极小值. 这个极小值总是大于 E_0.

0.7 全同粒子

所有自然界中的粒子都隶属于下述类型中的一种:
- 玻色子,具有整数自旋. N 个全同玻色子的态矢量在交换这些粒子中的任意两个粒子时都是全对称的.
- 费米子,具有半整数自旋. N 个全同费米子的态矢量在交换这些粒子中的任意两个粒子时都是全反对称的.

考虑单粒子希尔伯特空间的一组基 $\{|n_i\rangle, i=1,2,\cdots\}$. 在一个具有 N 个全同粒子的系统中,我们随意地从 1 到 N 对这些粒子编号.

(a) 如果粒子是玻色子,具有 N_1 个粒子处于 $|n_1\rangle$ 态、N_2 个粒子处于 $|n_2\rangle$ 态 …… 的系统,态矢量为

$$|\Psi\rangle = \frac{1}{\sqrt{N!}} \frac{1}{\sqrt{N_1! N_2! \cdots}} \sum_P |1:n_{P(1)}; 2:n_{P(2)}; \cdots; N:n_{P(N)}\rangle,$$

其中求和是对 N 个元素集合的 $N!$ 种置换计算的.

(b) 如果粒子是费米子,对于一个粒子处于 $|n_1\rangle$ 态、一个粒子处于 $|n_2\rangle$ 态 …… 的系统,态矢量由 Slater 行列式

$$|\Psi\rangle = \frac{1}{\sqrt{N!}} \begin{vmatrix} |1:n_1\rangle & |1:n_2\rangle & \cdots & |1:n_N\rangle \\ |2:n_1\rangle & |2:n_2\rangle & \cdots & |2:n_N\rangle \\ \vdots & \vdots & & \vdots \\ |N:n_1\rangle & |N:n_2\rangle & \cdots & |N:n_N\rangle \end{vmatrix}$$

给出. 因为这个态矢量是全反对称化的,两个费米子不能处于一个相同的量子态(泡利不相容原理). 上述态构成一组 N 个费米子希尔伯特空间的基.

0.8 系统的时间演化

拉比 (Rabi) 振荡

考虑一个两能级系统 $|\pm\rangle$，其哈密顿量为 $\hat{H}_0 = \hbar\omega_0|+\rangle\langle+|$. 我们用哈密顿量

$$\hat{H}_1 = \frac{\hbar\omega_1}{2}(\mathrm{e}^{-\mathrm{i}\omega t}|+\rangle\langle-| + \mathrm{e}^{\mathrm{i}\omega t}|-\rangle\langle+|)$$

把这两个态耦合起来. 假定在 $t=0$ 时刻, 这个系统处于 $|-\rangle$ 态, 则在 t 时刻找到系统处于 $|+\rangle$ 态的概率为

$$P(t) = \frac{\omega_1^2}{\Omega^2}\sin^2(\Omega T/2), \quad \text{其中 } \Omega^2 = (\omega-\omega_0)^2 + \omega_1^2.$$

时间相关的微扰论

考虑一个哈密顿量为 $\hat{H}(t) = \hat{H}_0 + \hat{H}_1(t)$ 的系统. 我们假定 $\hat{H}_0$ 的本征态 $|n\rangle$ 和相应的本征能量 E_n 是已知的. 在 $t=0$ 时刻, 我们假定系统处于 $\hat{H}_0$ 的本征态 $|i\rangle$. 到 $\hat{H}_1$ 的领头阶为止, 在 t 时刻找到系统处于另一个本征态 $|f\rangle$ 的概率振幅为

$$a(t) = \frac{1}{\mathrm{i}\hbar}\int_0^t \mathrm{e}^{\mathrm{i}(E_f-E_i)t/\hbar}\langle f|\hat{H}_1(t')|i\rangle\mathrm{d}t'.$$

在时间无关微扰 $\hat{H}_1$ (译者注: 原文误写为 H_1) 的情况下, 其概率为

$$P(t) = |a(t)|^2 = \frac{1}{\hbar^2}|\langle f|\hat{H}_1|i\rangle|^2\frac{\sin^2(\omega t/2)}{(\omega/2)^2},$$

我们令 $\hbar\omega = E_f - E_i$.

费米黄金规则 (Fermi's Golden Rule) 和指数衰变

考虑一个未受微扰的哈密顿量 $\hat{H}_0$ 的系统. 最初, 系统处于能量 E_i 的本征态 $|i\rangle$. 我们假定这个系统通过时间无关微扰 $\hat{V}$ 耦合到 $\hat{H}_0$ 本征态的连续区 $\{|f\rangle\}$. 为简单起见, 我们假定矩阵元 $\langle f|\hat{V}|i\rangle$ 只依赖于态 $|f\rangle$ 的能量 E_f.

在 $\hat{V}$ 的最低阶,这种耦合导致态 $|i\rangle$ 的有限的寿命 τ: 在 $t > 0$ 时发现系统处于 $|i\rangle$ 态的概率为 $\mathrm{e}^{-t/\tau}$,且有

$$\frac{1}{\tau} = \frac{2\pi}{\hbar}|\langle f|\hat{V}|i\rangle|^2 \rho(E_i).$$

这里,矩阵元 $\langle f|\hat{V}|i\rangle$ 是对能量为 $E_f = E_i$ 的 $|f\rangle$ 态计算的. 函数 $\rho(E)$ 是末态密度. 对于非相对论粒子 ($E = p^2/(2m)$) 或极端相对论粒子 ($E = cp$,例如光子),其值分别为(译者注:下标 "non rel." 指非相对论,而 "ultra rel." 指极端相对论)

$$\rho_{\text{non rel.}}(E) = \frac{mL^3\sqrt{2mE}}{2\pi^2\hbar^3}, \quad \rho_{\text{ultra rel.}}(E) = \frac{L^3 E^2}{2\pi^2\hbar^3 c^3}.$$

当粒子的自旋自由度起作用时,该态密度必须乘以可能的自旋态数 $2s+1$,其中 s 是粒子的自旋. 量 L^3 表示归一化体积(它与态 $|i\rangle$ 和 $|f\rangle$ 的归一化因子完全相抵消). 考虑一个按两能级系统处理的原子跃迁,该系统由一个激发态 $|e\rangle$ 和一个基态 $|g\rangle$ 组成,其能级间距为 $\hbar\omega$ 并通过电偶极矩相互作用耦合. 由这种自发发射导致的激发态寿命 τ 由下式给出:

$$\frac{1}{\tau} = \frac{\omega^3}{3\pi\epsilon_0 \hbar c^3}|\langle e|\hat{D}|g\rangle|^2,$$

其中 $\hat{D}$ 是电偶极矩算符.

0.9 碰撞过程

玻恩 (Born) 近似

考虑一个质量为 m 的非相对论粒子与一个固定势场 $V(\boldsymbol{r})$ 的弹性碰撞过程. 对一个初态动量为 $\boldsymbol{p}$,末态动量为 $\boldsymbol{p}'$ 的入射粒子来说,到 V 的第二阶的弹性散射截面为

$$\frac{\mathrm{d}\sigma}{\mathrm{d}\Omega} = \left(\frac{m}{2\pi\hbar^2}\right)^2 |\widetilde{V}(\boldsymbol{p}-\boldsymbol{p}')|^2, \quad \text{其中 } \widetilde{V}(\boldsymbol{q}) = \int \mathrm{e}^{\mathrm{i}\boldsymbol{q}\cdot\boldsymbol{r}/\hbar} V(\boldsymbol{r})\mathrm{d}^3 r.$$

例 Yukawa 势.

我们考虑

$$V(\boldsymbol{r}) = g\frac{\hbar c}{r}\mathrm{e}^{-r/a},$$

令 $p = \hbar k$, 则有

$$\frac{\mathrm{d}\sigma}{\mathrm{d}\Omega} = \left(\frac{2mgca^2}{\hbar}\right)^2 \frac{1}{[1+4a^2k^2\sin^2(\theta/2)]^2} \quad (\text{玻恩近似解}),$$

其中 θ 为 $\boldsymbol{p}$ 和 $\boldsymbol{p}'$ 间的散射角. 于是总截面为

$$\sigma(k) = \left(\frac{2mgca}{\hbar}\right)^2 \frac{4\pi a^2}{1+4k^2a^2} \quad (\text{玻恩近似解}).$$

当势的范围 a 趋于无穷时, 它恢复到库仑截面, 为

$$\frac{\mathrm{d}\sigma}{\mathrm{d}\Omega} = \left(\frac{g\hbar c}{4E}\right)^2 \frac{1}{\sin^4(\theta/2)} \quad (\text{精确解}),$$

其中 $E = p^2/(2m)$.

被一个束缚态散射

我们考虑一个质量为 m 的粒子在一个由 n 个粒子 $b_1, \cdots, b_n$ 组成的系统中的弹性散射. 这 n 个粒子形成一个束缚态, 其波函数为 $\psi_0(\boldsymbol{r}_1, \cdots, \boldsymbol{r}_n)$. 在玻恩近似下, 截面为

$$\frac{\mathrm{d}\sigma}{\mathrm{d}\Omega} = \left(\frac{m}{2\pi\hbar^2}\right)^2 |\mathcal{V}(\boldsymbol{p}-\boldsymbol{p}')|^2, \quad \text{其中} \ \mathcal{V}(\boldsymbol{q}) = \sum_j \widetilde{V}_j(\boldsymbol{q})F_j(\boldsymbol{q}).$$

势 $\widetilde{V}_j$ (译者注: 原文误写为 V_j) 表示粒子 a 和 b_j 间的相互作用. 形状因子 (form factor) F_j 由

$$F_j(\boldsymbol{q}) = \int \mathrm{e}^{\mathrm{i}\boldsymbol{q}\cdot\boldsymbol{r}_j/\hbar} |\psi_0(\boldsymbol{r}_1,\cdots,\boldsymbol{r}_j,\cdots,\boldsymbol{r}_n)|^2 \mathrm{d}^3r_1\cdots\mathrm{d}^3r_j\cdots\mathrm{d}^3r_n$$

定义. 一般来说, 贡献给定义了 $\mathcal{V}(\boldsymbol{q})$ 的求和的不同 $\boldsymbol{q}$ 项间的相干效应可被观测到. 在电荷分布的情况中, $\widetilde{V}$ 是卢瑟福 (Rutherford) 振幅, 形状因子 F 是电荷密度的傅里叶 (Fourier) 变换.

散射的一般理论

为研究更为普遍的质量为 m 的粒子被势 $V(\boldsymbol{r})$ 散射的问题，确定具有正能量 $E = \hbar^2 k^2/(2m)$ 的 $\hat{H} = \hat{p}^2/(2m) + V(\boldsymbol{r})$ 的本征态是有意义的，它的渐近形式是

$$\psi_{\boldsymbol{k}}(\boldsymbol{r}) \underset{|\boldsymbol{r}|\to\infty}{\to} \mathrm{e}^{\mathrm{i}\boldsymbol{k}\cdot\boldsymbol{r}} + f(k,\boldsymbol{u},\boldsymbol{u}')\frac{\mathrm{e}^{\mathrm{i}kr}}{r}.$$

该式对应着一个入射平面波 $\mathrm{e}^{\mathrm{i}\boldsymbol{k}\cdot\boldsymbol{r}}$ 和一个散射波的叠加. 这样的一个态被称为定散射态. 散射振幅 f 依赖于能量、入射方向 $\boldsymbol{u} = \boldsymbol{k}/k$ 和出射方向 $\boldsymbol{u}' = \boldsymbol{r}/r$. 微分散射截面为

$$\frac{\mathrm{d}\sigma}{\mathrm{d}\Omega} = |f(k,\boldsymbol{u},\boldsymbol{u}')|^2.$$

散射振幅由隐式方程

$$f(k,\boldsymbol{u},\boldsymbol{u}') = -\frac{m}{2\pi\hbar^2}\int \mathrm{e}^{-\mathrm{i}\boldsymbol{k}'\cdot\boldsymbol{r}'} V(\boldsymbol{r}')\psi_{\boldsymbol{k}}(\boldsymbol{r}')\mathrm{d}^3 r' \quad (\boldsymbol{k}' = k\boldsymbol{u}')$$

给出. 选择 $\psi_{\boldsymbol{k}}(\boldsymbol{k}') \approx \mathrm{e}^{\mathrm{i}\boldsymbol{k}\cdot\boldsymbol{r}}$ 就可重现玻恩近似的结果.

低能散射

当入射粒子的波长 $\lambda \approx k^{-1}$ 比势的范围要大，振幅 f 就不再依赖于 u 和 u'（至少当势在无穷远处比 r^{-3} 减小得还要快时）. 这时散射是各向同性的. 极限 $a_s = -\lim\limits_{k\to 0} f(k)$ 被称为散射长度（scattering length）.

第 1 部 分

基本粒子、原子核和原子

第 1 章　中微子振荡

在 β 衰变中，或更一般地说，在弱相互作用中，电子总是与一个称之为中微子的中性粒子 ν_e 联系在一起. 实际上存在着另外一个粒子——μ 轻子，或 μ 子，它的性质，除去其质量为 $m_\mu \approx 200 m_e$ 以外，似乎与电子的性质完全类似. μ 子具有像电子一样的弱相互作用，但它与一个不同的中微子 ν_μ 相关联.

在加速器中产生的中微子束流能与原子核中的中子 (n) 相互作用，引起反应

$$\nu_e + n \to p + e \quad \text{和} \quad \nu_\mu + n \to p + \mu, \tag{1.1}$$

然而，反应 $\nu_e + n \to p + \mu$ 或 $\nu_\mu + n \to p + e$ 都从未被观测到过. 实际上，为探测中微子曾经使用了反应（1.1）.

类似地，一个 π 介子可通过模式

$$\pi^- \to \mu + \bar\nu_\mu \quad \text{(主导模式)} \quad \text{和} \quad \pi^- \to e + \bar\nu_e \tag{1.2}$$

衰变，反之， $\pi^- \to \mu + \bar\nu_e$ 或 $\pi^- \to e + \bar\nu_\mu$ 从未被观测到过. 这正是人们能够大量地产生中微子（产生 π 介子是很容易的）的过程. 在（1.2）式中，我们已经引入了反粒子 $\bar\nu_\mu$ 和 $\bar\nu_e$. 在粒子和它们的反粒子之间存在着一个（准）严格的对称性，所以，就像电子关联着 ν_e 中微子一样，反电子，或正电子， e^+ 与反中微子 $\bar\nu_e$ 相关联. 人们观测到了（1.1）式和（1.2）式的"电荷共轭"反应

$$\bar\nu_e + p \to n + e^+, \quad \bar\nu_\mu + p \to n + \mu^+, \quad \pi^+ \to \mu^+ + \nu_\mu. \tag{1.3}$$

在下文中，我们所将要说的有关中微子的那些物理规律，对反中微子也对称地适用.

1975 年，发现了第三个轻子—— τ 轻子. 它比前两种轻子要重得多， $m_\tau \approx 3500 m_e$（译者注：原文把 m_τ 误写为 m_μ），它与自己的中微子 ν_τ 相关联，并且除去质量效应之外，它与两个较轻的轻子一样遵从着同样的物理规律.

自从 20 世纪 90 年代以来，在欧洲核子研究中心（CERN）LEP 对撞环上的实验测量已经证实这三个中微子 ν_e、ν_μ、ν_τ（以及它们的反粒子）是它们那类粒子中仅有的粒子（至少对质量小于 100 GeV/c^2 的粒子而言）.

长期以来，物理学家们相信中微子是零质量粒子，就像光子一样. 在任何情况下，它们的质量（乘以 c^2）都远小于观测到它们的实验所涉及的能量. 因此，很多有关这些质量的实验极限值都与零是一致的. 然而，理论的和宇宙学的论证暗示可能不是这样的. 中微子的质量不全是零的验证是前几十年中的一个伟大发现.

在目前的研究中，我们展示了怎样用量子振荡效应来测量中微子的质量差. 其想法是：在实验中产生的或探测到的"味"中微子 ν_e、ν_μ 和 ν_τ 不是质量的本征态，而是质量为 m_1、m_2、m_3 的质量本征态 ν_1、ν_2、ν_3 的线性组合.

地面上观测到的中微子有各种各样的来源. 它们可以在加速器中、在核反应堆中产生，也可以通过宇宙射线在大气中产生，或者在星球内部，特别是在太阳内核的热核反应及超新星爆发中产生.

1.1 振荡机制: 反应堆中微子

在此我们考虑两类中微子（ν_e 和 ν_μ）之间的振荡. 这种简单的情况能使我们理解一般情况的基本原理. 我们将分析使用核反应堆获取的数据. 在反应堆中产生的（反）中微子的平均能量是 $E=4$ MeV，并具有相同量级的弥散.

在下文中，我们将假定：m 是中微子的质量，p 和 E 分别是它的动量和能量，其质量如此之小使得质量为 m、动量为 p 的中微子的能量为

$$E = \sqrt{p^2c^2 + m^2c^4} \approx pc + \frac{m^2c^4}{2pc}, \tag{1.4}$$

并且作为一个非常好的近似，中微子以光速 c 传播.

假定：$\hat{H}$ 是一个有明确定义的、动量为 p 的自由中微子的哈密顿量. 我们把 $|\nu_1\rangle$ 和 $|\nu_2\rangle$ 记为 $\hat{H}$ 的两个本征态：

$$\hat{H}|\nu_j\rangle = E_j|\nu_j\rangle, \quad E_j = pc + \frac{m_j^2 c^4}{2pc}, \quad j=1,2.$$

m_1 和 m_2 分别是 $|\nu_1\rangle$ 和 $|\nu_2\rangle$ 态的质量，且假定 $m_1 \neq m_2$.

自由传播的中微子的振荡来自下述量子效应. 假如产生的（反应（1.2））或探测到的（反应（1.1））中微子的物理态不是 $|\nu_1\rangle$ 和 $|\nu_2\rangle$，而是这些态的线性组合：

$$|\nu_e\rangle = |\nu_1\rangle\cos\theta + |\nu_2\rangle\sin\theta, \qquad |\nu_\mu\rangle = -|\nu_1\rangle\sin\theta + |\nu_2\rangle\cos\theta, \qquad (1.5)$$

其中 θ 是待定的混合角，这些能量本征态的线性组合随时间振荡，并且导致了可被测量的效应.

1.1.1[①] 在 $t = 0$ 时，产生了一个动量为 p 处于 $|\nu_e\rangle$ 态的中微子. 利用 $|\nu_1\rangle$ 和 $|\nu_2\rangle$ 计算在 t 时刻的态 $|\nu(t)\rangle$.

1.1.2 t 时刻在 $|\nu_e\rangle$ 态上探测到这个中微子的概率 P_e 是多少？基于混合角 θ 和振荡长度 L，将结果表示成

$$L = \frac{4\pi\hbar p}{|\Delta m^2|c^2}, \qquad \Delta m^2 = m_1^2 - m_2^2. \qquad (1.6)$$

1.1.3 计算能量为 $E \approx pc = 4$ MeV 和质量差为 $\Delta m^2 c^4 = 10^{-4}$ eV^2 时中微子的振荡长度 L.

1.1.4 用一个放置在到中微子产生区距离为 l 的探测器测量中微子束流. 把概率 P_e 表示成距离 $l = ct$ 的函数.

1.1.5 μ 子质量为 $m_\mu c^2 = 106$ MeV. 推断出在这样的实验中，人们不可能用反应（1.1）探测到 μ 子中微子 ν_μ. $m_p c^2 = 938.27$ MeV，$m_n c^2 = 939.57$ MeV.

1.1.6 探测器以 10% 的精度测量中微子流.

(a) 假定 $\Delta m^2 c^4 = 10^{-4}$ eV^2，确定为了探测振荡效应，探测器需放置的最小距离 $l_{\min}$. 在这个计算中，假定（1.5）式中的混合是最大的，即 $\theta = \pi/4$.

(b) 如果不是最大混合，$l_{\min}$ 将怎样变化？

1.1.7 一些使用核能工厂产生中微子的实验已经在法国的楚斯（Chooz）和比热（Bugey）进行. 最新的数据来自日本的凯穆兰德（KamLAND）合作组. 结果在图 1.1 中给出.

(a) 解释图 1.1 中除去 KamLAND 结果之外的结果.

(b) 2002 年进行的 KamLAND 实验，包括测量来自日本和邻国所有（数量庞大的）反应堆的中微子，它相当于取了一个 $l = 180$ km 的平均距离. 把这些数据和大量的太阳中微子实验结果放在一起，KamLAND 的物理学家们得到了下面的结果：

$$|\Delta m^2|c^4 = 7.1(\pm 0.4) \times 10^{-5} \text{ eV}^2, \qquad \tan^2\theta = 0.45(\pm 0.02). \qquad (1.7)$$

---

① 编辑注：书中如 "1.1.1" 之类的编号为习题题号.

证明这些值与图 1.1 的结果 $P_e = 0.61(\pm 0.10)$ 一致.

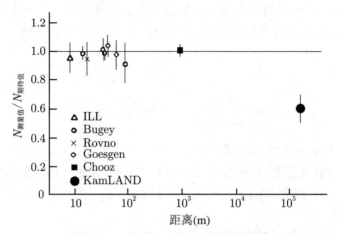

图 1.1 观测到的电子中微子和在没有振荡时的预言值的比值作为到反应堆的距离 l 的函数

1.2 三类振荡: 大气中微子

现在，我们考虑三种中微子振荡的一般形式. 我们用 $|\nu_\alpha\rangle, \alpha = e, \mu, \tau$ 标记"味"中微子，而用 $|\nu_i\rangle, i = 1, 2, 3$ 标记质量本征态. 这两组基通过牧 – 中川 – 坂田（Maki-Nagawaka-Sakata, MNS）矩阵 $\hat{U}$ 相互关联：

$$|\nu_\alpha\rangle = \sum_{i=1}^{3} U_{\alpha i} |\nu_i\rangle, \qquad \hat{U} = \begin{pmatrix} U_{e1} & U_{e2} & U_{e3} \\ U_{\mu 1} & U_{\mu 2} & U_{\mu 3} \\ U_{\tau 1} & U_{\tau 2} & U_{\tau 3} \end{pmatrix}. \tag{1.8}$$

这个矩阵是幺正的（$\sum_i U^*_{\beta i} U_{\alpha i} = \delta_{\alpha\beta}$），并能写成

$$\hat{U} = \begin{pmatrix} 1 & 0 & 0 \\ 0 & c_{23} & s_{23} \\ 0 & -s_{23} & c_{23} \end{pmatrix} \begin{pmatrix} c_{13} & 0 & s_{13}e^{-i\delta} \\ 0 & 1 & 0 \\ -s_{13}e^{i\delta} & 0 & c_{13} \end{pmatrix} \begin{pmatrix} c_{12} & s_{12} & 0 \\ -s_{12} & c_{12} & 0 \\ 0 & 0 & 1 \end{pmatrix},$$

其中 $c_{ij} = \cos\theta_{ij}$ 和 $s_{ij} = \sin\theta_{ij}$. 这个问题的完整实验解决方案将包含测量三个混合角 θ_{12}、θ_{23}、θ_{13}, 相角 δ, 三个质量 m_1、m_2 和 m_3. 我们考虑 (1.4) 式

仍然成立的情况.

1.2.1 在 $t=0$ 时刻, 产生了一个动量为 $\boldsymbol{p}$ 处于 $|\nu(0)\rangle = |\nu_\alpha\rangle$ 态的中微子. 基于矩阵元 $U_{\alpha i}$ 表示出它在晚些时刻 t 的态. 写出在 t 时刻观测到一个 β 味中微子的概率 $P_{\alpha \to \beta}(t)$.

1.2.2 用

$$L_{ij} = \frac{4\pi\hbar p}{|\Delta m_{ij}^2|c^2}, \qquad \Delta m_{ij}^2 = m_i^2 - m_j^2 \tag{1.9}$$

定义能量为 $E \approx pc$ 的振荡长度. 注意, 因为 $\Delta m_{12}^2 + \Delta m_{23}^2 + \Delta m_{31}^2 = 0$, 只存在两个独立的振荡长度. 对能量为 $E = 4$ GeV 的中微子, 计算振荡长度 L_{12} 和 L_{23}. 对 $|\Delta m_{12}^2|$, 将取 (1.7) 式的结果, 并取 $|\Delta m_{23}^2|c^4 = 2.5 \times 10^{-3}$ eV^2, 前者以后将被调整.

1.2.3 中微子计数器的精度在 10% 的量级, 且能量为 $E = 4$ GeV. 在到中微子产生点的距离 l_{12} 和 l_{23} 为多远以上时, 人们才能够有希望探测到来自 $1 \leftrightarrow 2$ 和 $2 \leftrightarrow 3$ 叠加的振荡?

1.2.4 1998 年进行的超级神冈探测器 (Super-Kamiokande) 实验是为了探测 "大气" 中微子. 这种中微子是在高能宇宙线与高海拔大气中的原子核碰撞时产生的. 在一系列的反应中, 产生大量的 $\pi^\pm$ 介子, 它们通过链

$$\pi^- \to \mu^- + \hat{\nu}_\mu, \qquad \text{随后} \quad \mu^- \to e^- + \nu_e + \nu_\mu \tag{1.10}$$

衰变, π^+ 介子也有类似的衰变链. 在地下的探测器上, 通过 (1.1) 式和 (1.3) 式的反应探测中微子流.

为将事情简化, 我们假定所有的 μ 子在到达地球表面前都衰变了. 在没有中微子振荡的情况下, 推导出电子和 μ 子中微子之间预期的比值

$$R_{\mu/e} = \frac{N(\nu_\mu) + N(\bar{\nu}_\mu)}{N(\nu_e) + N(\bar{\nu}_e)}$$

将等于 2.

1.2.5 能够精确地计算只有部分 μ 子到达地面时对比值 $R_{\mu/e}$ 的修正. 一旦做了这个修正, 通过比较测量得到的和计算得到的 $R_{\mu/e}$ 值, 人们就发现

$$\frac{(R_{\mu/e})_{\text{测量值}}}{(R_{\mu/e})_{\text{计算值}}} = 0.64(\pm 0.05).$$

为解释 ν_μ 数的相对减少, 人们可以考虑 $\nu_\mu \rightleftharpoons \nu_e$ 和 $\nu_\mu \rightleftharpoons \nu_\tau$ 类型的振荡. 超级神冈探测器实验是通过有选择地测量中微子飞来的方向, 改变中微子的飞行时间, 如图 1.2 所示. 来自探测器上面 ($\cos\alpha \approx 1$) 的中微子走过了一个等于大

气的高度加上探测器的深度的距离, 而那些来自探测器底部 ($\cos\alpha \approx -1$) 的中微子穿过了地球的直径 (13 400 km). 已知中微子与物质的相互作用非常微弱, 人们可以认为中微子在几十千米到 13 400 km 之间的一段可测的距离内自由传播.

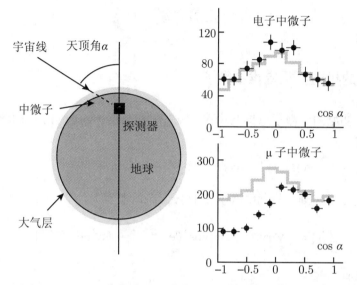

图 1.2 左图: 在宇宙线与地面大气原子核碰撞中大气中微子的产生. 地下探测器测量作为天顶角 α 函数的电子和 μ 子中微子流. 右图: 在超级神冈探测器实验中探测到的大气中微子数作为天顶角的函数 (这幅图是依照 K.Tanyaka, XXII Physics in Collisions Conference, Stanford 2002 所画的)

在这个实验中, 中微子的典型能量是 4 GeV. 人们能观测到在 1.1 节研究过的 $\nu_e \rightleftharpoons \nu_\mu$ 型的振荡吗?

1.2.6 将 ν_e 和 ν_μ 的角分布与在没有振荡的情况下人们能观测到的分布一起画在图 1.2 中. 解释为什么这个数据与人们只观测到了 $\nu_\mu \rightleftharpoons \nu_\tau$ 振荡, 而没有看到 $\nu_e \rightleftharpoons \nu_\tau$ 振荡和 $\nu_e \rightleftharpoons \nu_\mu$ 振荡的事实是一致的.

1.2.7 鉴于上述结果, 我们假定在这样的观测中只存在双中微子振荡现象: $\nu_\mu \rightleftharpoons \nu_\tau$. 因此, 除了改变粒子的名字, 我们使用与 1.1 节一样的形式体系.

通过比较来自上面的和下面的 μ 子中微子流, 估算混合角 θ_{23}. 为了计入宇宙线很大的能量弥散以及由此带来的大气中微子很大的能量弥散, 我们在 $l \gg L_{23}$ 时用平均值 $1/2$ 来替换振荡因子 $\sin^2(\pi l/L_{23})$.

超级神冈探测器实验发表的完整的结果是

$$|\Delta m_{23}^2|c^4 = 2.5 \times 10^{-3} \text{ eV}^2, \qquad \theta_{23} = \pi/4, \qquad \theta_{13} = 0.$$

它们符合上述考虑吗?

1.3 解

1.1 振荡的机制：反应堆中微子

1.1.1 初始的中微子态是 $|\nu(0)\rangle = |\nu_e\rangle = |\nu_1\rangle\cos\theta + |\nu_2\rangle\sin\theta$. 因此，在 t 时刻，我们有

$$|\nu(t)\rangle = |\nu_1\rangle\cos\theta e^{-iE_1 t/\hbar} + |\nu_2\rangle\sin\theta e^{-iE_2 t/\hbar}.$$

1.1.2 在 t 时刻，找到中微子处于 $|\nu_e\rangle$ 态的概率为

$$P_e(t) = |\langle\nu_e|\nu(t)\rangle|^2 = |\cos^2\theta e^{-iE_1 t/\hbar} + \sin^2\theta e^{-iE_2 t/\hbar}|^2,$$

简单计算之后，给出

$$P_e(t) = 1 - \sin^2(2\theta)\sin^2\left[\frac{(E_1 - E_2)t}{2\hbar}\right].$$

我们有 $E_1 - E_2 = (m_1^2 - m_2^2)c^4/(2pc)$. 定义振荡长度为 $L = 4\pi\hbar p/(\Delta m^2|c^2)$，我们求得

$$P_e(t) = 1 - \sin^2(2\theta)\sin^2\left(\frac{\pi ct}{L}\right).$$

1.1.3 对能量 $E = pc = 4$ MeV, 质量差 $\Delta m^2 c^4 = 10^{-4}$ eV^2 的中微子，我们得到的振荡长度为 $L = 100$ km.

1.1.4 飞行时间为 $t = l/c$. 因此，概率 $P_e(l)$ 为

$$P_e(l) = 1 - \sin^2(2\theta)\sin^2\left(\frac{\pi l}{L}\right). \tag{1.11}$$

1.1.5 一个只有 4 MeV 的 ν_μ，其能量低于反应 $\nu_\mu + n \to p + \mu$ 的阈值. 因此，用反应堆的中微子，该反应不会发生，人们也无法测量 ν_μ 流.

1.1.6 为了探测中微子 ν_e 流的明显降低，必须有

$$\sin^2(2\theta)\sin^2\left(\frac{\pi l}{L}\right) > 0.1.$$

(a) 对于最大混合，$\theta = \pi/4$，即 $\sin^2(2\theta) = 1$，这意味着 $\pi l/L > 0.32$ 或者 $l > L/10$. 对 $E \approx pc = 4$ MeV 及 $\Delta m^2 c^4 = 10^{-4}$ eV^2 的中微子来说，人们发现 $l > 10$ km. 观测到这个现象所必需的典型距离是在振荡长度几分之一的量级.

(b) 如果混合不是最大，人们必须在 l 大于 $L/10$ 的地方探测. 要注意的是，若混合角太小（$\sin^2(2\theta) < 0.1$，即 $\theta < \pi/10$），对任何距离 l，振荡的振幅都将因其太弱而无法测量. 在那种情况下，人们必须提高探测效率以获得肯定的结论.

1.1.7 (a) 在除了 KamLAND 的所有实验中，距离小于 1 km. 因此，在所有这些实验中 $|1 - P_e| \leqslant 10^{-3}$. 如果估算的 $|\Delta m^2|c^4 \approx 10^{-4}$ eV^2 是正确的，则振荡效应是不可能被探测到的.

(b) $|\Delta m^2|c^4 = 7.1 \times 10^{-5}$ eV^2，$\tan^2\theta = 0.45$ 且 $l = 180$ km，我们得到 $P_e = 0.50$，它与测量值一致. 考虑到能量弥散效应的理论预言如图 1.3 所示. 顺便说一下，在这样的一个实验中我们看到，控制误差棒是多么重要.

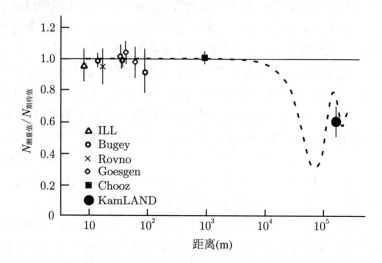

图 1.3 图 1.1 的实验点和（1.11）式的理论预言（正弦函数受到能量弥散的影响衰减）. 图中曲线是对太阳中微子数据的最佳拟合曲线. 我们注意到 KamLAND 的数据点对应着曲线的第二次振荡

1.2 三类振荡: 大气中微子

1.2.1 在 $t = 0$ 时刻，我们有

$$|\nu(0)\rangle = |\nu_\alpha\rangle = \sum_j U_{\alpha j} |\nu_j\rangle,$$

因此在 t 时刻有

$$|\nu(t)\rangle = \mathrm{e}^{-\mathrm{i}pct/\hbar}\sum_j U_{\alpha j}\mathrm{e}^{-\mathrm{i}m_j^2 c^3 t/(2\hbar p)}|\nu_j\rangle.$$

我们推断在 t 时刻观测到一个 β 味的中微子的概率 $P_{\alpha\to\beta}$ 为

$$P_{\alpha\to\beta}(t) = |\langle\nu_\beta|\nu(t)\rangle|^2 = \left|\sum_j U^*_{\beta j}U_{\alpha j}\mathrm{e}^{-\mathrm{i}m_j^2 c^3 t/(2\hbar p)}\right|^2.$$

1.2.2 我们有 $L_{ij} = 4\pi\hbar E/(|\Delta m_{ij}^2|c^3)$. 振荡长度是正比于能量的. 我们可利用习题 1.1.3 的结果, 用一个 1 000 的转换因子把结果从 4 MeV 变换到 4 GeV.

- 对 $|\Delta m^2|c^4 = 7.1\times 10^{-5}$ eV^2, 我们发现 $L_{12} = 140\,000$ km.
- 对 $|\Delta m^2|c^4 = 2.5\times 10^{-3}$ eV^2, 我们发现 $L_{23} = 4\,000$ km.

1.2.3 我们希望知道为了观测振荡所需要的最小距离. 我们假设两个混合角 θ_{12} 和 θ_{23} 都等于 $\pi/4$, 它们对应于最大混合. 我们知道: 假如这个混合不是最大的, 振荡的可见度将减小, 并且观测振荡现象所需的距离将增大.

回到前一题的参数, 我们发现当距离超过 l_{ij}, 它使 $\sin^2(\pi l_{ij}/L_{ij})\geqslant 0.1$, 即 $l_{ij}\geqslant L_{ij}/10$, 一个给定类型中微子流的修正就可探测到了. $1\leftrightarrow 2$ 混合产生的振荡对应于 $l_{12}\geqslant 14\,000$ km; 而 $2\leftrightarrow 3$ 混合产生的振荡对应于 $l_{23}\geqslant 400$ km.

1.2.4 预期的 μ 子中微子流和电子中微子流之间的因子 2 来自于一个简单的计数. 每个 π$^-$ 粒子(或 π$^+$)导致一个 ν_μ、一个 $\bar\nu_\mu$ 和一个 $\bar\nu_e$(分别对应于一个 ν_μ、一个 $\bar\nu_\mu$ 和一个 ν_e). 实际上, 部分 μ 子在衰变前就到达了地面, 它将修正这个比值. 自然, 这个效应在精确处理数据时被考虑了.

1.2.5 对于一个 4 GeV 能量, 我们已经发现最小的能观测到来源于 $1\leftrightarrow 2$ 混合的振荡的距离是 14 000 km. 因此, 我们注意到, 对应于 1.1 节研究过的 $1\leftrightarrow 2$ 混合的 $\nu_e \rightleftharpoons \nu_\mu$ 振荡, 不可能在陆地的距离上观察到. 在这样的能量 (4 GeV) 之下和最多相对应于地球直径的演化时间 (0.04 s) 来说, 能量差 $E_1 - E_2$ 以及它诱发的振荡可以被忽略.

然而, 如果估算的 $|\Delta m_{23}^2|c^4 = 10^{-3}$ eV^2 是正确的, 原则上在陆地距离的尺度上可以观察到来源于 $2\leftrightarrow 3$ 和 $1\leftrightarrow 3$ 混合的振荡, 它们对应于 $\nu_\mu\rightleftharpoons\nu_\tau$ 或 $\nu_e\rightleftharpoons\nu_\tau$.

1.2.6 观测到的 ν_e 角分布(因而随 l 的分布)没有显示出任何与无振荡预言的偏差. 然而, 对 ν_μ 却有一个清晰的迹象: 来自下方的 μ 子中微子, 即那些经过了很长时间演化的 μ 子中微子的数目有所亏损.

μ 子中微子数目的亏损不是由于 1.1 节的 $\nu_e\rightleftharpoons\nu_\mu$ 的振荡. 在前面的问题中, 我们确实已经看到: 在我们感兴趣的时间标度, 振荡是可以忽略的. 图 1.2

所示的实验数据确认了这个观测. 来自下方的 μ 子中微子数目的亏损并没有伴随电子中微子数目的增加. 这个效应只可能是由于 $\nu_\mu \rightleftharpoons \nu_\tau$ 的振荡①.

在数据中没有出现 $\nu_e \rightleftharpoons \nu_\tau$ 的振荡. 在目前模型的框架下，它被解释成一个非常小（如果不是 0 的话）的 θ_{13} 混合角的信号.

1.2.7 回到习题 1.1.4 中写出的概率（1.11）式，对于一个大气的 μ 子中微子，被探测到 ν_μ 的概率为

$$P(l) = 1 - \sin^2(2\theta_{23})\overline{\sin^2\left(\frac{\pi l}{L_{23}}\right)}, \tag{1.12}$$

其中平均是对中微子能量分布求的. 如果我们测量来自上部的中微子流，则有 $l \ll L_{23}$，它给出 $P_{\text{top}} = 1$. 如果中微子来自底部，则 $\sin^2(\pi l/L_{23})$ 项平均值为 1/2，因此，我们发现（译者注：下标"bottom"表示"底部"）

$$P_{\text{bottom}} = 1 - \frac{1}{2}\sin^2(2\theta_{23}).$$

实验数据表明对 $-1 \leqslant \cos\alpha \leqslant -0.5$，$P_{\text{bottom}} = 1/2$. 在 100 个事例数的地方分布非常平坦，即是顶部值（200 个事例）的一半.

我们推导出 $\sin^2(2\theta_{23}) = 1$，即 $\theta_{23} = \pi/4$，亦即对 $\nu_\mu \rightleftharpoons \nu_\tau$ 的最大混合角. 超级神冈探测器实验发表的结果与这个分析完全一致.

1.4 评 注

这种实验的困难来源于中微子与物质相互作用的截面很小. 探测器是巨大的水箱，在那里每天可观测到约 10 个事例（例如：$\bar{\nu}_e + p \to e^+ + n$）. 探测器的"精度"主要来自统计，即观测到的总事例数.

1998 年，对 $\nu_\tau \rightleftharpoons \nu_\mu$ 振荡首次毋庸置疑的观测由超级神冈探测器实验组的福田（Y. Fukuda）等人在日本发表（Fukuda Y., et al., Phys. Rev. Lett. 81, 1562(1998)）. 这个实验使用了一个有 50 000 吨水的探测器，在探测器内部，由 11 500 个光电倍增器探测所产生的电子或 μ 介子的契仑柯夫（Cherenkov）光. 他们也探测到大约 60 个 ν_τ，但是这个数字太小，以致无法给出进一步的信息.

---

① 为了完整起见，物理学家也检验了"惰性（sterile）"中微子振荡的可能性，即一种与物质没有可测相互作用的中微子的振荡.

在这之后，一个加速器实验确认了这个结果（K2K 合作组，Phys. Rev. Lett. 90, 041801 (2003)）.

KamLAND 实验组是一个包括日本、美国和中国物理学家的合作组. 探测器是一个充满液态闪烁剂（一种具有整体 C—H 结构的有机液体）的 $1000\,\mathrm{m}^3$ 的容器. 这个名字的意思是神冈液态闪烁剂反中微子探测器（KAMioka Liquid scintillator Anti-Neutrino Detector）. 参考文献：KamLAND 合作组，Phys. Rev. Lett. 90, 021802 (2003). 也可参考 http://kamland.lbl.gov/.

很多实验结果来自太阳中微子，目前，它们还没有被处理. 这个问题是尤其重要的，但对我们的目标来说，它们有点过于复杂了. 先驱的工作应该是戴维斯（Davis）1964 年的著名文章（R. Davis Jr., Phys. Rev. Lett. 13, 303 (1964)）. 戴维斯使用一个四氯（^{37}Cl）乙烯探测器，对产生的 ^{37}氩（^{37}Ar）原子计数. 在 25 年中，他的总统计量是 2 200 个事例，即每 3 天一个原子！1991 年，用镓完成的 SAGE 实验确认上述中微子的缺失（A. I. Abasov et al., Phys. Rev. Lett. 67, 3332 (1991) 和 J. N. Abdurashitov et al., Phys. Rev. Lett. 83, 4686 (1999)）. 1992 年，GALLEX 实验使用在格朗萨索（Gran Saaao）的镓靶也确认了太阳中微子的缺失（P. Anselmann et al., Phys. Rev. Lett. B285, 376 (1992)）. 2001 年，萨德伯里（Sudbury）中微子观测台（SNO）给出太阳中微子决定性的实验结果（Q.R. Ahmad et al., Phys. Rev. Lett. 87, 071307 (2001) 和 89, 011301 (2002); 也可参见 M. B. Smy, Mod. Phys. Lett. A 17, 2163 (2002)）.

2002 年诺贝尔物理学奖颁发给了小雷蒙德·戴维斯（Raymond Davis Jr.）和小柴昌俊（Masatoshi Koshiba），他们是本章中微子物理的先驱.

第 2 章 原 子 钟

我们对一个碱金属原子（铷、铯等）外层电子的基态感兴趣. 原子核具有自旋 s_n（对 ^{87}Rb, $s_\mathrm{n} = 3/2$；对 ^{133}Cs, $s_\mathrm{n} = 7/2$），它携带一个磁矩 $\boldsymbol{\mu}_\mathrm{n}$. 就像在原子氢中一样，基态被电子磁矩 $\boldsymbol{\mu}_\mathrm{e}$ 和原子核磁矩 $\boldsymbol{\mu}_\mathrm{n}$ 间的超精细相互作用劈裂. 这种基态的劈裂被用来设计一些高精度原子钟，它们有着广泛的应用，如飞行器的飞行控制、GPS 系统、物理常数的测量等.

在这一章中，我们将忽略内壳电子的效应.

2.1 基态的超精细分裂

2.1.1 如果忽略原子核和外部电子之间的磁相互作用，给出基态的简并度. 我们把

$$|m_\mathrm{e} : m_\mathrm{n}\rangle = |\mathrm{electron} : s_\mathrm{e} = 1/2, m_\mathrm{e}\rangle \otimes |\mathrm{nucleus} : s_\mathrm{n}, m_\mathrm{n}\rangle$$

记为总自旋态（外层电子 + 原子核）的一组基（译者注：式中"electron"为电子，而"nucleus"为原子核）.

2.1.2 我们现在考虑电子磁矩 $\boldsymbol{\mu}_\mathrm{e}$ 和原子核磁矩 $\boldsymbol{\mu}_\mathrm{n}$ 之间的相互作用. 就像在氢原子中一样，人们可把哈密顿量（限制在自旋子空间）写为

$$\hat{H} = \frac{A}{\hbar^2} \hat{\boldsymbol{S}}_\mathrm{e} \cdot \hat{\boldsymbol{S}}_\mathrm{n},$$

其中 A 是特征能量，$\hat{\boldsymbol{S}}_\mathrm{e}$ 和 $\hat{\boldsymbol{S}}_\mathrm{n}$ 分别是电子和原子核的自旋算符. 我们希望找到这个哈密顿量的本征值.

我们引入算符 $\hat{S}_{e,\pm} = \hat{S}_{e,x} + i\hat{S}_{e,y}$ 和 $\hat{S}_{n,\pm} = \hat{S}_{n,x} + i\hat{S}_{n,y}$.

(a) 证明
$$\hat{H} = \frac{A}{2\hbar^2}(\hat{S}_{e,+}\hat{S}_{n,-} + \hat{S}_{e,-}\hat{S}_{n,+} + 2\hat{S}_{e,z}\hat{S}_{n,z}).$$

(b) 证明下面的两个态
$$|m_e = 1/2; m_n = s_n\rangle \quad \text{和} \quad |m_e = -1/2; m_n = -s_n\rangle$$
是 $\hat{H}$ 的本征态, 并且给出相应的本征值.

(c) $\hat{H}$ 对 $m_n \neq s_n$ 的 $|m_e = 1/2; m_n\rangle$ 态的作用是什么? $\hat{H}$ 对 $m_n \neq -s_n$ 的 $|m_e = -1/2; m_n\rangle$ 态的作用又是什么?

(d) 从这些结果推导: $\hat{H}$ 的本征值可通过对角化下述类型的 2×2 矩阵

$$\frac{A}{2}\begin{pmatrix} m_n & \sqrt{s_n(s_n+1) - m_n(m_n+1)} \\ \sqrt{s_n(s_n+1) - m_n(m_n+1)} & -(m_n+1) \end{pmatrix}$$

来计算.

2.1.3 证明 $\hat{H}$ 将基态劈裂成两个子态, 它们的能量分别为 $E_1 = E_0 + As_n/2$ 和 $E_2 = E_0 - A(1+s_n)/2$. 重现了氢原子的特例.

2.1.4 两个子能级 E_1 和 E_2 的简并度是多少?

2.1.5 证明能量为 E_1 和 E_2 的态是总自旋的平方 $\hat{\boldsymbol{S}}^2 = (\hat{\boldsymbol{S}}_e + \hat{\boldsymbol{S}}_n)^2$ 的本征态. 给出相应的自旋值 s.

2.2 原子喷泉

原子初始时制备于能态 E_1, 并向上发射出去 (图 2.1). 当它们上下移动时, 它们穿过一个注入了频率为 ω 的电磁波的腔. 这个频率接近于 $\omega_0(E_1 - E_2)/\hbar$. 在回落的终点, 人们探测从 E_1 能级翻转到 E_2 能级的原子数. 在下文中, 原子在空间的运动 (自由落体) 按经典方法处理. 这里只是它们内部的按量子力学处理的态的演化.

为简化起见, 我们只考虑一个原子处于子能级 E_1. 这个态 (记为 $|1\rangle$) 只被电磁波耦合到子能级 E_2 的一个态 (记为 $|2\rangle$). 按照约定, 我们把能量的原点设定在 $(E_1 + E_2)/2$, 即 $E_1 = \hbar\omega_0/2$, $E_2 = -\hbar\omega_0/2$. 我们假定穿过腔体的时间 ϵ

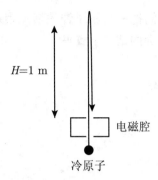

图 2.1 使用原子喷泉的原子钟原理草图，该钟使用激光冷却的原子

非常短暂，并且这个穿越导致态矢量以如下形式演化：

$$|\psi(t)\rangle = \alpha|1\rangle + \beta|2\rangle \Rightarrow |\psi(t+\epsilon)\rangle = \alpha'|1\rangle + \beta'|2\rangle,$$

且

$$\begin{pmatrix} \alpha' \\ \beta' \end{pmatrix} = \frac{1}{\sqrt{2}} \begin{pmatrix} 1 & -\mathrm{i}\mathrm{e}^{-\mathrm{i}\omega t} \\ -\mathrm{i}\mathrm{e}^{\mathrm{i}\omega t} & 1 \end{pmatrix} \begin{pmatrix} \alpha \\ \beta \end{pmatrix}.$$

2.2.1 原子的初态为 $|\psi(0)\rangle = |1\rangle$. 我们考虑一个单次往返的时间 T，在那段时间内，原子在 $t=0$ 到 $t=\epsilon$ 期间穿过腔体，然后在 $T-2\epsilon$ 期间自由演化，并在 $T-\epsilon$ 到 T 期间第二次穿过腔体. 取 $\epsilon \to 0$ 的极限，证明这一次往返之后原子的态由

$$|\psi(T)\rangle = \mathrm{i}\mathrm{e}^{-\mathrm{i}\omega T/2}\sin((\omega-\omega_0)T/2)|1\rangle - \mathrm{i}\mathrm{e}^{\mathrm{i}\omega T/2}\cos((\omega-\omega_0)T/2)|2\rangle \qquad (2.1)$$

给出.

2.2.2 给出在 T 时刻，找到原子处于 $|2\rangle$ 态的概率 $P(\omega)$. 确定在共振 $\omega=\omega_0$ 处，$P(\omega)$ 的半宽度 $\Delta\omega$. 对一个 1 m 高的喷泉，$\Delta\omega$ 的值是多少？我们取重力加速度为 $g = 9.81\ \mathrm{m\cdot s^{-2}}$.

2.2.3 我们发送一个 N 个原子的脉冲（$N \gg 1$）. 在一个往返之后，每个原子都处在（2.1）式给出的态. 我们分别测量处于 $|1\rangle$ 和 $|2\rangle$ 态的原子数，并把它们记为 N_1 和 $N_2 (N_1 + N_2 = N)$. 随机变量 N_1 和 N_2 的统计分布是什么样的？给出它们的平均值和它们的均方根偏差（rms deviation）ΔN_i. 令 $\phi = (\omega-\omega_0)T/2$，并用 $\cos\phi$、$\sin\phi$ 和 N 表示这些结果.

2.2.4 与共振的偏离 $|\omega-\omega_0|$ 是用 $\cos((\omega-\omega_0)T) = \langle N_2 - N_1\rangle/N$ 的值来表征的. 证明这个公式. 计算由变量 $N_2 - N_1$ 的随机性带来的不确定性 $\Delta|\omega-\omega_0|$. 证明这个不确定性依赖于 N，而不是 ϕ.

2.2.5 在图 2.2 中，我们把一个原子钟的精度表示成单位脉冲中原子数 N 的函数. 它随 N 的变化与前面的结果一致吗？

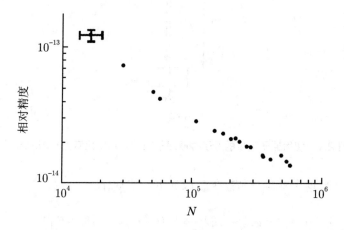

图 2.2 喷泉原子钟的相对精度 $\Delta\omega/\omega$ 作为每个脉冲中发送的原子数 N 的函数

2.3 GPS 系统

GPS 系统使用 24 颗在 20 000 km 的高空环绕地球做轨道运动的卫星. 每颗卫星上有一座原子钟. 每颗卫星以相等的时间间隔发送出一个电磁信号，它由一个来自原子钟的"咔嗒声"和其位置的标示组成. 地球上一个不具有原子钟的接收装置探测来自几个卫星的信号. 它使用自己的（石英）钟，比较不同"咔嗒声"到达的时间.

2.3.1 为了能够对自己在地球表面上的纬度、经度和高度定位，在一个给定的时间人们必须至少看到多少颗卫星？

2.3.2 我们假定每个钟的相对精度是 $\Delta\omega/\omega = 10^{-13}$，并且这些钟每 24 小时同步一次. 就在钟进行一次新的同步之前，定位精度的量级是多少？

2.4 基本常数的漂移

某些宇宙学模型预言了精细结构常数 $\alpha = e^2/(\hbar c) \sim 1/137$ 随时间的一个（微小的）变化. 为检验这个假设，人们可以比较两个原子钟，一个使用铷原子（$Z=37$），另一个使用铯原子（$Z=55$）. 事实上，人们可以证明一个碱金属原子的超精细劈裂近似地按照

$$E_1 - E_2 = \hbar\omega_0 \propto \alpha^2 \left[1 + \frac{11}{6}(\alpha Z)^2\right], \quad (\alpha Z)^2 \ll 1$$

变化. 在一年的时间间隔中通过比较铷钟和铯钟，没有观察到比例 $R = \omega_0^{(\text{Cs})}/\omega_0^{(\text{Rb})}$ 显著的变化. 更精确地说，相对变化 $|\delta R|/R$ 比实验的不确定性还要小很多，估计为 3×10^{-15}. 人们能够设置的相对变化率 $|\dot{\alpha}/\alpha|$ 的上限是多少？

2.5 解

2.1 基态的超精细分裂

2.1.1 基态的希尔伯特空间是电子自旋空间和原子核自旋空间的张量积. 因此它的维度 d 是它们维度的积，即 $d = 2 \times (2s_n + 1)$.

2.1.2 超精细哈密顿量的能级.

(a) 使用

$$\hat{S}_{e,x} = \frac{1}{2}(\hat{S}_{e,+} + \hat{S}_{e,-}), \qquad \hat{S}_{e,y} = \frac{i}{2}(\hat{S}_{e,-} - \hat{S}_{e,+})$$

和一个类似的 $\hat{S}_{n,x}$ 与 $\hat{S}_{n,y}$ 的关系，人们可以得到所需的结果.

(b) $\hat{S}_{e,+}\hat{S}_{n,-}$ 和 $\hat{S}_{e,-}\hat{S}_{n,+}$ 作用于 $|m_e = 1/2; m_n = s_n\rangle$ 给出零矢量. 对 $|m_e = -1/2; m_n = -s_n\rangle$ 有同样的结果. 因此，只有 $\hat{S}_{e,z}\hat{S}_{n,z}$ 有贡献，人们发

现

$$\hat{H}|m_\text{e}=1/2;m_\text{n}=s_\text{n}\rangle = \frac{As_\text{n}}{2}|m_\text{e}=1/2;m_\text{n}=s_\text{n}\rangle,$$
$$\hat{H}|m_\text{e}=-1/2;m_\text{n}=-s_\text{n}\rangle = \frac{As_\text{n}}{2}|m_\text{e}=-1/2;m_\text{n}=-s_\text{n}\rangle.$$

(c) 我们发现

$$\hat{H}|1/2;m_n\rangle = \frac{Am_n}{2}|1/2;m_n\rangle$$
$$+ \frac{A}{2}\sqrt{s_\text{n}(s_\text{n}+1)-m_\text{n}(m_\text{n}+1)}|-1/2;m_n+1\rangle,$$
$$\hat{H}|-1/2;m_n\rangle = -\frac{Am_n}{2}|-1/2;m_n\rangle$$
$$+ \frac{A}{2}\sqrt{s_\text{n}(s_\text{n}+1)-m_\text{n}(m_\text{n}-1)}|1/2;m_n-1\rangle.$$

(d) 从上一个问题中，人们推断由 $|1/2;m_n\rangle$ 和 $|-1/2;m_n+1\rangle$ 构成的二维子空间 ε_{m_n} 在 $\hat{H}$ 作用下是整体稳定的. 因此, 确定 $\hat{H}$ 的本征值就在于对角化一系列 2×2 矩阵, 它们对应于它对那些子空间的限制. 相应于 $\hat{H}$ 对子空间 ε_{m_n} 限制的矩阵和正文中给出的矩阵是一样的.

2.1.3 正文中给出的那些本征值实际上不依赖于 m_n. 它们是 $As_n/2$ 和 $-A(1+s_n)/2$. 在 $s_n=1/2$ （氢原子）的情况中, 这两个本征值是 $A/4$ 和 $-3A/4$.

2.1.4 有 $2s_n$ 个 2×2 的矩阵要对角化, 它们中的每一个都给出一个与 $As_n/2$ 关联的矢量和一个与 $-A(1+s_n)/2$ 关联的矢量. 另外, 我们找到两个彼此独立的本征矢量 $|1/2;s_n\rangle$ 和 $|-1/2;-s_n\rangle$, 它们与本征值 $As_n/2$ 相关联. 因此, 我们求得

$$As_n/2 \quad \text{简并了 } 2s_n+2 \text{ 次},$$
$$-A(1+s_n/2) \quad \text{简并了 } 2s_n \text{ 次}.$$

我们确实重新得到了基态总自旋空间的维度为 $2(2s_n+1)$.

2.1.5 总自旋的平方是

$$\hat{S}^2 = \hat{S}_\text{e}^2 + \hat{S}_\text{n}^2 + 2\hat{S}_\text{e}\cdot\hat{S}_\text{n} = \hat{S}_\text{e}^2 + \hat{S}_\text{n}^2 + \frac{2\hbar^2}{A}\hat{H}.$$

算符 $\hat{S}_\text{e}^2$ 和 $\hat{S}_\text{n}^2$ 正比于 1, 并分别为

$$\hat{S}_\text{e}^2 = \frac{3\hbar^2}{4}, \qquad \hat{S}_\text{n}^2 = \hbar^2 s_\text{n}(s_\text{n}+1).$$

因此，$\hat{H}$ 的本征态也是 $\hat{S}^2$ 的本征态. 更准确地说，本征值为 $As_n/2$ 的 $\hat{H}$ 的一个本征态是本征值为 $\hbar^2(s_n+1/2)(s_n+3/2)$ 的 $\hat{S}^2$ 的一个本征态，它对应着总自旋 $s=s_n+1/2$. 而本征值为 $-A(1+s_n)/2$ 的 $\hat{H}$ 的一个本征态则是本征值为 $\hbar^2(s_n-1/2)(s_n+1/2)$ 的 $\hat{S}^2$ 的一个本征态，即总自旋为 $s=s_n-1/2$.

2.2 原子喷泉

2.2.1 在 $\epsilon \to 0$ 的极限下，原子的末态矢量只不过是矩阵的乘积

$$\begin{pmatrix} \alpha' \\ \beta' \end{pmatrix} = \frac{1}{2} \begin{pmatrix} 1 & -\mathrm{i}e^{-\mathrm{i}\omega T} \\ -\mathrm{i}e^{\mathrm{i}\omega T} & 1 \end{pmatrix} \times \begin{pmatrix} e^{-\mathrm{i}\omega_0 T/2} & 0 \\ 0 & e^{\mathrm{i}\omega_0 T/2} \end{pmatrix}$$
$$\times \begin{pmatrix} 1 & -\mathrm{i} \\ -\mathrm{i} & 1 \end{pmatrix} \begin{pmatrix} 1 \\ 0 \end{pmatrix},$$

它对应着在 $t=0$ 时穿越了腔体，然后在 $t=0$ 到 $t=T$ 时间段内自由演化，之后在 $t=T$ 时第二次穿越腔体. 因此，我们得到正文中的态矢量.

2.2.2 人们发现 $P(\omega) = |\beta'|^2 = \cos^2[(\omega-\omega_0)T/2]$. 如果人们精确地处于共振处 $(\omega=\omega_0)$，这个概率就等于 1. 如果 $\omega = \omega_0 \pm \pi/(2T)$，则它等于 $1/2$. 对一个高度 $H=1$ m 的往返自由落体运动，我们有 $T=2\sqrt{2H/g}$，即 $T=0.9$ s，且 $\Delta\omega = 1.7$ s^{-1}.

2.2.3 探测每个原子给出概率为 $\sin^2\phi$ 的 E_1 和概率为 $\cos^2\phi$ 的 E_2. 因为假定原子是独立的，随机变量 N_1 和 N_2 的分布遵从二项式定律. 所以我们有

$$\langle N_1 \rangle = N\sin^2\phi, \quad \langle N_2 \rangle = N\cos^2\phi, \quad \Delta N_1 = \Delta N_2 = \sqrt{N}|\cos\phi\sin\phi|.$$

2.2.4 我们确实得到了 $\langle N_2 - N_1 \rangle/N = \cos 2\phi = \cos[(\omega-\omega_0)T]$. 变量 $N_2 - N_1$ 的涨落导致了确定 $\omega-\omega_0$ 时的涨落. 这两个涨落通过

$$\frac{\Delta(N_2-N_1)}{N} = 2|\sin(2\phi)|\Delta\phi$$

相关联. 由于 $\Delta(N_2-N_1) = 2\Delta N_2 = \sqrt{N}|\sin(2\phi)|$，我们推导出 $\Delta\phi = 1/(2\sqrt{N})$，或等价的

$$\Delta|\omega-\omega_0| = \frac{1}{2T\sqrt{N}}.$$

时间 T 越长和 N 越大，则精度越高.

2.2.5 在图 2.2 中我们注意到，当 N 增大时钟的精度按 $N^{-1/2}$ 的规律提高. 对 $N=10^6$ 和 $T=0.9$ s，上面的公式给出 5.6×10^{-4} s. 铯的超精细频率是 $\omega_0 = 2\pi \times 9.2\,\mathrm{GHz}$，它对应于 $\Delta\omega/\omega \sim 10^{-14}$.

2.3 GPS 系统

2.3.1 人们至少要看到 4 颗卫星. 用其中的两颗接收信号，它们接收到信号的时间 t_1 和 t_2 的差把观测者定位在一个面上（例如，如果 $t_1 = t_2$，则在到两个卫星距离相等的一个平面上）；第三颗卫星可把观测者定位在一条线上；而第四颗卫星准确无误地确定观测者的位置（当然只要人们假定观测者不是在地球很深的内部或在一条很远的轨道上）.

2.3.2 假定一颗卫星在 t_0 时刻发送出一个信号. 这个信号在 $t_1 = t_0 + D/c$ 时刻被一个在距离 D 处的观测者接收到. 如果卫星的钟漂移了，则这个信号不是在 t_0 时刻，而是在稍微不同的 t_0' 时刻发出的. 如果我们假定观测者具有来自另外一颗卫星的正确时间基准，他会把时间 $t_1 - t_0'$ 理解为距离 $D' = c(t_1 - t_0')$，因而在他的位置上有了一个偏差 $c(t_1 - t_0')$. 对一个相对精度为 10^{-13} 的钟来说，24h（$=86\,000$ s）之后的典型漂移是 $86\,000 \times 10^{-13}$ s，即在位置上 2.5 m 的偏差.

注意，搭载在 GPS 卫星上的原子钟显然不如地面实验室中的喷泉冷原子钟精准.

2.4 基本常数的漂移

使用正文中给出的依赖于 α 的频率 ω_{Cs} 和 ω_{Rb} 的表达式，我们发现比例 R 的变化将通过

$$\frac{1}{R}\frac{\mathrm{d}R}{\mathrm{d}t} = \frac{1}{\alpha}\frac{\mathrm{d}\alpha}{\mathrm{d}t}\left\{\frac{11\alpha^2}{3}\frac{Z_{\text{Cs}}^2 - Z_{\text{Rb}}^2}{[1+11(\alpha Z_{\text{Rb}})^2/6][1+11(\alpha Z_{\text{Cs}})^2/6]}\right\}$$

与 α 的变化相关联. 中括号的数值为 0.22，它导致了 $\dot{\alpha}/\alpha$ 的上限为每年 1.4×10^{-14}，即每秒 4.3×10^{-22}. 如果我们把这个变化的时间外推到宇宙年龄数量级的时间，则相应的变化为 10^{-4}. 通过对非常远的物体的光谱测量，原则上这样的一个效应应该是可测的.

注意，对 ω_{Cs} 的 α 依赖性的一个更为精准的确定——对它来说 $Z\alpha \ll 1$ 的近似并不太好给出中括号的值为 0.45.

2.6 参考文献

有关冷原子钟稳定性的实验数据取自巴黎天文台的 A.Clairon 和 C. Salomon 合作组的文章：G. Santarelli et al., Phys. Rev. Lett. 82, 4619 (1999).

关于基本常数的漂移，可参见 J. D. Prestage, R. L. Tjoelker, and L. Maleki, Phys. Rev. Lett. 74, 3511 (1995); H. Marion et al., Phys. Rev. Lett. 90, 150801 (2003); M. Fischer et al., Phys. Rev. Lett. 92, 230802 (2004).

第 3 章 中子干涉测量方法

20 世纪 70 年代晚期，奥弗豪塞尔（Overhauser）和他的合作者做了几个量子力学中非常重要的中子干涉实验，它们解决了自 20 世纪 30 年代开始的争论．在这一章，我们研究这些实验中的两个，旨在测量重力场和中子波函数转动 2π 角度对干涉条纹的影响．

在这里，我们考虑一个由三个平行的、等间距的晶体硅条构成的干涉仪，如图 3.1 所示．假设入射中子束流是单频的．

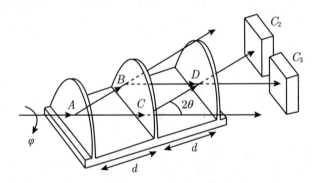

图 3.1 中子干涉仪——三个"耳朵"是硅单晶的切片；C_2 和 C_3 是中子计数器

对一个特定数值的称为布拉格（Bragg）角的入射角 θ，一个平面波 $\psi_{\text{inc}} = e^{i(\boldsymbol{p}\cdot\boldsymbol{r}-Et)/\hbar}$（其中 E 是中子的能量，而 $\boldsymbol{p}$ 是它们的动量）被晶体劈裂成两个出射波，它们相对晶体的垂直方向是对称的，如图 3.2 所示．

透射波和反射波具有复振幅，它们可以分别写成 $\alpha = \cos\chi$ 和 $\beta = i\sin\chi$，其中角 χ 是实的：

$$\psi_{\text{I}} = \alpha e^{i(\boldsymbol{p}\cdot\boldsymbol{r}-Et)/\hbar}, \qquad \psi_{\text{II}} = \beta e^{i(\boldsymbol{p}'\cdot\boldsymbol{r}-Et)/\hbar}, \tag{3.1}$$

其中 $|\boldsymbol{p}| = |\boldsymbol{p}'|$，因为中子在晶体的原子核上弹性散射．透射系数和反射系数分别

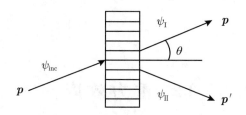

图 3.2 满足布拉格条件的一束入射平面波的劈裂

为 $T = |\alpha|^2$ 和 $R = |\beta|^2$,当然 $T + R = 1$.

在图 3.1 所示的干涉仪中,入射中子束流是水平的. 它被干涉仪劈裂成多种束流,其中的两束重新组合并在 D 点相干. 探测器 C_2 和 C_3 对出射中子流计数. 中子束流的速度对应着德布罗意波长 $\lambda = 1.445$ Å. 我们记中子的质量值为 $M = 1.675 \times 10^{-27}$ kg.

中子束流实际上相当于准单频和有限横向展宽的波函数. 为简化方程的书写,我们只处理如(3.1)式中所示的那种纯单频平面波.

3.1 中子干涉

3.1.1 测量的中子流正比于到达计数器的波的强度. 定义入射束流的强度为 1(任意单位),借助 α 和 β 写出到达计数器 C_2 和 C_3 的波函数的振幅 A_2 和 A_3(没必要写出传播项 $e^{i(\boldsymbol{p}\cdot\boldsymbol{r}-Et)/\hbar}$).

借助系数 T 和 R,计算测量到的强度 I_2 和 I_3.

3.1.2 假定我们产生了沿着 AC 方向传播波的一个相移 δ,即在 C 点波函数被乘上一个因子 $e^{i\delta}$.

(a) 借助 α、β 和 δ,计算新的振幅 A_2 和 A_3.

(b) 证明测量到的新强度 I_2 和 I_3 的形式为

$$I_2 = \mu - \nu(1+\cos\delta), \qquad I_3 = \nu(1+\cos\delta),$$

并且用 T 和 R 表示 μ 和 ν.

(c) 对求和 $I_2 + I_3$ 的结果给予评论.

3.2 重力效应

束流 ACD 和 ABD 间的相位差 δ 是通过把干涉仪绕入射方向旋转一个角度 ϕ 产生的. 这个操作如图 3.3 所示，使保持水平的 BD 和 AC 二者产生了一个高度差. 重力势能的差引起了一个重力相位差.

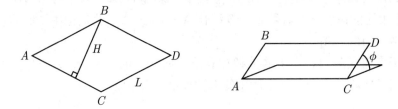

图 3.3 为了观测重力效应，绕入射方向转动干涉仪

3.2.1 令 d 为硅晶条之间的距离，它的厚度在这里可以忽略. 证明图 3.3 中所示的菱形 $ABCD$ 的边长 L 和它的高 H 通过 $L=d/\cos\theta$ 和 $H=2d\sin\theta$ 与 d 和布拉格角 θ 相关联. d 和 θ 的实验值是 $d=3.6\,\mathrm{cm}$ 和 $\theta=22.1°$.

3.2.2 对角度 ϕ，我们定义沿 AC 的重力势为 $V=0$ 和沿 BD 的重力势为 $V=V_0$.

(a) 计算在束流 AC 和 BD 中，中子动量的差 Δp（使用 $\Delta p \ll p$ 的近似）. 用沿 AC 的动量 p、高 H、$\sin\phi$、M 和重力加速度 g 表示这个结果.

(b) 计算速度 $\sqrt{2gH}$. $\Delta p \ll p$ 的近似有多好？

3.2.3 求路径 ABD 和 ACD 间的相位差 δ. 人们可以分两步做：

(a) 比较 AB 和 CD 部分的路径差.

(b) 比较 BD 和 AC 部分的路径差.

3.2.4 在计数器 C_2 中，实验测量到的强度 I_2 随 ϕ 的变化展示在图 3.4 中（由于定标的困难，数据未能显示出极小值严格地位于 $\phi=0$）.

从这些数据中推导由重力导致的加速度 g 的值.

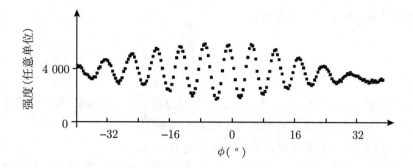

图 3.4 在计数器 C_2 上测得的中子强度随角度 ϕ 的变化

3.3 将自旋 1/2 的粒子旋转 360°

现在实验设置的平面是水平的. 相位差是由于沿 AC 放置了一块长度为 l 的磁铁而导致的, 该磁铁产生了一个沿 z 轴的、均匀恒定的磁场 $\boldsymbol{B}_0$, 如图 3.5 所示.

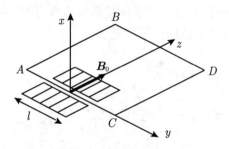

图 3.5 观测中子自旋拉莫进动的实验设置

中子是自旋 1/2 的粒子, 其内禀磁矩为 $\hat{\boldsymbol{\mu}} = \gamma_n \hat{\boldsymbol{S}} = \mu_0 \hat{\boldsymbol{\sigma}}$, 其中 $\hat{\boldsymbol{S}}$ 是中子自旋算符, $\hat{\sigma}_i(i=x,y,z)$ 是通常的 2×2 泡利矩阵. 坐标轴在图 3.5 中给出: 束流沿着 y 轴、z 轴处在 $ABCD$ 平面, x 轴垂直于这个平面.

我们假定自旋变量和空间变量是不相关联的, 即在空间的任意点, 波函数因子化为

$$\begin{pmatrix} \psi_+(\boldsymbol{r},t) \\ \psi_-(\boldsymbol{r},t) \end{pmatrix} = e^{i(\boldsymbol{p}\cdot\boldsymbol{r}-Et)/\hbar} \begin{pmatrix} a_+(t) \\ a_-(t) \end{pmatrix}.$$

我们忽略由于进入和离开磁场区域产生的任何瞬态效应.

制备好的入射中子处于自旋态

$$|+x\rangle = \frac{1}{\sqrt{2}}\begin{pmatrix} 1 \\ 1 \end{pmatrix},$$

它是本征值为 $+\mu_0$ 的 $\hat{\mu}_x$ 本征态. 当中子穿越晶体条时，自旋态没有被修正.

3.3.1 (a) 写出自旋与磁场相互作用的哈密顿量.

(b) 在磁铁中，中子自旋态的时间演化是什么样的？

(c) 令 $\omega = -2\mu_0 B_0/\hbar$，计算在这个态上的期待值 $\langle\hat{\boldsymbol{\mu}}\rangle$ 的三个分量，并描述在磁铁中 $\langle\hat{\boldsymbol{\mu}}\rangle$ 的时间演化.

3.3.2 中子离开磁铁时，在测量中子磁矩的 x 分量时找到 $\mu_x = +\mu_0$ 的概率 $P_x(+\mu_0)$ 是多少？为简化起见，人们可以令 $T = Ml\lambda/(2\pi\hbar)$，并用角度 $\delta = \omega T/2$ 表示该结果.

3.3.3 对于场 B_0 的哪些 $b_n = nb_1$（n 是整数）值，这个概率等于 1？这些 b_n 值对应着平均磁矩的什么运动？

计算在 $\mu_0 = -9.65 \times 10^{-27}\,\text{J}\cdot\text{T}^{-1}$，$l = 2.8\,\text{cm}$，$\lambda = 1.445\,\text{Å}$ 时的 b_1 值.

3.3.4 写出中子到达 C_2 和 C_3 时的态（注意 $\boldsymbol{p}_2$ 和 $\boldsymbol{p}_3$ 分别是它们的动量）.

3.3.5 用计数器 C_2 和 C_3 测量中子流 I_2 和 I_3. 它们对自旋变量不敏感. 用 δ 和系数 T、R 表示强度差 $I_2 - I_3$.

3.3.6 图 3.6 给出 $I_2 - I_3$ 的实验测量值作为所施加的场 B_0 的函数关系. 曲线的数值拟合表明两个极大值间的距离是 $\Delta B = (64 \pm 2) \times 10^{-4}\,\text{T}$.

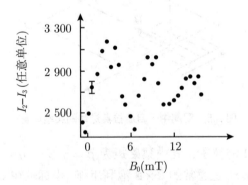

图 3.6 计数率的差（$I_2 - I_3$）与所施加场的函数关系

比较习题 3.3.3 中的 b_n 值和实验的结果，回顾对这些值的 μ_x 测量结果，解释为什么它证实了一个自旋 $-1/2$ 的粒子在旋转了奇数倍 2π 角度之后，其态矢量改变了符号.

3.4 解

3.1 中子干涉

3.1.1 束流 $ABDC_2$ 和 $ACDC_2$ 相干. 略去传播因子, 在 C_2 有振幅

$$A_2 = \alpha^2\beta + \beta^3 = \beta(\alpha^2+\beta^2).$$

类似地, 对 $ABDC_3$ 和 $ACDC_3$, 有

$$A_3 = 2\alpha\beta^2.$$

在两个计数器处的强度是

$$I_2 = R - 4R^2T, \qquad I_3 = 4R^2T.$$

3.1.2 当 C 处有相移 δ 时, 上述表达式修正为

$$A_2 = \alpha^2\beta e^{i\delta} + \beta^3 = \beta(\alpha^2 e^{i\delta}+\beta^2), \qquad A_3 = \alpha\beta^2(1+e^{i\delta}).$$

强度变成

$$I_2 = R - 2R^2T(1+\cos\delta), \qquad I_3 = 2R^2T(1+\cos\delta).$$

I_2+I_3 不依赖于相移 δ 的事实是到达 D 点的总粒子数守恒的结果.

3.2 重力效应

3.2.1 这个结果来自基本的三角学.

3.2.2 (a) 因为没有考虑硅原子的反冲能量, 中子总能量 (动能 + 势能) 在整个过程中是一个运动常数. 这个能量由 $E_{AC} = p^2/2M$ 和 $E_{BD} = (p-\Delta p)^2/2M + MgH\sin\phi$ 给出, 因此

$$\Delta p \approx M^2 gH\sin\phi/p.$$

(b) 速度 $\sqrt{2gH}$ 是 $0.5\,\mathrm{m/s}$ 量级的, 而中子的速度为 $v = h/M\lambda \approx 2700\,\mathrm{m/s}$. 因此, 速度的变化 Δv 非常小: 对 $\phi = \pi/2$, $\Delta v = gH/v \approx 2\times 10^{-4}\,\mathrm{m/s}$.

3.2.3 (a) 沿着 AB 和 CD，重力势按照完全相同的方式变化。在这两种情况中，中子态在进入 A 或 C 之前就是一个动量为 $p = \hbar/\lambda$ 的平面波。在两个部分末端的波函数可用同样的薛定谔方程来确定。这意味着沿着 AB 和 CD 两个部分累积起来的相位是相等的。

(b) 在比较 AC 和 BD 两个部分的时候，前面的推理不适用，因为对这两个部分，中子的初态是不一样的。对 AC 来说，初态是 $\exp(ipz/\hbar)$；而对 BD 来说，初态是 $\exp[i(p-\Delta p)z/\hbar]$。走过一段距离 $L = \overline{AC} = \overline{BD}$，两条路径的相位差为

$$\delta = \frac{\Delta p L}{\hbar} = \frac{M^2 g \lambda d^2}{\pi \hbar^2} \tan\theta \sin\phi.$$

3.2.4 由前面的结果，有 $\delta_2 - \delta_1 = Ag(\sin\phi_2 - \sin\phi_1)$，其中

$$A = M^2 \lambda d^2 \tan\theta/(\pi\hbar^2).$$

因此，有

$$g = \frac{\delta_2 - \delta_1}{A(\sin\phi_2 - \sin\phi_1)}.$$

在 $\phi_1 = -32°$ 和 $\phi_2 = +24°$ 之间有 9 次振荡，即 $\delta_2 - \delta_1 = 18\pi$，它给出了 $g \approx 9.8\,\mathrm{m\cdot s^{-2}}$。实验的相对精度实际上是 10^{-3} 的量级。

3.3 将自旋 1/2 的粒子旋转 360°

3.3.1 (a) 由于 $\boldsymbol{B}$ 是沿 z 轴的，磁哈密顿量为

$$\hat{H}_M = -\boldsymbol{\mu}\cdot\boldsymbol{B}_0 = \frac{\hbar\omega}{2}\begin{pmatrix} 1 & 0 \\ 0 & -1 \end{pmatrix}.$$

(b) 在 t 时刻，自旋态为

$$|\Sigma(t)\rangle = \frac{1}{\sqrt{2}}\begin{pmatrix} \mathrm{e}^{-\mathrm{i}\omega t/2} \\ \mathrm{e}^{+\mathrm{i}\omega t/2} \end{pmatrix}.$$

(c) 通过直接计算 $\langle\boldsymbol{\mu}\rangle$ 或通过使用埃伦费斯特定理 $\left(\dfrac{\mathrm{d}}{\mathrm{d}t}\langle\boldsymbol{\mu}\rangle = \dfrac{1}{\mathrm{i}\hbar}\langle[\hat{\boldsymbol{\mu}}, \hat{H}]\rangle\right)$，我们得到

$$\frac{\mathrm{d}\langle\mu_x\rangle}{\mathrm{d}t} = \omega\langle\mu_y\rangle, \qquad \frac{\mathrm{d}\langle\mu_y\rangle}{\mathrm{d}t} = -\omega\langle\mu_x\rangle, \qquad \frac{\mathrm{d}\langle\mu_z\rangle}{\mathrm{d}t} = 0.$$

初始时，$\langle\mu_x\rangle = \mu_0$，并且 $\langle\mu_y\rangle = \langle\mu_z\rangle = 0$，所以

$$\langle\hat{\boldsymbol{\mu}}\rangle = \mu_0(\cos\omega t\,\boldsymbol{\mu}_x + \sin\omega t\,\boldsymbol{\mu}_y).$$

3.3.2 当中子离开了磁场区域，找到 $\mu_x = +\mu_0$ 的概率是
$$P_x(+\mu_0) = |\langle +x|\Sigma(T)\rangle|^2 = \cos^2\frac{\omega T}{2} = \cos^2\delta,$$
其中 $T = l/v = lM\lambda/h$.

3.3.3 如果 $\delta = n\pi(\omega T = 2n\pi)$，或 $B_0 = nb_1$，其中
$$b_1 = \frac{2\pi^2\hbar^2}{\mu_0 Ml\lambda} = 34.5 \times 10^{-4}\,\text{T},$$
则上述概率等于 1. 对 $\delta = n\pi$，磁矩通过拉莫进动绕 z 轴旋转了 $2n\pi$ 角度.

3.3.4 该式类似于习题 3.1.2 中找到的那些公式. 写在 $\{|+\rangle_z, |-\rangle_z\}$ 基中，旋量上分量的相角移动了 $+\delta$，而下分量的相角移动了 $-\delta$:

计数器 C_2 处的振幅为
$$e^{i(\boldsymbol{p}_2\cdot\boldsymbol{r}-Et)/\hbar}\frac{\beta}{\sqrt{2}}\begin{pmatrix}\beta^2+\alpha^2 e^{i\delta}\\ \beta^2+\alpha^2 e^{-i\delta}\end{pmatrix}.$$

计数器 C_3 处的振幅为
$$e^{i(\boldsymbol{p}_3\cdot\boldsymbol{r}-Et)/\hbar}\frac{\alpha\beta^2}{\sqrt{2}}\begin{pmatrix}1+e^{i\delta}\\ 1+e^{-i\delta}\end{pmatrix}.$$

3.3.5 因为测量仪器对自旋变量不敏感，我们必须加入相应于 $S_z = \pm 1$ 的概率，它们中的每一个都是振幅之和的模的平方. 放在一起，我们得到两个计数器中总中子流的强度：
$$I_2 = R - 2R^2T(1+\cos\delta), \qquad I_3 = 2R^2T(1+\cos\delta)$$
和
$$I_2 - I_3 = R - 4R^2T(1+\cos\delta).$$

3.3.6 每当 $\cos\delta = +1$，即 $\delta = 2n\pi$ 时就有一个 $I_2 - I_3$ 的极小. 它对应着在第 3 道中的相长干涉. 相反，如果 $\cos\delta = -1$，即 $\delta = (2n+1)\pi$，就会出现一个极大，它对应着在第 3 道 ($I_3 = 0$) 中的相消干涉.

如果 $\delta = n\pi$，不管整数 n 等于多少，人们肯定能找到与初始束流中自旋态相同的中子. 不管怎么样，相干图案依赖于 n 的奇偶性.

$\Delta B = (64\pm 2)\times 10^{-4}$ T 的实验结果证实了当自旋旋转了 $4n\pi$ 的角度时，如同无旋转的情况，人们重新得到了在第 3 道中的相长干涉，而当自旋旋转了 $(4n+2)\pi$ 的角度时，在 C_3 的相干则是相消的. 在后一种情况中，对路径 ACD 来说，概率幅改变了符号，尽管离开磁铁之后在这条路径上的自旋测量将给出与在入射束流上测量完全一样的结果.

3.5 参考文献

A.W. Overhauser, A.R. Collela, and S.A. Werner, Phys. Rev. Lett., 33, 1237(1974); 34, 1472 (1975); 35, 1053 (1975). 也可参看 D. Greenberger and A.W. Overhauser, Scientific American, May 1980.

第 4 章 中子束流的谱学测量

我们在这里展示一种非常精确的光谱测量方法，它归功于诺曼·拉姆齐（Norman Ramsey）的贡献. 使用原子或分子束流的这种方法可被应用到一大类问题. 我们将在中子束流的特定情况下对它进行分析，在这种情况中，通过测量在磁场 $\boldsymbol{B}_0$ 中的拉莫进动频率，能精确地确定中子的磁矩.

制备一束沿 x 轴的、速度为 v 的中子束流. 把束流放入一个沿 z 轴的恒定的匀强磁场 $\boldsymbol{B}_0$. 我们把中子自旋的 z 方向投影 $\hat{\boldsymbol{S}}_z$ 的本征态记为 $|+\rangle$ 和 $|-\rangle$，中子的回转磁比记为 $\gamma : \hat{\boldsymbol{\mu}} = \gamma \hat{\boldsymbol{S}}$，其中 $\hat{\boldsymbol{\mu}}$ 是中子磁矩算符，$\hat{\boldsymbol{S}}$ 是它的自旋算符.

初始时中子处于 $|-\rangle$ 态. 当它们接近原点时，穿越了一个在 xy 平面上施加了振荡场 $\boldsymbol{B}_1(t)$ 的区域. $\boldsymbol{B}_1$ 的各分量为

$$\left. \begin{array}{r} B_{1x} = B_1 \mathrm{e}^{-r/a} \cos\omega(t - z/c), \\ B_{1y} = B_1 \mathrm{e}^{-r/a} \sin\omega(t - z/c), \\ B_{1z} = 0, \end{array} \right\} \qquad (4.1)$$

其中 $r = \sqrt{x^2 + y^2}$. 我们假定 B_1 是常数（严格地说，为满足 $\nabla \cdot \boldsymbol{B} = 0$，它应该是变化的）且 $B_1 \ll B_0$.

在本章的各个部分，把中子在空间中的运动经典地处理成匀速直线运动. 我们只对自旋态的量子演化有兴趣.

4.1 拉姆齐干涉条纹

4.1.1 考虑一个中子，它在空间的运动为 $x=vt, y=0, z=0$. 描写中子磁矩与 $\boldsymbol{B}_0$ 和 $\boldsymbol{B}_1$ 场耦合的哈密顿量 $\hat{H}(t)$ 是什么？

令 $\omega_0 = -\gamma B_0$ 和 $\omega_1 = -\gamma B_1$，写出 $\hat{H}(t)$ 在 $\{|+\rangle, |-\rangle\}$ 基中的矩阵表示.

4.1.2 把 $\boldsymbol{B}_1$ 当成微扰，在一级含时微扰论中，如果在 $t=-\infty$ 时刻，中子处在 $|-\rangle$ 态，计算当 $t=+\infty$ 时（远离相互作用区）在 $|+\rangle$ 态找到中子的概率.

在中子离开磁场区域时，人们测量自旋已经翻转并处于 $|+\rangle$ 态的中子束流. 这个束流正比于已经发生了上述跃迁过程的概率 P_{-+}.

证明这个概率具有一个共振行为，它是所施加磁场角频率 ω 的函数. 画出 P_{-+} 与离开共振点的距离 $\omega - \omega_0$ 的函数关系图. 共振曲线的宽度如何随 v 和 a 变化？

这个宽度的存在给出了 ω_0 和 γ 的测量精度的极限. 此解释是否存在普遍性？

4.1.3 在束流的路径上，人们添加了一个有振荡场 $\boldsymbol{B}'_1$ 的第二区域. 该第二区域与第一区域完全相同，但沿 x 轴平移一段距离 $b(b \gg a)$：

$$\left.\begin{aligned} B'_{1x} &= B_1 \mathrm{e}^{-r'/a}\cos\omega(t-z/c), \\ B'_{1y} &= B_1 \mathrm{e}^{-r'/a}\sin\omega(t-z/c), \\ B'_{1z} &= 0, \end{aligned}\right\} \tag{4.2}$$

其中 $r' = [(x-b)^2 + y^2]^{1/2}$.

证明：利用在前面的问题中计算出来的跃迁概率，跨过两个区域的跃迁概率 P_{-+} 能用一个简单的形式来表示.

如果人们期望能高精度地测量角频率 ω_0，为什么最好使用一个相距为 b 的两个区的装置，而不是像在习题 4.1.2 中那样使用单独一个区的装置？精度改进的量级是多少？

4.1.4 如果我们使用互相之间距离均为 b 的 N 个区的装置，概率 P_{-+} 是多少？这使我们联想起什么样的光学系统？

4.1.5 现在假定仍然处于初始 $|-\rangle$ 自旋态的中子沿 z 轴而不是沿 x 轴传播. 假定相互作用区的长度是 b，即假定在 $-b/2 \leqslant z \leqslant +b/2$ 区间振荡的场由（4.1）

式给出，而在 $|z| > b/2$ 区域为 0. 计算在新布局下的跃迁概率 P'_{-+}.

ω 取什么值时这个概率有极大值？解释该结果与习题 4.1.2 中所得结果的不同.

4.1.6 实际上，中子束流在 v 值周围有一定的速度弥散. 习题 4.1.3 和习题 4.1.5 中描述的方法中哪一种更好一些？

4.1.7 数值应用. 束流中的中子有一个德布罗意波长 $\lambda_n = 31$ Å. 计算它们的速度.

为了计算中子的回转磁比 γ_n，人们可按照习题 4.1.3 的做法去做. 人们能够假定精度由

$$\delta\omega_0 = \frac{\pi}{2}\frac{v}{b}$$

给出.

目前中子的回转磁比最精确的值是

$$\gamma_n = -1.912\,041\,84(\pm 8.8\times 10^{-7})q/M_p,$$

其中 q 是单位电荷，M_p 是质子的质量. 在 $B_0 = 1$ T 的场中，为了达到这个精度，长度 b 必须为多少？

4.2 解

4.1.1 磁哈密顿量是

$$\hat{H}(t) = -\hat{\boldsymbol{\mu}}\cdot\boldsymbol{B} = -\gamma[B_0\hat{S}_z + B_{1x}(t)\hat{S}_x + B_{1y}(t)\hat{S}_y].$$

因为 $x = vt$ 和 $y = z = 0$,

$$\hat{H}(t) = -\gamma[B_0\hat{S}_z + B_1 e^{-v|t|/a}(\hat{S}_x\cos\omega t + \hat{S}_y\sin\omega t)],$$

它的矩阵表示是

$$\hat{H}(t) = \frac{\hbar}{2}\begin{pmatrix} \omega_0 & \omega_1\exp(-v|t|/a - i\omega t) \\ \omega_1\exp(-v|t|/a + i\omega t) & -\omega_0 \end{pmatrix}.$$

4.1.2 令 t 时刻的中子态为 $|\psi(t)\rangle = \alpha(t)|+\rangle + \beta(t)|-\rangle$. 薛定谔方程给出 α 和 β 的演化:

$$i\dot{\alpha} = \frac{\omega_0}{2}\alpha + \frac{\omega_1}{2}e^{-i\omega t - v|t|/a}\beta,$$

$$i\dot{\beta} = \frac{\omega_1}{2}e^{i\omega t-v|t|/a}\alpha - \frac{\omega_0}{2}\beta.$$

现在引入变量 $\widetilde{\alpha}$ 和 $\widetilde{\beta}$：

$$\widetilde{\alpha}(t) = \alpha(t)e^{i\omega_0 t/2}, \qquad \widetilde{\beta}(t) = \beta(t)e^{-i\omega_0 t/2},$$

它们的演化由

$$i\dot{\widetilde{\alpha}} = \frac{\omega_1}{2}e^{i(\omega_0-\omega)t-v|t|/a}\widetilde{\beta},$$
$$i\dot{\widetilde{\beta}} = \frac{\omega_1}{2}e^{i(\omega-\omega_0)t-v|t|/a}\widetilde{\alpha}$$

给出. 形式上积分给出的 $\widetilde{\alpha}$ 的方程为

$$\widetilde{\alpha}(t) = \frac{\omega_1}{2i}\int_{-\infty}^{t} e^{i(\omega_0-\omega)t'-v|t'|/a}\widetilde{\beta}(t')dt', \tag{4.3}$$

其中，我们已经使用了初始条件 $\widetilde{\alpha}(-\infty) = \alpha(-\infty) = 0$. 现在，因为我们想要获得到一阶 B_1 的 $\alpha(t)$ 的近似值，在这个积分中我们可用其未微扰的值 $\widetilde{\beta}(t') = 1$ 来替换 $\widetilde{\beta}(t')$. 它给出

$$\gamma_{-+} \equiv \widetilde{\alpha}(+\infty) = \frac{\omega_1}{2i}\int_{-\infty}^{+\infty} e^{i(\omega_0-\omega)t'-v|t'|/a}dt'$$
$$= \frac{\omega_1 v}{ia}\frac{1}{(\omega-\omega_0)^2+(v/a)^2}.$$

因此，跃迁概率为

$$P_{-+} = \frac{\omega_1^2 v^2}{a^2}\frac{1}{[(\omega_0-\omega)^2+(v/a)^2]^2}.$$

共振曲线 (图 4.1) 的宽度是 v/a 量级的. 这个物理量是中子在振荡场中花费的时间 $\tau = a/v$ 的倒数. 由不确定性关系 $\delta E\tau \sim \hbar$，当一次相互作用持续了一段有限时间 τ 时，能量测量的精度 δE 要受到 $\delta E \geqslant \hbar/\tau$ 的限制. 因此，由第一原理，人们预期共振曲线将在能量上有一个量级为 $\hbar/\tau$ 的宽度，或 $1/\tau$ 的角频率.

4.1.3 在两个区域的情况中，跃迁振幅（在一级微扰论中）变成

$$\gamma_{-+} = \frac{\omega_1}{2i}\left(\int_{-\infty}^{+\infty} e^{i(\omega_0-\omega)t-v|t|/a}dt + \int_{-\infty}^{+\infty} e^{i(\omega_0-\omega)t-|vt-b|/a}dt\right).$$

如果在第二个积分中将变量改成 $t' = t-b/v$，可得到

$$\gamma_{-+} = \frac{\omega_1}{2i}\left[1+e^{i(\omega_0-\omega)b/v}\right]\int_{-\infty}^{+\infty} e^{i(\omega_0-\omega)t-v|t|/a}dt,$$

它与前面的公式是一样的，只是乘了一个 $1+e^{i(\omega_0-\omega)b/v}$ 的因子. 为了找到概率，只要对这个表达式取平方，就可得到

$$P_{-+} = \frac{4\omega_1^2 v^2}{a^2}\frac{1}{[(\omega_0-\omega)^2+v^2/a^2]^2}\cos^2\left[\frac{(\omega_0-\omega)b}{2v}\right].$$

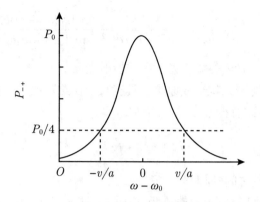

图 4.1 在单一区域中的跃迁概率

如图 4.2 所示, 这条曲线的包络与前面的曲线相同, 最多只差一个因子 4. 然而, 由于额外的振荡因子, 现在中心峰半极大值处的半宽度是 $\pi v/(2b)$ 量级的. 现在支配精度的参数是中子在设备中从一个区到另一个区花费的总时间 b/v.

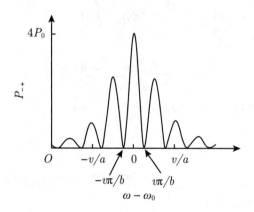

图 4.2 两个区的装置中的拉姆齐条纹

在光谱的测量中, 峰的最大值的精确定位是非常重要的. 在峰的宽度上乘以一个 a/b ($\ll 1$, 因为 $a \ll b$) 的因子将使得测量精度有一个重大的改进. 当然, 原则上人们可以构建一个大尺度 b 的单一相互作用区, 但是要在这么大的区域内很好地保持对振荡场的控制是很困难的. 从实用的角度看, 使用几个尺度为 a 的小相互作用区并把它们隔开一个较大的距离 b, 将会更为简单.

4.1.4 把前面的结果推广到任意多个区域的情况是直截了当的:

$$\gamma_{-+} = \frac{\omega_1}{2\mathrm{i}} \left[1 + \mathrm{e}^{\mathrm{i}(\omega_0-\omega)b/v} + \cdots + \mathrm{e}^{\mathrm{i}(N-1)(\omega_0-\omega)b/v} \right]$$
$$\times \int_{-\infty}^{+\infty} \mathrm{e}^{\mathrm{i}(\omega_0-\omega)t - v|t|/a} \mathrm{d}t,$$

$$P_{-+} = \frac{\omega_1^2 v^2}{a^2} \frac{1}{[(\omega_0-\omega)^2 + v^2/a^2]^2} \frac{\sin^2[N(\omega_0-\omega)b/2v]}{\sin^2[(\omega_0-\omega)b/2v]}.$$

至于所关心的振幅，完全类似于光学中的衍射光栅．

中子（更广义地说，粒子或原子）具有某个在给定的相互作用区中发生自旋翻转的跃迁振幅 t. 而总振幅 T 是一个和：

$$T = t + te^{i\phi} + te^{2i\phi} + \cdots,$$

其中 $e^{i\phi}$ 是两个区域之间的相移．

4.1.5 现在我们令中子的轨迹为 $z = vt$，且 $x = y = 0$. 它将修正场的相位（多普勒效应）：

$$\omega(t - z/c) \to \omega(1 - v/c)t = \widetilde{\omega}t, \quad 其中\ \widetilde{\omega} = \omega(1 - v/c).$$

并且必须在 $t_i = -b/(2v)$ 和 $t_f = b/(2v)$ 之间对以下 $\widetilde{\alpha}$ 的演化积分：

$$i\dot{\widetilde{\alpha}} = \frac{\omega_1}{2} e^{i(\omega_0 - \widetilde{\omega})t} \widetilde{\beta}, \quad 其中\ \widetilde{\beta} \approx 1.$$

之后跃迁概率就是

$$P'_{-+} = \omega_1^2 \frac{\sin^2[(\omega_0 - \widetilde{\omega})b/(2v)]}{(\omega_0 - \widetilde{\omega})^2}.$$

它的宽度是 b/v 量级的，但中心点位于

$$\widetilde{\omega} = \omega_0 \Rightarrow \omega = \frac{\omega_0}{1 - v/c} \approx \omega_0(1 + v/c).$$

与习题 4.1.2 比较，我们发现共振频率移动了：中子沿场的传播方向移动，且有共振频率的一级多普勒移动．

4.1.6 如果中子束流有一些速度弥散，实验结果仍将与上述计算结果一致，但是在速度分布上弥散开了．

在习题 4.1.3 的方法中，侧条纹的位置以及中心峰的宽度随 v 变化．速度分布将导致一个较宽的中心峰和振幅减小的侧条纹．然而中心峰的位置并不依赖于速度，因此即使中子束流有一些速度弥散，它也不会移动．

相反，在习题 4.1.5 的方法中，中心峰的位置直接依赖于速度．v 的弥散将导致相应的要测量的峰的位置弥散．

第一种方法是非常可取的．

4.1.7 用数值表示，对 $\lambda_n = 31$ Å，$v = h/(M_n \lambda_n) \approx 128$ m/s.

实验上，人们得到一个 $\delta\omega_0/\omega_0 = \delta\gamma_n/\gamma_n = 4.6 \times 10^{-7}$ 的精度．对 $B = 1$ T，角频率为 $\omega_0 = \gamma_n B_0 \approx 1.8 \times 10^8$ s^{-1}，它给出 $\delta\omega_0/(2\pi) \approx 13$ Hz 和 $b \approx 2.4$ m.

事实上，人们可以通过分析峰的形状，大大地提高精度. 在下面引用的文献所报告的实验中，长度 b 为 2 m，场强为 $B_0 = 0.05$ T（即角频率是上面的数值的 1/20）.

4.3 参考文献

G. L. Greene, N. F. Ramsey, W. Mampe, J. M. Pendlebury, K. F. Smith, W. D. Dress, P. D. Miller, and P. Perrin, Phys. Rev. D 20, 2139 (1979).

第 5 章 斯特恩 – 盖拉赫实验的分析

我们既从实验上也从理论观点上分析斯特恩 – 盖拉赫（Stern-Gerlach）实验. 这里，在考察的实验装置中，一个单频的中子束流穿过一个强非均匀磁场的区域，人们观测出射的束流.

5.1 中子束流的制备

在反应堆中产生的中子首先被"冷却"，即通过穿越 20 K 的液氢减速. 它们入射到一块单晶体，例如石墨上，并被衍射. 对每一个出射方向，都对应着定义明确的波长，并由此有一个定义明确的动量. 一块铍晶体起到滤除谐波的滤波器的作用，而束流的垂直展宽则由两块对中子不透明的钆（Gd）来控制，这两块钆被厚度为 a 的薄（透明）铝片隔开，构成了准直的狭缝，如图 5.1 所示.

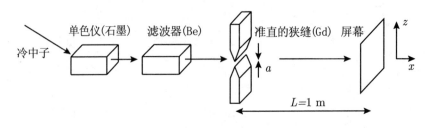

图 5.1 中子束流的制备

5.1.1 这些单频中子的德布罗意波长是 $\lambda = 4.32$ Å. 它们的速度和动能分别是多少？

5.1.2 人们在距离狭缝 $L = 1\,\mathrm{m}$ 处的探测器上观测中子的撞击. 在探测器上, 束流的垂直展宽由两个因素确定, 第一个是狭缝的宽度 a, 第二个是狭缝对中子束流的衍射. 回顾被宽度为 a 的狭缝衍射产生的峰的角宽度 θ 是通过 $\sin\theta = \lambda/a$ 与波长 λ 相关联的. 为简单起见, 我们假定中子束流在到达狭缝之前已被很好地平行校准, 并且束流在探测器上的垂直展宽 δ 是狭缝宽度 a 和衍射峰宽度之和. 证明: 为使 δ 尽可能小, 人们能够用优化方法选择 a. 束流在探测器上相应的宽度是多少?

5.1.3 在实际的实验中, a 值被选定为 $a = 5\,\mathrm{\mu m}$. 在探测器上观测到的束流宽度是多少? 评论一下狭缝宽度 a 和衍射分别对探测器上观测到的束流的垂直形状有什么影响.

束流的展宽对应着中子的撞击沿 z 轴的分布. 由于实验的目标不只是观测束流, 也测量由分布的极大值定义的它的"位置", 对选择 $a = 5\,\mathrm{\mu m}$, 你能找到什么理由?

图 5.2 是一个中子计数率作为 z 的函数的例子. 水平误差棒 (或分格) 来自测量设备的分辨率, 垂直误差棒来自每个分格中中子数的统计涨落. 曲线是与实验点的最佳拟合. 它的极大值以 $\delta z = 5\,\mathrm{\mu m}$ 的精度确定.

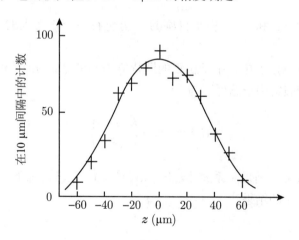

图 5.2 探测器上束流分布轮廓的测量

5.2 中子的自旋态

为了完整地描写中子的态，也就是说，既包括它的自旋态也包括它的空间态，我们考虑自旋沿 z 轴的投影 $\hat{S}_z$ 的本征基，并把中子态表示为

$$|\psi(t)\rangle : \begin{pmatrix} \psi_+(\boldsymbol{r},t) \\ \psi_-(\boldsymbol{r},t) \end{pmatrix}.$$

在那里，找到中子处于 $\boldsymbol{r}$ 点附近且自旋分量为 $S_z = \pm\hbar/2$ 的概率分别是

$$\mathrm{d}^3 P(\boldsymbol{r}, S_z = \pm\hbar/2, t) = |\psi_\pm(\boldsymbol{r},t)|^2 \mathrm{d}^3 r.$$

5.2.1 测量与位置 $\boldsymbol{r}$ 无关的 S_z 时，在 t 时刻找到其值为 $\pm\hbar/2$ 的概率 $P_\pm(t)$ 是多少？

5.2.2 借助 ψ_+ 和 ψ_-，中子自旋的 x 分量在 $|\psi(t)\rangle$ 态上的期待值 $\langle S_x \rangle$ 是什么？

5.2.3 在 $|\psi(t)\rangle$ 态中，中子位置的期待值 $\langle \boldsymbol{r} \rangle$ 和动量的期待值 $\langle \boldsymbol{p} \rangle$ 是什么？

5.2.4 我们假定中子态可写为

$$|\psi(t)\rangle : \psi(\boldsymbol{r},t) \begin{pmatrix} \alpha_+ \\ \alpha_- \end{pmatrix},$$

其中的两个复数 $\alpha_\pm$ 满足关系式 $|\alpha_+|^2 + |\alpha_-|^2 = 1$. 在该情况下，如何简化习题 5.2.2 和习题 5.2.3 的结果？

5.3 斯特恩－盖拉赫实验

在中心位于原点（$x=y=z=0$）的狭缝和位于 $x=L$ 平面的探测器之间放置了一块长度为 L 的磁铁，其磁场 $\boldsymbol{B}$ 沿 z 轴方向. 这个磁场随 z 剧烈变化，如图 5.3 所示.

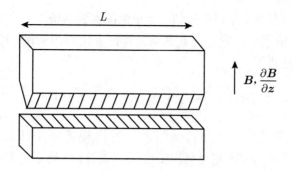

图 5.3 在斯特恩 — 盖拉赫实验中的磁场设置

我们假定磁场的分量为

$$B_x = B_y = 0, \qquad B_z = B_0 + b'z.^{①}$$

在下文中，我们取 $B_0 = 1$ T 和 $b' = 100$ T/m.

中子的磁矩 $\hat{\boldsymbol{\mu}}$ 在已经选取的 $|\psi\rangle$ 的矩阵表示中为

$$\hat{\boldsymbol{\mu}} = \mu_0 \hat{\boldsymbol{\sigma}},$$

其中 $\hat{\boldsymbol{\sigma}}$ 是通常的泡利矩阵，$\mu_0 = 1.913\mu_N$，这里 μ_N 是核磁子，$\mu_N = q\hbar/2M_p = 5.051 \times 10^{-27}$ J·T^{-1}. 此后，我们将用 m 表示中子的质量.

5.3.1 中子在该磁场中运动的哈密顿量的形式是什么？

写出 $|\psi(t)\rangle$ 态的含时薛定谔方程. 证明该薛定谔方程退耦成两个分别对应于 ψ_+ 和 ψ_- 的薛定谔类型的方程.

5.3.2 证明，人们有

$$\frac{\mathrm{d}}{\mathrm{d}t} \int |\psi_\pm(\boldsymbol{r},t)|^2 \mathrm{d}^3 r = 0.$$

至于测量 $\mu_z = \pm\mu_0$ 的概率，人们能给出什么结论？

5.3.3 我们假定 $t = 0$ 时刻，在磁场区域的入口处，人们有

$$|\psi(0)\rangle : \psi(\boldsymbol{r},0) \begin{pmatrix} \alpha_+ \\ \alpha_- \end{pmatrix},$$

并且 $\langle \boldsymbol{r} \rangle = 0$，$\langle p_y \rangle = \langle p_z \rangle = 0$ 和 $\langle p_x \rangle = p_0 = h/\lambda$，其中波长 λ 的数值已在上面给出.

---

① 这个形式违反了麦克斯韦方程 $\nabla \cdot \boldsymbol{B} = 0$，但它简化了下面的计算. 使用一个小修正（例如，$B_x = 0, B_y = -b'y$，且在中子束流穿越的空间区域 $B_y \ll B_z$），人们能够解决这个问题，并得到相同的结论.

上述条件对应着 5.1 节讨论过的中子束流的实验制备.

令 $\hat{A}$ 是一个依赖于位置算符 $\hat{r}$ 和动量算符 $\hat{p}$ 的可观测量. 我们用（译者注：原文下式的错误已改正）

$$\langle A_\pm \rangle = \frac{1}{|\alpha_\pm|^2} \int \psi_\pm^*(\boldsymbol{r},t) \hat{A} \psi_\pm(\boldsymbol{r},t) \mathrm{d}^3 r$$

定义数值 $\langle A_+ \rangle$ 和 $\langle A_- \rangle$. $\langle A_+ \rangle$ 和 $\langle A_- \rangle$ 的物理解释是什么？特别要证明，$|\psi_+|^2/|\alpha_+|^2$ 和 $|\psi_-|^2/|\alpha_-|^2$ 都是概率密度.（译者注：此处译者更正了一处原文中的错误. 参见该题的解.）

5.3.4 使用埃伦费斯特定理，计算下面的物理量：

$$\frac{\mathrm{d}}{\mathrm{d}t}\langle \boldsymbol{r}_\pm \rangle, \qquad \frac{\mathrm{d}}{\mathrm{d}t}\langle \boldsymbol{p}_\pm \rangle.$$

求解得到的方程，并给出 $\langle \boldsymbol{r}_\pm \rangle$ 和 $\langle \boldsymbol{p}_\pm \rangle$ 的时间演化. 给出对结果的物理解释，并且解释为什么人们观察到初始束流劈裂成相对强度为 $|\alpha_+|^2$ 和 $|\alpha_-|^2$ 的两束束流.

5.3.5 计算这两束束流离开磁铁时它们之间的劈裂. 用入射中子的动能表示这个结果（我们仍取 $L=1$ m 和 $b'=100$ T/m）.

给定束流亮度极大位置测量的实验误差 δz, 也就是习题 5.1.3 中讨论过的 $\delta z = 5 \times 10^{-6}$ m，若假定磁场和中子能量的确定不是一种限制，在这样的实验中，中子磁矩测量的精度是多少？与磁共振实验的结果

$$\mu_0 = (-1.913\,041\,84 \pm 8.8 \times 10^{-7})\mu_\mathrm{N}$$

比较.

5.3.6 在同样的实验设置中，能量为 $E \approx 1.38 \times 10^{-20}$ J 的银原子束流（在斯特恩和盖拉赫的原始实验中，原子束流来自 1000 K 的热坩埚）的劈裂是多少？银原子的磁矩与价电子的磁矩 $|\mu_\mathrm{e}| = q\hbar/2m_\mathrm{e} \approx 9.3 \times 10^{-24}$ J·T^{-1} 相同.

5.3.7 证明：总体来说，为了能使两束出射的束流分离，要满足的条件应有如下形式：

$$E_\perp t \geqslant \hbar/2,$$

其中 $E_\perp$ 是在该过程中中子所获得的横向动能，t 是它们在磁场中花费的时间. 请加以评论并给出结论.

5.4 解

5.1 中子束流的制备

5.1.1 我们有 $v = h/(\lambda m)$ 和 $E = mv^2/2$,由它们求得 $v = 916$ m·s^{-1} 及 $E = 0.438 \times 10^{-2}$ eV.

5.1.2 衍射对束流宽度的贡献是 $\delta_{\text{diff}} = L\tan\theta \approx L\lambda/a$. 使用简单的求和方法(它能够被改进,但不会产生非常不同的结果),我们得到 $\delta = a + L\lambda/a$, 在 $a = \sqrt{L\lambda} \approx 21\,\mu\text{m}$ 时它是最小的. 这样,束流在探测器上的弥散等于海森堡(Heisenberg)极小值 $\delta = 2\sqrt{L\lambda} = 42$ μm.

不确定性关系不允许 δ 小于某个下限. 换句话说,随 a 减小而增大的波包扩散与入射束流的空间清晰度相竞争.

5.1.3 对于 $a = 5$ μm,我们有 $\delta = 91.5$ μm.

在这个情况下,衍射效应占主导地位. 做出这种选择的原因是衍射峰的形状是已知的,并且能被很好地拟合. 因此,这是确定极大值位置时的优势. 但是,人们也不能把 a 选得太小,否则中子束流变得太弱,从而导致事例数不够.

5.2 中子的自旋态

5.2.1 $P_{\pm}(t) = \int |\psi_{\pm}(\boldsymbol{r}, t)|^2 d^3 r$.

注意:归一化条件(总概率等于 1)是

$$P_+ + P_- = 1 \Rightarrow \int (|\psi_+(\boldsymbol{r},t)|^2 + |\psi_-(\boldsymbol{r},t)|^2) d^3 r = 1.$$

量 $|\psi_+(\boldsymbol{r},t)|^2 + |\psi_-(\boldsymbol{r},t)|^2$ 是在 $\boldsymbol{r}$ 处找到中子的概率密度.

5.2.2 按照定义,S_x 的期待值 $\langle S_x \rangle = (\hbar/2)\langle \psi | \hat{\sigma}_x | \psi \rangle$,因此有

$$\langle S_x \rangle = \frac{\hbar}{2} \int [\psi_+^*(\boldsymbol{r},t)\psi_-(\boldsymbol{r},t) + \psi_-^*(\boldsymbol{r},t)\psi_+(\boldsymbol{r},t)] d^3 r.$$

5.2.3 同样有

$$\langle \boldsymbol{r} \rangle = \int \boldsymbol{r}(|\psi_+(\boldsymbol{r},t)|^2 + |\psi_-(\boldsymbol{r},t)|^2) d^3 r,$$

$$\langle \boldsymbol{p} \rangle = \frac{\hbar}{\mathrm{i}} \int [\psi_+^*(\boldsymbol{r},t) \nabla \psi_+(\boldsymbol{r},t) + \psi_-^*(\boldsymbol{r},t) \nabla \psi_-(\boldsymbol{r},t)] \mathrm{d}^3 r.$$

5.2.4 如果把这些变量都因子化,则有简单的结果:

$$\langle S_x \rangle = \hbar \mathcal{R}e(\alpha_+^* \alpha_-)$$

和

$$\langle \boldsymbol{r} \rangle = \int \boldsymbol{r} |\psi(\boldsymbol{r},t)|^2 \mathrm{d}^3 r, \qquad \langle \boldsymbol{p} \rangle = \frac{\hbar}{\mathrm{i}} \int \psi^*(\boldsymbol{r},t) \psi(\boldsymbol{r},t) \mathrm{d}^3 r.$$

5.3 斯特恩–盖拉赫实验

5.3.1 哈密顿量的矩阵形式为

$$\hat{H} = \frac{\hat{\boldsymbol{p}}^2}{2m} \begin{pmatrix} 1 & 0 \\ 0 & 1 \end{pmatrix} - \mu_0 (B_0 + b'\hat{z}) \begin{pmatrix} 1 & 0 \\ 0 & -1 \end{pmatrix}.$$

薛定谔方程为

$$\mathrm{i}\hbar \frac{\mathrm{d}}{\mathrm{d}t} |\psi(t)\rangle = \hat{H} |\psi(t)\rangle.$$

如果用坐标 $\psi_\pm$ 来写,我们得到退耦合的方程组

$$\mathrm{i}\hbar \frac{\partial}{\partial t} \psi_+(\boldsymbol{r},t) = -\frac{\hbar^2}{2m} \Delta \psi_+ - \mu_0 (B_0 + b'z) \psi_+,$$

$$\mathrm{i}\hbar \frac{\partial}{\partial t} \psi_-(\boldsymbol{r},t) = -\frac{\hbar^2}{2m} \Delta \psi_- + \mu_0 (B_0 + b'z) \psi_-.$$

或者等价地写成 $\mathrm{i}\hbar \frac{\partial}{\partial t} |\psi_\pm\rangle = \hat{H}_\pm |\psi_\pm\rangle$(译者注:原文误写为 $\mathrm{i}\hbar \frac{\mathrm{d}}{\mathrm{d}t} |\psi_\pm\rangle = \hat{H}_\pm |\psi_\pm\rangle$),其中

$$\hat{H}_\pm = -\frac{\hbar^2}{2m} \Delta \mp \mu_0 (B_0 - b'z).$$

换句话说,我们处理的是两个非耦合的薛定谔方程,在那里势具有相反的数值. 这就是引起斯特恩–盖拉赫劈裂的根本原因.

5.3.2 因为 ψ_+ 和 ψ_- 都满足薛定谔方程,且 $\hat{H}_\pm$ 都是厄米的,对 ψ_+ 和 ψ_- 来说,它们分别具有随哈密顿量演化的通常性质,特别是它们归一量的守恒. 找到 $\mu_z = \pm \mu_0$ 的概率和 μ_z 的期待值都与时间无关.

5.3.3 由定义,我们有

$$\int |\psi_\pm(\boldsymbol{r},t)|^2 \mathrm{d}^3 r = |\alpha_\pm|^2,$$

其中 $|\alpha_\pm|^2$ 与时间无关. 量 $|\psi_+(\boldsymbol{r},t)|^2/|\alpha_+|^2$ 和 $|\psi_-(\boldsymbol{r},t)|^2/|\alpha_-|^2$ 是在 $\boldsymbol{r}$ 点分别找到具有 $S_z=+\hbar/2$ 和 $S_z=-\hbar/2$ 的中子的概率密度.

量 $\langle A_+ \rangle$ 和 $\langle A_- \rangle$ 是物理量 A 分别在具有 $S_z=+\hbar/2$ 和 $S_z=-\hbar/2$ 的中子态上的期待值.

5.3.4 利用埃伦费斯特定理，对任意一个变量有

$$\frac{\mathrm{d}}{\mathrm{d}t}\langle A_\pm\rangle = \frac{1}{\mathrm{i}\hbar|\alpha_\pm|^2}\int \psi_\pm^*(\boldsymbol{r},t)[\hat{A},\hat{H}_\pm]\psi_\pm(\boldsymbol{r},t)\mathrm{d}^3r.$$

因此

$$\frac{\mathrm{d}}{\mathrm{d}t}\langle \boldsymbol{r}_\pm\rangle = \langle \boldsymbol{p}_\pm\rangle/m$$

和

$$\frac{\mathrm{d}}{\mathrm{d}t}\langle p_{x\pm}\rangle = \frac{\mathrm{d}}{\mathrm{d}t}\langle p_{y\pm}\rangle = 0, \qquad \frac{\mathrm{d}}{\mathrm{d}t}\langle p_{z\pm}\rangle = \pm\mu_0 b'.$$

可直接得到这些方程的解

$$\langle p_{x\pm}\rangle = p_0, \qquad \langle p_{y\pm}\rangle = 0, \qquad \langle p_{z\pm}\rangle = \pm\mu_0 b' t$$

$$\langle x_\pm\rangle = \frac{p_0 t}{m} = vt, \qquad \langle y_\pm\rangle = 0, \qquad \langle z_\pm\rangle = \pm\frac{\mu_0 b' t^2}{2m}.$$

所以，对具有 $\mu_z=+\mu_0$ 和 $\mu_z=-\mu_0$ 的中子，其垂直位置的期待值随时间的推移劈裂开：在两个波函数 ψ_+ 和 ψ_- 的支撑空间出现一个间隔. 两个出射束流的亮度分别正比于 $|\alpha_+|^2$ 和 $|\alpha_-|^2$.

5.3.5 当中子离开磁铁时，人们有 $\langle x\rangle = L$，因此 $t=L/v$ 和 $\Delta z = |\mu_0 b'|L^2/(mv^2) = |\mu_0 b'|L^2/(2E)$，其中 E 是入射中子的能量.

这给出了一个 $\Delta z = 0.69$ mm 的劈裂. 每个束流位置的误差是 $\delta z = 5\,\mu\mathrm{m}$，也就是说束流劈裂，或者等价地说 μ_0 的测量的相对误差为

$$\frac{\delta\mu_0}{\mu_0} \approx \frac{\sqrt{2}\delta z}{\Delta z} \approx 1.5\%,$$

它和磁共振测量的精度差得很远.

5.3.6 对银原子，人们有 $|\mu_0|/(2E) = 3.4\times 10^{-4}$ T^{-1}. 因此，在相同的组态中，对相同的磁场梯度和相同的长度 $L=1$ m，人们将得到一个 $\Delta z = 3.4$ cm 的间隔，它远大于使用中子时的数值. 事实上，斯特恩和盖拉赫在他们的第一次实验中只有一个弱得多的场梯度，并且他们的磁铁只有 20 cm 长.

5.3.7 使两束出射束流分开所必须满足的条件是：峰间的距离 Δz 应该大于每个峰的全宽度（这是一个光学中的共同准则；通过适当地检查曲线的形状，人们可以降低这个限制）. 我们在 5.1 节中已经看到，在探测器上总束流展宽的绝

对最小值是 $2\sqrt{L\lambda}$，它相当于在半极大处的全宽度 $\sqrt{L\lambda}$. 换句话说，我们必须有

$$\Delta z^2 \geqslant L\lambda.$$

在前面一节，我们已经得到了 Δz 值，并且通过平方得到 $\Delta z^2 = (\mu_0 b')^2 t^4/m^2$，其中 t 是穿越磁铁所花费的时间. 另一方面，一个出射中子的横向动能是 $E_\perp = p_{z\pm}^2/(2m) = (\mu_0 b')^2 t^2/(2m)$.

把前面的两个关系放在一起，我们得到 $z^2 = 2E_\perp t^2/m$. 把这个结果插入第一个不等式，我们得到

$$E_\perp t \geqslant h/2,$$

其中，我们使用了 $L = vt$ 和 $\lambda = h/(mv)$. 这不过是很多时间 – 能量不确定性关系形式中的一个. 上式的右边不是标准的 $\hbar/2$，因为我们考虑了一个矩形形状的入射束流（而不是高斯型的）. 它带来了一个额外的 2π 因子. 从物理上来说，这个结果在很多方面都是有趣的.

(a) 首先，它展示了使得实验可行的努力不是单独地改进磁场梯度的大小或者装置的长度等，而是转移到系统的能量和系统与测量装置相互作用时间乘积的特殊组合.

(b) 其次，这是一个很多作者[①]强调过的基本事实的具体实例：测量绝不是类点状的. 其空间和时间总有限的展宽. 事实上，斯特恩 – 盖拉赫实验的装置是一个非常好的量子力学测量仪器的例子，因为它把量子信息——在这里是中子的自旋态——转换成为可感知的时空量——这里是出射束流的劈裂.

(c) 如果不是全部量子测量，最常遇到的则是这个时间 – 能量不确定性关系. 在这里，它显现为波包弥散的结果. 通过直接计算下述期待值的时间演化来严格展示上述性质是一个简单和富有成果的练习：

$$\langle z_\pm \rangle, \quad \Delta z^2 = \langle z_\pm^2 \rangle - \langle z_\pm \rangle^2, \quad \langle E_T \rangle = \left\langle \frac{p_{z\pm}^2}{2m} \right\rangle, \quad \langle z_\pm p_\pm + p_\pm z_\pm \rangle.$$

[①] 例如，参见 L.D. Landau and E.M. Lifshitz, Quantum Mechanics, Pergamon Press, Oxford, 1965.

第 6 章 测量电子反常磁矩

在狄拉克（Dirac）方程的框架下，电子的回转磁因子 g 等于 2. 换句话说，电子的磁矩和自旋的比例是 $gq/(2m) = q/m$，其中 q 和 m 分别是粒子的电荷和质量. 当考虑了电子与量子化电磁场的相互作用，人们预言了一个与 2 略微不同的 g 值. 这一章的目标是研究 $g-2$ 这个量的测量.

6.1 电子的自旋和动量在磁场中的进动

考虑将一个质量为 m 和电荷为 $q(q<0)$ 的电子放置在一个沿 z 轴的均匀静磁场 $\boldsymbol{B}$ 中. 电子的哈密顿量为

$$\hat{H} = \frac{1}{2m}(\hat{\boldsymbol{p}} - q\hat{\boldsymbol{A}})^2 - \hat{\boldsymbol{\mu}} \cdot \boldsymbol{B},$$

其中，$\hat{\boldsymbol{A}}$ 是矢势 $\hat{\boldsymbol{A}} = \boldsymbol{B} \times \hat{\boldsymbol{r}}/2$，$\hat{\boldsymbol{\mu}}$ 是电子的内禀磁矩算符. 这个磁矩通过 $\hat{\boldsymbol{\mu}} = \gamma \hat{\boldsymbol{S}}$ 与自旋算符 $\hat{\boldsymbol{S}}$ 相关联，其中 $\gamma = (1+a)q/m$. 物理量 a 称为"反常"磁矩. 在狄拉克方程的框架下，$a=0$. 利用量子电动力学，人们可在一阶近似下，给出 $a = \alpha/(2\pi)$ 的预言.

速度算符可写成 $\hat{\boldsymbol{v}} = (\hat{\boldsymbol{p}} - q\hat{\boldsymbol{A}})/m$，并且令 $\omega = qB/m$.

6.1.1 证明下述对易关系：

$$[\hat{v}_x, \hat{H}] = i\hbar\omega \hat{v}_y, \quad [\hat{v}_y, \hat{H}] = -i\hbar\omega \hat{v}_x, \quad [\hat{v}_z, \hat{H}] = 0.$$

6.1.2 考虑三个量

$$C_1(t) = \langle \hat{S}_z \hat{v}_z \rangle, \quad C_2(t) = \langle \hat{S}_x \hat{v}_x + \hat{S}_y \hat{v}_y \rangle, \quad C_3(t) = \langle \hat{S}_x \hat{v}_y - \hat{S}_y \hat{v}_x \rangle.$$

写出 C_1、C_2、C_3 的时间演化方程. 证明这三个方程形成一个线性常系数微分方程组, 使用量 $\Omega = a\omega$ 来表示.

6.1.3 $\langle \hat{\boldsymbol{S}} \cdot \hat{\boldsymbol{v}} \rangle$ 演化的普遍形式是什么?

6.1.4 在 $t = 0$ 时刻制备一束速度为 $\boldsymbol{v}$ 的电子, 它处于一个 $C_1(0)$、$C_2(0)$、$C_3(0)$ 的值为已知的自旋态. 在时间间隔 $[0, T]$ 中, 该束流与磁场 $\boldsymbol{B}$ 相互作用. 忽略束流中电子间的相互作用. 在时刻 T, 人们测量一个正比于 $\langle \hat{\boldsymbol{S}} \cdot \hat{\boldsymbol{v}} \rangle$ 的量.

磁场强度为 $B = 9.4 \times 10^{-3}$ T 时的测量结果与时间 T 的函数关系展示在图 6.1 中 (数据取自 D.T. Wilkinson and H.R. Crane, Phys. Rev. 130, 852 (1963)). 从这条曲线推导出反常磁矩 a 的近似值.

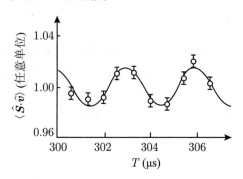

图 6.1 量 $\langle \hat{\boldsymbol{S}} \cdot \hat{\boldsymbol{v}} \rangle$ 随时间 T 的变化

6.1.5 实验值与量子电动力学的预言一致吗?

6.2 解

6.1.1 电子的哈密顿量为 $\hat{H} = m\hat{v}^2/2 - \gamma B \hat{S}_z$. 可以毫无困难地建立下列的对易关系:

$$[\hat{v}_x, \hat{v}_y] = \mathrm{i}\hbar qB/m^2 = \mathrm{i}\hbar\omega/m, \quad [\hat{v}_x, \hat{v}_z] = [\hat{v}_y, \hat{v}_z] = 0,$$
$$[\hat{v}_x, \hat{v}_y^2] = [\hat{v}_x, \hat{v}_y]\hat{v}_y + \hat{v}_y[\hat{v}_x, \hat{v}_y] = 2\mathrm{i}\hbar\omega\hat{v}_y/m.$$

所以, 有

$$[\hat{v}_x, \hat{H}] = \mathrm{i}\hbar\omega\hat{v}_y, \quad [\hat{v}_y, \hat{H}] = -\mathrm{i}\hbar\omega\hat{v}_x, \quad [\hat{v}_z, \hat{H}] = 0.$$

6.1.2 我们使用性质 $\mathrm{i}\hbar(\mathrm{d}/\mathrm{d}t)\langle\hat{O}\rangle = \langle[\hat{O}, \hat{H}]\rangle$, 它对任意可观测量都适用 (埃

伦费斯特定理）. C_1 的时间演化是平庸的：

$$[\hat{S}_z\hat{v}_z, \hat{H}] = 0 \quad \Rightarrow \quad \frac{\mathrm{d}C_1}{\mathrm{d}t} = 0, \quad C_1(t) = A_1,$$

其中 A_1 是一个常数. 对 C_2 和 C_3，我们用下面的方法去做：

$$[\hat{S}_x\hat{v}_x, \hat{H}] = [\hat{S}_x\hat{v}_x, m\hat{v}^2/2] - \gamma B[\hat{S}_x\hat{v}_x, \hat{S}_z] = \mathrm{i}\hbar\omega[\hat{S}_x\hat{v}_y + (1+a)\hat{S}_y\hat{v}_x].$$

同样有

$$[\hat{S}_y\hat{v}_y, \hat{H}] = -\mathrm{i}\hbar\omega[\hat{S}_y\hat{v}_x + (1+a)\hat{S}_x\hat{v}_y],$$
$$[\hat{S}_x\hat{v}_y, \hat{H}] = -\mathrm{i}\hbar\omega[\hat{S}_x\hat{v}_x - (1+a)\hat{S}_y\hat{v}_y],$$
$$[\hat{S}_y\hat{v}_x, \hat{H}] = \mathrm{i}\hbar\omega[\hat{S}_y\hat{v}_y - (1+a)\hat{S}_x\hat{v}_x].$$

所以，

$$[\hat{S}_x\hat{v}_x + \hat{S}_y\hat{v}_y, \hat{H}] = -\mathrm{i}\hbar\omega a(\hat{S}_x\hat{v}_y - \hat{S}_y\hat{v}_x),$$
$$[\hat{S}_x\hat{v}_y - \hat{S}_y\hat{v}_x, \hat{H}] = \mathrm{i}\hbar\omega a(\hat{S}_x\hat{v}_x + \hat{S}_y\hat{v}_y),$$

和

$$\frac{\mathrm{d}C_2}{\mathrm{d}t} = -\Omega C_3, \quad \frac{\mathrm{d}C_3}{\mathrm{d}t} = -\Omega C_2.$$

6.1.3 我们因此得到 $\mathrm{d}^2C_2/\mathrm{d}t^2 = -\Omega^2 C_2$，它的解为

$$C_2(t) = A_2\cos(\Omega t + \varphi),$$

其中 A_2 和 φ 都是常数. 因此，$\langle\hat{\boldsymbol{S}}\cdot\hat{\boldsymbol{v}}\rangle$ 演化的普遍形式是

$$\langle\hat{\boldsymbol{S}}\cdot\hat{\boldsymbol{v}}\rangle(t) = C_1(t) + C_2(t) = A_1 + A_2\cos(\Omega t + \varphi).$$

换句话说，在没有反常磁矩时，电子的自旋和动量将以相同的角速度进动：回旋频率（动量进动）和拉莫频率（磁矩进动）将是相等的. 测量这两个频率的差就能给出反常磁矩 a 的直接测量结果，它在量子电动力学中是非常重要的.

6.1.4 人们由关系式 $a = \Omega/\omega$ 计算反常磁矩. $\langle\hat{\boldsymbol{S}}\cdot\hat{\boldsymbol{v}}\rangle$ 的实验结果显示了周期为 $\tau \approx 3$ μs 的时间周期行为，即 $\Omega = 2\pi/\tau \approx 2\times 10^6$ s^{-1}. 在场强为 $B = 0.0094$ T 的情况下，$\omega = 1.65\times 10^9$ s^{-1}，而 $a = \Omega/\omega \approx 1.2\times 10^{-3}$.

6.1.5 这个数值与理论预言值 $a = \alpha/(2\pi) = 1.16\times 10^{-3}$ 非常一致.

评注 现在已知反常磁矩值的精确程度令人印象深刻：

$$a_{\text{理论}} = 0.001\,159\,652\,2\underline{00}(40)$$

$$a_{\text{实验}} = 0.001\,159\,652\,1\underline{93}(10).$$

理论计算包含了所有的直至三阶 α 的修正.

第 7 章 氚原子的衰变

氚原子的原子核是电荷 $Z=1$ 的同位素 ^{3}H. 这个原子核具有放射性，并通过 β 衰变变换成 ^{3}He 原子核. 这章的目标是要研究衰变后形成的 ^{3}He$^+$ 离子的电子态.

与质量为 m 的电子相比，我们把原子核视为无限重. 我们把氢原子的玻尔半径记为 $a_1 = \hbar^2/(me^2)$，电离能为 $E_I = mc^2\alpha^2/2 \approx 13.6$ eV，其中 α 是精细结构常数 $(e^2 = q^2/(4\pi\epsilon_0)$，其中 q 是电子的电荷).

在氚原子的基态 $|\psi_0\rangle$，电子（$n=1, l=0, m=0$）的波函数与常规氢原子的波函数相同：

$$\psi_0(\boldsymbol{r}) = \frac{1}{\sqrt{\pi a_1^3}} e^{-r/a_1}. \tag{7.1}$$

氚原子核的 β 衰变导致

$$^3\text{H} \to\, ^3\text{He} + e^- + \bar{\nu} \quad (\bar{\nu}\text{是反中微子}). \tag{7.2}$$

在那里，发射出的电子具有 15 keV 量级的能量，而氦核 ^{3}He 的电荷为 $Z=2$. 衰变是一个瞬时过程；β 电子以一个很大的速度被发射出去，并且非常迅速地离开了原子系统. 因此，形成了离子化的 ^{3}He$^+$ 原子，对它来说，在衰变的 t_0 时刻，电子的波函数实际上与氚的波函数相同，因此我们将假定它仍由（7.1）式给出. 我们把离子化后的氦原子态记为 $|n,l,m\rangle$，它是一个类氢系统，也就是把一个电子放置在一个电荷为 2 的原子核的库仑场中.

7.1 氚核衰变中的能量平衡

7.1.1 写出衰变前原子的电子哈密顿量 $\hat{H}_1$ 和这个电子在衰变后的哈密顿量 $\hat{H}_2$（那时势有了突然的改变）.

7.1.2 用 $E_{\rm I}$ 表示 $^3\text{He}^+$ 原子的能级是什么样的？给出它的玻尔半径及其基态波函数 $\varphi_{100}(\boldsymbol{r})$.

7.1.3 计算衰变后电子能量的期待值 $\langle E \rangle$. 例如，人们可以利用下述事实：

$$\langle \psi_0 | \frac{1}{r} | \psi_0 \rangle = \frac{1}{a_1} \qquad \text{和} \qquad \hat{H}_2 = \hat{H}_1 - \frac{e^2}{r}.$$

以 eV 为单位给出 $\langle E \rangle$ 的值.

7.1.4 用 $|\psi_0\rangle$ 和 $|n,l,m\rangle$ 表示出衰变后在 $^3\text{He}^+$ 的态 $|n,l,m\rangle$ 上找到电子的概率振幅 $c(n,l,m)$ 和概率 $p(n,l,m)$. 证明只有概率 $p_n = p(n,0,0)$ 不为零.

7.1.5 计算在 $^3\text{He}^+$ 基态上找到电子的概率 p_1. 对 $\langle E \rangle$ 的相应贡献是多少？

7.1.6 数值计算给出了下面的值：

$$p_2 = \frac{1}{4}, \qquad \sum_{n=3}^{\infty} p_n = 0.02137, \qquad \sum_{n=3}^{\infty} \frac{p_n}{n^2} = 0.00177.$$

计算在 $^3\text{He}^+$ 束缚态上找到该原子的电子的概率 $\sum_{n=1}^{\infty} p_n$ 以及它们对 $\langle E \rangle$ 的相应贡献. 对结果给出评论.

7.1.7 在氚原子 β 衰变的实验中人们观测到，在约 3% 的事例中有两个出射的电子，其中一个的平均动能为 $\langle E_k \rangle \approx 15$ keV，另一个的平均动能为 $\langle E_k \rangle \approx 34.3$ eV，这样就留下了一个完全离子化的 $^3\text{He}^{2+}$ 原子核，就好像 β 衰变的电子"弹射出"了原子的电子. 解释这个现象.

7.2 解

7.1.1 这两个哈密顿量是
$$\hat{H}_1 = \frac{\hat{p}^2}{2m} - \frac{e^2}{r}, \qquad \hat{H}_2 = \frac{\hat{p}^2}{2m} - \frac{2e^2}{r}.$$

7.1.2 原子核电荷为 Z 的类氢原子, 其束缚态能级是 $E_n = -Z^2 E_I/n^2$. 在当前的情况下, $E_n = -4E_I/n^2$. 新的玻尔半径为 $a_2 = a_1/2$, 波函数为
$$\varphi_{100}(r) = \frac{1}{\sqrt{\pi a_2^3}} e^{-r/a_2}.$$

7.1.3 在新的原子核组态情况下, 电子能量的期待值是
$$\langle E \rangle = \langle \psi_0 | \hat{H}_2 | \psi_0 \rangle = \langle \psi_0 | \hat{H}_1 | \psi_0 \rangle - \langle \psi_0 | \frac{e^2}{r} | \psi_0 \rangle,$$
它意味着
$$\langle E \rangle = -E_I - \frac{e^2}{a_1} = -3E_I \approx -40.8 \text{ eV}.$$

7.1.4 根据定义, 概率幅为 $c(n,l,m) = \langle n,l,m | \psi_0 \rangle$, 概率为 $p(n,l,m) = |\langle n,l,m | \psi_0 \rangle|^2$. 其解析形式是
$$c(n,l,m) = \int R_{nl}(r) (Y_{l,m}(\theta,\phi))^* \psi_0(\boldsymbol{r}) \mathrm{d}^3 r,$$
其中 $R_{nl}(r)$ 是类氢原子 $^3\text{He}^+$ 的径向波函数. 由于 ψ_0 的形式为 $\psi_0 = \chi(r) Y_{0,0}(\theta,\phi)$, 球谐函数的正交性意味着, 如果 $(l,m) \neq (0,0)$, 则 $p(n,l,m) = 0$.

7.1.5 最低能态的概率幅是
$$(p_1)^{1/2} = 4\pi \int \frac{e^{-r/a_2}}{\sqrt{\pi a_2^3}} \frac{e^{-r/a_1}}{\sqrt{\pi a_1^3}} r^2 \mathrm{d}r = \frac{16\sqrt{2}}{27}.$$
因而概率 $p_1 = 0.70233$, 对能量的贡献为 $p_1 E_1 = -38.2$ eV.

7.1.6 用文中所给的数值, 有 $p_2 E_2 = -E_I/4 = -3.4$ eV, 且 $p = \sum_{n=1}^{\infty} p_n = 0.9737$. 对 $\langle E \rangle$ 的贡献为 $\langle E_B \rangle = \sum_{n=1}^{\infty} p_n E_n = -3.0664 E_I = -41.7$ eV.

总的概率小于 1, 即存在一个在末态中原子的电子是不束缚的非零概率 $1 - p = 0.026$.

束缚态的贡献 $\langle E_\text{B}\rangle = -41.7$ eV，比总的能量期待值 $\langle E\rangle$ 小 0.9 eV. 因此，概率 $1-p$ 对应着一个正的电子能量，即 $^3\text{He}^+$ 发射出原子的电子电离到 $^3\text{He}^{2+}$ 的能量.

7.1.7 对于没有被束缚在氦原子核周围的原子电子，必然有一个 $1-p = 0.026$ 的概率，因而氚原子在衰变中能被完全离子化. 如果被剥离的电子的平均动能是 $E_\text{k} \approx 34.3$ eV，它表示对平均能量的贡献为 $(1-p)E_\text{k} \approx +0.89$ eV，该能量补偿了上述明显的能量缺损.

7.3 评　注

为确定中微子的质量，目前人们正在研究这类反应. 如果 M_1 和 M_2 分别为两个原子核的质量，E_β 是 β 电子的能量，E 是原子的电子能量，$E_{\bar\nu}$ 是中微子能量，则对每个事例，能量守恒给出：$M_1 c^2 - E_\text{I} = M_2 c^2 + E_\beta + E_{\bar\nu} + E$. 对一个给定的 E 的值，β 电子的最大能量的测定（在氚原子的情况下，它覆盖了直至 19 keV 的能谱）提供了一个通过这种能量平衡确定 $E_{\bar\nu}$ 最小值 $m_{\bar\nu} c^2$ 的方法. 一个重要的理论问题是，与这里考虑的原子的情况相反，目前的实验是在氚分子（HT 或 TT 分子）上做的，并且分子的波函数并不清楚. 至今最精确的实验是在 Weinheimer et al., Phys. Lett. B460, 219, (1999) 中报道的.

第 8 章 电子偶素的谱

正电子 e^+ 是电子的反粒子. 它是一个具有和电子一样的质量 m 但电荷符号相反的、自旋 $-1/2$ 的粒子. 在这一章，我们考虑称之为电子偶素的系统，它是一个由一个 e^+e^- 对组成的原子.

8.1 电子偶素的轨道态

我们首先忽略所有的自旋效应，只考虑系统的空间性质. 我们只保留两个粒子间的库仑相互作用. 不要求证明，适当抄录氢原子的结果就够了.

8.1.1 用电子的质量 m 表示系统的约化质量 μ.

8.1.2 用两个粒子间的距离 r 和它们的相对运动动量 p 写出它们之间相对运动的哈密顿量.

8.1.3 系统的能级是什么？简并度是多少？它们与氢原子的结果相比情况如何？

8.1.4 系统的玻尔半径 a_0 是多少？氢原子和电子偶素相比，它们的尺度有多大？

8.1.5 给出归一化基态波函数 $\psi_{100}(\boldsymbol{r})$ 的表达式. 使用基本常数 $m, c, \hbar$ 和精细结构常数 α 表示 $|\psi_{100}(0)|^2$.

8.2 超精细分裂

我们现在研究基态的超精细分裂.

8.2.1 如果人们考虑了自旋变量（不计入自旋 − 自旋相互作用），轨道基态的简并度是多少?

8.2.2 解释为什么正电子和电子的（自旋）回转磁比具有相反的符号: $\gamma_1 = -\gamma_2 = \gamma$. 用 q 和 m 表示 γ.

8.2.3 如同氢原子的情况，人们假设在轨道基态中，自旋 − 自旋哈密顿量是

$$\hat{H}_{\text{SS}} = \frac{A}{\hbar^2}\hat{\boldsymbol{S}}_1 \cdot \hat{\boldsymbol{S}}_2, \tag{8.1}$$

其中，常数 A 具有能量的量纲.

回顾在自旋基 $\{|\sigma_1, \sigma_2\rangle\}$ 中 $\hat{H}_{\text{SS}}$ 的本征态和本征值，其中 $\sigma_1 = \pm 1, \sigma_2 = \pm 1$.

8.2.4 如同氢原子的情况，常数 A 来自接触项:

$$A = -\frac{2}{3}\frac{1}{\epsilon_0 c^2}\gamma_1\gamma_2\hbar^2|\psi_{100}(0)|^2. \tag{8.2}$$

(a) 观测到的电子偶素的超精细线的频率为 $\nu \approx 200$ GHz，与氢原子的 $\nu \approx 1.4$ GHz 比较. 证明这两个量级的差的合理性.

(b) 用精细结构常数和能量 mc^2 表示常数 A. 以 eV 为单位给出 A 的数值.

(c) 对应于 A 的这个计算值，超精细跃迁的频率是多少?

8.2.5 事实上，电子和正电子会湮灭的可能性导致了超精细哈密顿量中的额外贡献 $\hat{H}_A$. 人们可以证明 $\hat{H}_A$ 不影响总自旋等于零（$S = 0$）的态，但它使 $S = 1$ 态的能量系统地增加了:

$$\hat{H}_A: \quad \delta E^{S=1} = \frac{3A}{4} \quad (\delta E^{S=0} = 0), \tag{8.3}$$

其中 A 与 (8.2) 式中的常数相同.

(a) 如果考虑了上述的湮灭项，则 $S = 1$ 和 $S = 0$ 态的能量各是多少?

(b) 计算相应的超精细跃迁的频率.

8.3 基态中的塞曼效应

系统被放置在一个沿 z 轴的匀强磁场 $\boldsymbol{B}$ 中. 附加的塞曼（Zeeman）哈密顿量具有如下的形式：

$$\hat{H}_Z = \omega_1 \hat{S}_{1z} + \omega_2 \hat{S}_{2z},$$

其中 $\omega_1 = -\gamma_1 B$ 和 $\omega_2 = -\gamma_2 B$.

8.3.1 (a) 考虑习题 8.2.2 中的结果，并令 $\omega = -\gamma B$，写出 $\hat{H}_Z$ 对基态 $\{|\sigma_1, \sigma_2\rangle\}$ 的作用.

(b) 用 A 和 $\hbar\omega$ 在两粒子总自旋的基 $\{|S, m\rangle\}$ 上写出

$$\hat{H} = \hat{H}_{SS} + \hat{H}_A + \hat{H}_Z \tag{8.4}$$

的矩阵表示.

(c) 对 $B = 1\,\mathrm{T}$ 的磁场，以 eV 为单位给出 $\hbar\omega$ 的数值. 在实验中，它是否容易达到一个强场区域（即 $\hbar\omega \gg A$）？

8.3.2 计算有磁场 B 时的能量本征值；用总自旋的基 $\{|S, m\rangle\}$ 表示相应的本征态. 将最大的本征值写成 E_+，相应的本征态写成 $|\psi_+\rangle$. 为方便起见，人们引入量 $x = 8\hbar\omega/(7A)$ 和通过 $\sin 2\theta = x/\sqrt{1+x^2}, \cos 2\theta = 1/\sqrt{1+x^2}$ 定义的角度 θ.

8.3.3 定性地画出能级随 B 的变化. 还有剩余的简并度吗？

8.4 电子偶素的衰变

我们回顾，当系统 A 是不稳定的，且能衰变成 $A \to B + \cdots$ 时，如果它是在 $t = 0$ 时被制备的，则它在时间间隔 $[t, t+\mathrm{d}t]$ 中衰变的概率是 $\mathrm{d}p = \lambda e^{-\lambda t}\mathrm{d}t$，其中衰变率 λ 通过 $\tau = 1/\lambda$ 与寿命 τ 相关联. 如果衰变可通过不同的道进行，例如分别具有衰变率为 λ_1 和 λ_2 的 $A \to B + \cdots$ 和 $A \to C + \cdots$ 衰变道，则总衰变率为分衰变率之和，并且 A 的寿命为 $\tau = 1/(\lambda_1 + \lambda_2)$.

在下文中，我们将在该电子偶素的静止参考系中进行研究.

8.4.1 在电子偶素的双光子衰变或湮灭中，两个出射光子的能量是多少？它们相对的方向是什么？

8.4.2 人们可以证明处于 $|n,l,m\rangle$ 轨道态的电子偶素到光子的湮灭率正比于电子和正电子处于同一个点的概率，即 $|\psi_{nlm}(0)|^2$. 在什么轨道态湮灭是可能发生的？

8.4.3 在量子场论中，人们可以证明，由于电荷共轭不变，

(a) 一个 $S=0$ 的单态只能衰变成偶数个光子：$2,4,\cdots$.

(b) 一个 $S=1$ 的三重态只能衰变成奇数个光子：$3,5,\cdots$.

就像在 8.2 节中（译者注：此处有明显的印刷错误，已更正）计算的，轨道基态 ψ_{100} 通过自旋 – 自旋相互作用分裂，单态的寿命是 $\tau_2 \approx 1.25 \times 10^{-10}$ s，而三个三重态中的任何一个态的寿命是 $\tau_3 \approx 1.4 \times 10^{-7}$ s. 量子场论预言：

$$\lambda_2 = \frac{1}{\tau_2} = 4\pi\alpha^2 c \left(\frac{\hbar}{mc}\right)^2 |\psi_{100}(0)|^2, \qquad \lambda_3 = \frac{1}{\tau_3} = \frac{4}{9\pi}(\pi^2 - 9)\alpha\lambda_2.$$

比较理论和实验的结果.

8.4.4 为了确定电子偶素的超精细常数 A，研究在习题 8.3.2 中（译者注：此处有明显的印刷错误，已更正）定义的相应于 $|\psi_+\rangle$ 态能级的能量和寿命与场 B 的函数关系是有意义的.

从现在起，我们假定场是非常弱的，即 $|x| = |8\hbar\omega/(7A)| \ll 1$，并且我们将做相应的近似.

(a) 找到作为 x 的函数的 $|\psi_+\rangle$ 态处于单态和三重态的概率 p^S 和 p^T 分别是多少？

(b) 基于参数 x 及习题 8.4.3（译者注：此处有明显的印刷错误，已更正）中引入的衰变率 λ_2 和 λ_3，使用该结果计算 $|\psi_+\rangle$ 分别衰变成两个和三个光子的衰变率 λ_2^+ 和 λ_3^+.

(c) $|\psi_+\rangle$ 态的寿命 $\tau^+(B)$ 是多大？定性地解释它对所施加的磁场 B 的依赖关系，并计算 $B = 0.4$ T 时的 $\tau^+(B)$.

(d) 作为磁场 B 的函数，人们测量施加磁场前后的 $|\psi_+\rangle$ 态的寿命比 $R = \tau^+(B)/\tau^+(0)$. 将 R 对 B 的依赖关系以及相应的误差棒画在图 8.1 中.

(i) 采用一个使比例 R 减小一半的磁场值，估算超精细常数 A 是多少？

(ii) 理论值与实验值比较的结果是什么？

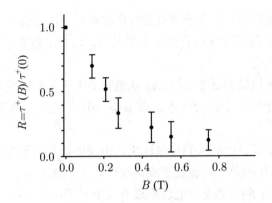

图 8.1 文中定义的比例 R 随施加的磁场 B 变化的函数关系

8.5 解

8.1 电子偶素的轨道态

在电子偶素中，通过标度，我们有：

8.1.1 约化质量 $\mu = m/2$.

8.1.2 质心哈密顿量 $\hat{H} = p^2/(2\mu) - q^2/(4\pi\epsilon_0 r)$.

8.1.3 能级 $E_n = -(1/2)\mu c^2 \alpha^2/n^2 = -(1/4)mc^2\alpha^2/n^2$. 就像在氢原子中一样，每个能级的简并度都是 n^2，且束缚态的能量是氢原子的一半.

8.1.4 玻尔半径是 $a_0 = \hbar/(\mu c \alpha) = 2\hbar/(mc\alpha) = 2a_0^{\mathrm{H}} \approx 1.06$ Å. 电子偶素的直径为 $2\langle r \rangle = 3a_0/2 = 3a_0^{\mathrm{H}}$（译者注：此式原文有明显错误，丢掉了因子 2，现已更正），由于质子是固定的，氢原子的直径也是 $2\langle r \rangle_{\mathrm{H}} = 3a_0^{\mathrm{H}}$. 因此，这两个系统大小相同.

8.1.5 基态波函数为 $\psi_{100}(\boldsymbol{r}) = \mathrm{e}^{-r/a_0}/\sqrt{\pi a_0^3}$，并有 $|\psi_{100}(0)|^2 = [mc\alpha/(2\hbar)]^3/\pi$.

8.2 超精细劈裂

8.2.1 轨道基态的简并度为 4，对应着独立自旋态的数目.

8.2.2 因为质量是相等的，而电荷是相反的，我们有 $\gamma_1 = q/m, \gamma_2 = -q/m, \gamma = q/m$.

8.2.3 像往常一样，我们可以用总自旋算符把自旋 $-$ 自旋算符表示成 $S_1 \cdot S_2 = [S^2 - S_1^2 - S_2^2]/2$. 因此，轨道基态分裂成：

(a) 三重态：$|++\rangle, (|+-\rangle+|-+\rangle)/\sqrt{2}, |--\rangle$，其能移为

$$E^{\mathrm{T}} = A/4,$$

(b) 单态：$(|+-\rangle-|-+\rangle)/\sqrt{2}$，其能移为

$$E^{\mathrm{S}} = -3A/4.$$

8.2.4 (a) 存在一个 1/2000 的质量因子，一个 2.8 的质子回转磁比因子，一个来自原点波函数值的 8 的因子. 放在一起，对超精细劈裂的比 H/(e$^+$e$^-$)，产生了一个 $22/2000 \approx 1\%$ 的因子.

(b) A 的数值为

$$A = \frac{1}{12\pi\epsilon_0}\left(\frac{q\hbar}{mc}\right)^2\left(\frac{mc\alpha}{\hbar}\right)^3 = \frac{1}{3}mc^2\alpha^4 \approx 4.84\times 10^{-4}\ \mathrm{eV}.$$

(c) 它对应于一个 $\nu = A/h \approx 117$ GHz 的跃迁频率. 这个预言值与实验值（200 GHz）不符.

8.2.5 (a) 考虑了 $\hat{H}_A$，三重态的能量为 A，而单态的能量为 $-3A/4$. 分裂为 $\delta E = 7A/4 = 8.47\times 10^{-4}$ eV.

(b) 相应的频率为 $\nu = \delta E/h \approx 205$ GHz，它与实验数据一致.

8.3 基态中的塞曼效应

8.3.1 (a) 塞曼效应哈密顿量为 $\hat{H}_Z = \omega(\hat{S}_{1z} - \hat{S}_{2z})$，因此，我们有

$$\hat{H}_Z|++\rangle = \hat{H}_Z|--\rangle = 0,$$
$$\hat{H}_Z|+-\rangle = \hbar\omega|+-\rangle,$$
$$\hat{H}_Z|-+\rangle = -\hbar\omega|-+\rangle.$$

使用总自旋态，它给出了

$$\hat{H}_Z|1,1\rangle = \hat{H}_Z|1,-1\rangle = 0,$$
$$\hat{H}_Z|1,0\rangle = \hbar\omega|0,0\rangle,$$

$$\hat{H}_Z |0,0\rangle = \hbar\omega |1,0\rangle.$$

(b) 因此在耦合基中的矩阵表示为

$$\hat{H}_Z = \begin{pmatrix} 0 & 0 & 0 & 0 \\ 0 & 0 & 0 & 0 \\ 0 & 0 & 0 & \hbar\omega \\ 0 & 0 & \hbar\omega & 0 \end{pmatrix},$$

在那里，矩阵元按照 $|1,1\rangle, |1,-1\rangle, |1,0\rangle, |0,0\rangle$ 排列.
同样，完整的自旋哈密顿量的矩阵表示为

$$\hat{H} = \begin{pmatrix} A & 0 & 0 & 0 \\ 0 & A & 0 & 0 \\ 0 & 0 & A & \hbar\omega \\ 0 & 0 & \hbar\omega & -3A/4 \end{pmatrix}.$$

(c) 在一个 1 T 的磁场中，$|\hbar\omega| = q\hbar B/m = 2\mu_B B \approx 1.16 \times 10^{-4}$ eV. 强场框架对应着 $|\hbar\omega| \gg A$ 的条件，即 $B \gg 4$ T，这是一个很难达到的条件.

8.3.2 $|1,1\rangle$ 和 $|1,-1\rangle$ 这两个本征态是显而易见的，它们对应着相同的、简并的能量本征值 A. 另外两个态可通过对角化一个 2×2 的矩阵得到:

$$|\psi_+\rangle = \cos\theta |1,0\rangle + \sin\theta |0,0\rangle,$$
$$|\psi_-\rangle = -\sin\theta |1,0\rangle + \cos\theta |0,0\rangle.$$

它们对应的能量是

$$E_\pm = \frac{A}{8} \pm \left[\left(\frac{7A}{8}\right)^2 + (\hbar\omega)^2 \right]^{1/2} = \frac{A}{8}(1 \pm 7\sqrt{1+x^2}).$$

8.3.3 三重态 $|++\rangle$ 和 $|--\rangle$ 保持简并，如图 8.2 所示.

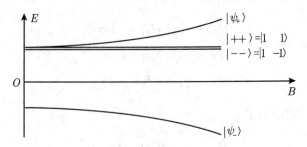

图 8.2　超精细能级随施加的磁场的变化

8.4 电子偶素的衰变

8.4.1 在双光子衰变过程中,出射的光子具有正的动量,它们的能量均为 $mc^2 = 511$ keV.

8.4.2 由于中心势垒的作用,除去 s 波,波函数在原点均为零($|\psi_{nlm}(0)|^2 = 0$,如果 $l \neq 0$). 因此,电子偶素只有处于 s 态才能衰变.

8.4.3 给出的公式对应着 $\lambda_2 = mc^2\alpha^5/(2\hbar)$,它给出了与实验数据一致的 $\tau_2 = 1.24 \times 10^{-10}$ s 和 $\tau_3 = 1.38 \times 10^{-7}$ s.

8.4.4 (a) 对施加的磁场给定了一个场强值并把电子偶素制备成 $|\psi_+\rangle$ 态,发现系统处于单态和三重态的概率分别为 $p^S = \sin^2\theta \approx x^2/4$ 和 $p^T = \cos^2\theta \approx 1 - x^2/4$.

(b) $|\psi_+\rangle$ 衰变成双光子的衰变率是发现 $|\psi_+\rangle$ 处于单态的概率与单态的衰变率

$$\lambda_2^+ = p^S\lambda_2 \approx x^2\lambda_2/4 = x^2/(4\tau_2)$$

的乘积. 同样,有

$$\lambda_3^+ = p^T\lambda_3 \approx (1-x^2/4)\lambda_3 = (1-x^2/4)/\tau_3.$$

(c) $|\psi_+\rangle$ 态的寿命是

$$\tau^+ = \frac{1}{\lambda_2^+ + \lambda_3^+} = \frac{\tau_3}{1 - \dfrac{x^2}{4} + \dfrac{x^2}{4}\dfrac{\tau_3}{\tau_2}} \approx \frac{\tau_3}{1 + \dfrac{16\hbar^2\omega^2}{49A^2}\dfrac{\tau_3}{\tau_2}}.$$

随着磁场 B 的增强,在 $B = 0$ 时为纯三重态的 $|\psi_+\rangle$ 态获得了一个越来越大的单态分量. 因此,它的寿命随 B 的增大而减小. 当 $B = 0.4$ T 时,人们得到 $\tau^+ = 0.23\tau_3 = 3.2 \times 10^{-8}$ s.

(d) 人们在实验中得到 $R \approx 0.5$,即当 $B \approx 0.22$ T 时, $x^2\tau_3/4\tau_2 \approx 1$. 因此, $x \approx 6 \times 10^{-2}$,并由于 $A = 8\hbar\omega/7x$ 和 $\hbar\omega = 2.3 \times 10^{-5}$ eV,有 $A \approx 4.4 \times 10^{-4}$ eV,它与理论的预期是一致的.

8.6 参考文献

S.DeBenedetti and H.C. Corben, *Positroium*, Ann. Rev. Nucl. Sci., 4, 191(1954).

Stephan Berko and Hugh N. Pendleton, *Positronium*, Ann. Rev. Nucl. Sci., 30, 543(1980).

A.P. Mills and S. Chu, *Precision Measurements in Positronium*, in *Quantum Electrodynamics*, ed. by T. Kinoshita (World Scientific, Singapore 1990)pp. 774-821.

第 9 章　交叉场中的氢原子

在微扰论中，我们研究放置在交叉的静电和静磁场中的氢原子的能谱修正. 这样，我们重现了泡利（Pauli）首先推导出来的结果.

泡利在他著名的 1925 年的氢原子文章中使用了库仑问题的特定对称性. 除了氢原子谱以外，他还能计算在电场中或磁场中的能级分裂（即分别是斯塔克（Stark）效应和塞曼（Zeeman）效应）. 泡利也注意到，在相互垂直的静匀强磁场 $\boldsymbol{B}_0$ 和静匀强电场 $\boldsymbol{E}_0$ 叠加的场中，他能得到一个简单紧凑的公式. 在这样的情况下，他发现一个主量子数为 n 的能级分裂成了 $2n-1$ 个子能级 $E_n + \delta E_n^k$，其中

$$\delta E_n^{(k)} = \hbar k (\omega_0^2 + \omega_e^2)^{1/2}, \tag{9.1}$$

在那里，k 是一个从 $-(n-1)$ 到 $n-1$ 的整数，ω_0 和 ω_e 分别正比于 B_0 和 E_0，而 ω_e 可写成

$$\omega_e = \frac{3}{2} \Omega_e f(n), \quad \text{其中} \quad \Omega_e = \frac{4\pi\epsilon_0 \hbar}{M q_e} E_0,$$

其中，M 和 q_e 分别为电子的质量和电荷，$f(n)$ 只依赖于 n.

泡利的结果仅在 1983 年被实验验证过. 在这里，我们的目的是在特定的 $n=2$ 的情况下证明（9.1）式，计算该情况下的 ω_0 和 ω_e，并通过检查 $n=34$ 的实验结果，猜测泡利发现的非常简单的 $f(n)$ 公式是什么样的.

9.1 交叉的电场和磁场中的氢原子

我们考虑氢原子 $n=2$ 的能级，忽略所有的自旋效应，并且假定 $\boldsymbol{B}_0$ 沿着 z 轴，而 $\boldsymbol{E}_0$ 沿着 x 轴. 我们使用一级微扰论.

9.1.1 在只有 $\boldsymbol{B}_0$ 时，能级和相应的本征态是什么样的？检验一下在这种情况下（9.1）式是否有效，并给出 ω_0 的值.

9.1.2 在只有 $\boldsymbol{E}_0$ 时，微扰哈密顿量是电偶极矩项 $\hat{H}_E = -\hat{\boldsymbol{D}}\cdot\boldsymbol{E}_0 = -q_e\hat{\boldsymbol{r}}\cdot\boldsymbol{E}_0$. 在所考虑的 $n=2$ 子空间中写出 $\hat{H}_E$ 的矩阵表示.

我们回顾：

(a) $\int_0^\infty r^3 R_{2s}(r) R_{2p}(r) \mathrm{d}r = 3\sqrt{3}a_1$，其中 R_{2s} 和 R_{2p} 分别是 $n=2, l=0$ 和 $n=2, l=1$ 能级的径向波函数，$a_1 = \hbar^2/(Me^2)$ 是玻尔半径（$e^2 = q_e^2/(4\pi\epsilon_0)$）.

(b) 在球坐标系中（θ 为极角，ϕ 为方位角），$l=0$ 和 $l=1$ 的球谐函数为

$$Y_0^0(\theta,\phi) = \frac{1}{\sqrt{4\pi}}, \quad Y_1^{\pm 1}(\theta,\phi) = \mp\sqrt{\frac{3}{8\pi}}\sin\theta \mathrm{e}^{\pm \mathrm{i}\phi},$$
$$Y_1^0(\theta,\phi) = \sqrt{\frac{3}{4\pi}}\cos\theta. \tag{9.2}$$

9.1.3 在存在交叉的场 $\boldsymbol{E}_0$ 和 $\boldsymbol{B}_0$ 的情况下，求源于 $n=2$ 能级的那些能级的能量. 证明：在 $\omega_e = (3/2)f(2)\Omega_e$ 的情况下，人们能够重新得到（9.1）式，并给出 $f(2)$ 的值.

9.2 泡利的结果

泡利的结果的首次实验验证是在 1983 年进行的. 图 9.1[①]中的点对应着由类氢原子 $n=34$ 能级给定 k 值的子能级. 所有的点对应的能级具有相同的能量但

[①] 图 9.1 是由 F. Biraben, D. Delande, J.-C. Gay, and F. Penent 用制备于里德伯态（Rydberg state）的铷原子（即把一个电子放在一个强激发的能级上）得到的（见 J.-C. Gay, in *Atomsinunusualsituations*, J.-P. Briand ed., p. 107, Plenum, New York, 1986）.

不同的静电磁场值 E_0 和 B_0.

知道 ω_e 是主量子数 n 的函数,其形式为 $\omega_e = (3/2)f(n)\Omega_e$,而 ω_0 和 Ω_e 是上面引入的常数,回答下列问题:

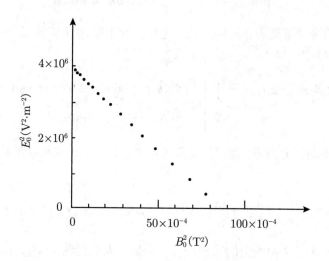

图 9.1 导致一个类氢原子 $n=34$ 能级有相同子能级能量的电场和磁场的值

9.2.1 实验数据与(9.1)式相符吗?

9.2.2 把 $\omega_0^2 + \omega_e^2$ 写成 $\lambda[\gamma B_0^2 + f^2(n)E_0^2]$ 的形式,给出常数 γ 的值,并计算 $f(34)$.

9.2.3 猜测泡利关于 $f(n)$ 的结果.

9.3 解

9.1 交叉的电场和磁场中的氢原子

9.1.1 考虑一个 $|l, n, m\rangle$ 态. 电子的轨道磁矩是 $\hat{\boldsymbol{\mu}}_{\text{orb}} = \gamma_0 \hat{\boldsymbol{L}}$,其中 $\gamma_0 = q_e/(2M)$. 磁哈密顿量为 $\hat{H} = -\hat{\boldsymbol{\mu}}_{\text{orb}} \cdot \boldsymbol{B} = -[q_e/(2M)]\hat{L}_z B_0$.

在一级微扰论中,来自 $n=2$ 的子空间(角动量 $l=0$ 或 $l=1$)的能级是 $m\hbar\omega_0$,其中 $m=-1, 0, +1$,$\omega_0 = -q_e B_0/(2M)$(对 $B_0 > 0$,有 $\omega_0 > 0$). 相应

的态为

$$|2s\rangle \text{ 和 } |2p, m=0\rangle, \quad \delta E = 0,$$
$$|2p, m=-1\rangle, \quad \delta E = -\hbar\omega_0,$$
$$|2p, m=+1\rangle, \quad \delta E = +\hbar\omega_0.$$

9.1.2 哈密顿量是 $\hat{H}_E = -q_e \hat{x} E_0$. 我们必须计算 16 个矩阵元 $\langle 2, l', m'|\hat{x}|2, l, m\rangle$. 需要计算的积分为

$$\langle 2, l', m'|\hat{x}|2, l, m\rangle = \iint \left(Y_{l'}^{m'}(\theta,\phi)\right)^* \sin\theta\cos\phi\, Y_l^m(\theta,\phi)\, \mathrm{d}^2\Omega$$
$$\times \int_0^\infty r^3 (R_{2,l'}(r))^* R_{2,l}(r)\, \mathrm{d}r.$$

如果 $l = l'$, 则角积分为零. 我们只需要考虑 $l' = 0, l = 1$ (及其厄米共轭 $l' = 1, l = 0$) 的项, 即

$$3\sqrt{3}a_1 \iint \frac{1}{\sqrt{4\pi}} \sqrt{\frac{2\pi}{3}} \left(-Y_1^1(\theta,\phi) + Y_1^{-1}(\theta,\phi)\right) Y_1^m(\theta,\phi)\, \mathrm{d}^2\Omega,$$

其中, 我们包含了文中给出的径向积分. 于是, 人们得到 $3a_1(\delta_{m,-1} - \delta_{m,1})/\sqrt{2}$. 唯一非零的矩阵元是 $\langle 2s|\hat{H}|2p, m=\pm 1\rangle$ 和它们的厄米共轭.

令 $\Omega_e = 4\pi\epsilon_0 \hbar E_0/(M q_e) = q_e E_0 a_1/\hbar$, 我们得到矩阵

$$\hat{H}_E = \frac{3\hbar\Omega_e}{\sqrt{2}} \begin{pmatrix} 0 & 0 & 0 & 1 \\ 0 & 0 & 0 & 0 \\ 0 & 0 & 0 & -1 \\ 1 & 0 & -1 & 0 \end{pmatrix}.$$

其中, 行 (列) 的排序为 $2p, m = 1, 0, -1; 2s$.

9.1.3 我们想要找到下面矩阵的本征值:

$$\hbar \begin{pmatrix} \omega_0 & 0 & 0 & 3\Omega_e/\sqrt{2} \\ 0 & 0 & 0 & 0 \\ 0 & 0 & -\omega_0 & -3\Omega_e/\sqrt{2} \\ 3\Omega_e/\sqrt{2} & 0 & -3\Omega_e/\sqrt{2} & 0 \end{pmatrix}.$$

因为在有电场的情况下, $|2p, m=0\rangle$ 和 $|2s\rangle$ 态不会混合, 所以存在着一个显然的本征值 $\lambda = 0$. 其他的三个本征值很容易通过求解

$$\lambda(\hbar^2 \omega_0^2 - \lambda^2) + 9\hbar^2 \Omega_e^2 \lambda = 0$$

得到, 即 $\lambda = 0$ 和 $\lambda = \pm\hbar\sqrt{\omega_0^2 + 9\Omega_e^2}$.

因此，能级的移动为： $\delta E = 0$ 是二重简并的，及 $\delta E = \pm\hbar\sqrt{\omega_0^2 + 9\Omega_e^2}$. 如果采用文中给出的方案，我们得到

$$\omega_e = 3\Omega_e \Rightarrow f(2) = 2.$$

9.2 泡利的结果

9.2.1 我们看到实验点排在一条直线 $aB_0^2 + bE_0^2 = $ 常数上，它与（9.1）式是一致的，即 $\omega_0^2 + \omega_e^2$ 的常数值对应着每条能级能量的常数值.

9.2.2 给定了 ω_0 和 Ω_e 的定义，就有

$$\omega_0^2 + \omega_e^2 = \frac{9}{4}\left(\frac{4\pi\epsilon_0\hbar}{Mq_e}\right)^2\left[\left(\frac{\alpha c}{3}\right)^2 B_0^2 + f^2(n)E_0^2\right],$$

其中，α 是精细结构常数，c 是光速. 实验曲线

$$(\alpha c/3)^2 B_0^2 + f^2(34)E_0^2$$

通过点 $E_0^2 = 0$, $B_0^2 \approx 87 \times 10^{-4}$ T^2 和 $B_0^2 = 0$, $E_0^2 \approx 4 \times 10^6$ V$^2\cdot$m^{-2}. 这就给出了 $f(34) = 34$.

9.2.3 确实，泡利发现的非常简单的结果就是 $f(n) = n$.

第 10 章 物质中离子能量的损失

当一个带电粒子在凝聚态物质中传播时，该粒子通过把动能转移到介质的电子上而逐渐丢失了它的动能. 本章通过研究一个带电粒子经过原子附近时原子的态遭遇到的修正，计算粒子的能量损失与其质量和电荷的函数关系. 我们展示如何使用这种过程去鉴别核反应的产物.

移动的粒子产生的电势作为时间相关的微扰出现在原子的哈密顿量中. 为简化问题，我们将考虑一个原子，它具有一个单独的外层电子的情况. 原子核和内部电子被整体地看成一个带电荷 $+q$ 的、无穷重的核心 (core)，因而被固定在空间中. 我们还假设电荷为 $Z_1 q$ 的入射粒子很重而且是非相对论的，并且当它与一个原子相互作用时，它的动能很大，以致将其运动视为速度为 $\boldsymbol{v}$ 的匀速直线运动是一个很好的近似.

这里，q 表示单位电荷，我们令 $e^2 = q^2/(4\pi\epsilon_0)$. 如图 10.1 所示，我们考虑由粒子的轨迹和选为原点的原子重心所定义的 xy 平面.

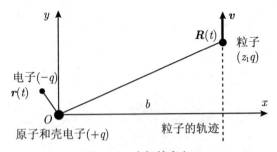

图 10.1 坐标的定义

令 $\boldsymbol{R}(t)$ 为 t 时刻粒子的位置，$\boldsymbol{r} = (x, y, z)$ 为原子中电子的坐标. 碰撞参数为 b，符号被标记在图 10.1 中. 把粒子通过距原子最近的点（即 $x = b, y = 0$）的时间记为 $t = 0$. 在没有外部微扰时，我们把原子能级和相应的本征态写成 E_n 和 $|n\rangle$.

10.1 被一个原子吸收的能量

10.1.1 写出由于带电粒子的存在所引起的时间相关微扰势 $\hat{V}(t)$ 的表达式.

10.1.2 我们假定，碰撞参数 b 远大于典型的原子尺度，即 $b \gg \langle r \rangle$，以致对所有的 t 都有 $|\boldsymbol{R}(t)| \gg |\boldsymbol{r}|$. 用 $\hat{V}(t)$ 对 $|\boldsymbol{r}|/|\boldsymbol{R}|$ 的第一级展开替换它，并用电子的 x 和 y 坐标，以及 b、v 和 t 表示这个结果.

10.1.3 最初，在 $t = -\infty$ 时，原子处于能量为 E_i 的态 $|i\rangle$. 使用一级时间相关微扰论，写出带电粒子通过之后（$t = +\infty$），发现原子处于能量为 E_f 的末态 $|f\rangle$ 的概率幅 γ_{if}. 我们令 $\omega_{fi} = (E_f - E_i)/\hbar$，并只考虑 $E_f \neq E_i$ 的情况.

10.1.4 γ_{if} 的计算包含了贝塞尔函数 $K_0(z)$. 人们有

$$\int_0^\infty \frac{\cos\omega t}{(\beta^2+t^2)^{1/2}}\mathrm{d}t = K_0(\omega\beta),$$

$$\int_0^\infty t\frac{\sin\omega t}{(\beta^2+t^2)^{3/2}}\mathrm{d}t = \omega K_0(\omega\beta).$$

用 K_0 和它的导数表示 γ_{if}.

K_0 的渐近行为是，当 $z \ll 1$ 时，有 $K_0 \approx -\ln z$；而当 $z \gg 1$ 时，有 $K_0(z) \approx \sqrt{2\pi/z}\mathrm{e}^{-z}$. 参数 ω_{fi}、b 和 v 在什么条件下，会使跃迁概率 $P_{if} = |\gamma_{if}|^2$ 是大的？

证明在该条件下，人们得到

$$P_{if} \approx \left(\frac{2Z_1 e^2}{\hbar b v}\right)^2 |\langle f|\hat{x}|i\rangle|^2.$$

10.1.5 对上面推导出的条件给出物理解释. 证明: 对给定的原子参数，关键的参数是有效相互作用时间，并对这个效应给出简单的解释.

10.2 在物质中的能量损失

在下面,我们假定原子的哈密顿量具有下面的形式:

$$\hat{H}_0 = \frac{\hat{P}^2}{2m} + V(\hat{r}).$$

10.2.1 托马斯–莱克斯–库恩求和规则.
(a) 计算对易子 $[\hat{x}, \hat{H}_0]$.
(b) 从这个对易子推导出矩阵元 $\langle i|\hat{x}|f\rangle$ 和 $\langle i|\hat{p}|f\rangle$ 之间的关系,其中 $|i\rangle$ 和 $|f\rangle$ 为 $\hat{H}_0$ 的本征态.
(c) 将封闭性关系用于 $[\hat{x}, \hat{p}] = \mathrm{i}\hbar$,证明:对 $\hat{H}_0$ 的所有本征态 $|i\rangle$,有

$$\frac{2m}{\hbar^2}\sum_f (E_f - E_i)|\langle f|\hat{x}|i\rangle|^2 = 1.$$

10.2.2 使用托马斯 – 莱克斯 – 库恩求和规则,计算入射粒子与原子相互作用时其能量损失的期待值 δE.

假设相互作用之前粒子的能量为 E. 乘积 $E\delta E$ 依赖哪些参数?

10.2.3 实验应用. 现在我们感兴趣的是:入射粒子是完全离子化的原子 ($Z_1 = Z$,其中 Z 是原子序数),作为一个很好的近似,它的质量正比于质量数 $A = Z + N$(其中 N 是同位素中的中子数). 当这些离子穿越凝聚态物质时,它们与介质中的很多原子发生相互作用,它们的能量损失意味着对随机碰撞参数 b 取平均. 于是前面的结果取 $E\delta E = kZ^2 A$ 的形式,其中常数 k 依赖于介质的性质.

用来辨认核反应中的原子核的半导体探测器就是基于这个结果的. 在下面的例子中,被辨认的离子是由 113 MeV 的氮离子轰击银原子靶引起的反应的末态产物.

在图 10.2 中,每个点都代表一个事例,即当一个离子穿过硅探测器时的能量 E 和能量损失. 参考点对应着 $A = 12$ 的碳的同位素 ${}^{12}_{6}\mathrm{C}$(记号 ${}^{A}_{Z}\mathrm{N}$ 表示电荷为 Z,质量数为 A 的原子核),它在能量 $E = 50$ MeV 时的能量损失为 $\delta E = 30$ MeV.

(a) 计算常数 k 并从理论上预言在能量为 50 MeV、70 MeV 时的能量损失. 把相应的点放入图中.

(b) 假定反应能产生下列同位素：

硼，$Z=5, A=10,11,12$;

碳，$Z=6, A=11,12,13,14$;

氮，$Z=7, A=13,14,15,16$.

哪些原子核能在反应中有效地产生？通过把对应于 $E=50$ MeV 和 $E=70$ MeV 的点放入图中，证实你的答案.

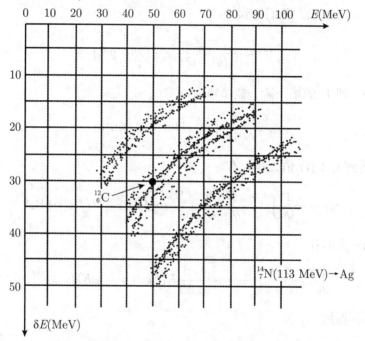

图 10.2 在 113 MeV 的氮离子轰击银原子靶的反应中，通过硅探测器得到末态产物的能量损失 δE 与能量 E 的关系

10.3 解

10.1 被一个原子吸收的能量

10.1.1 离子和原子间的相互作用势是粒子和原子核之间及粒子和外层电子之间库仑相互作用的和：

$$\hat{V}(t) = \frac{Z_1 e^2}{R(t)} - \frac{Z_1 e^2}{|\boldsymbol{R}(t) - \hat{\boldsymbol{r}}|}.$$

10.1.2 对 $|\boldsymbol{R}| \gg \langle|\boldsymbol{r}|\rangle$，我们有

$$\frac{1}{|\boldsymbol{R}-\boldsymbol{r}|} = (R^2 - 2\boldsymbol{R}\cdot\boldsymbol{r} + r^2)^{-1/2} \approx \frac{1}{R} + \frac{\boldsymbol{r}\cdot\boldsymbol{R}}{R^3}.$$

因此

$$\hat{V}(t) \approx -\frac{Z_1 e^2}{R^3(t)} \hat{\boldsymbol{r}}\cdot\boldsymbol{R}(t).$$

因为 $\boldsymbol{R}(t) = (b, vt, 0)$，我们得到

$$\hat{V}(t) \approx -\frac{Z_1 e^2}{(b^2 + v^2 t^2)^{3/2}}(\hat{x}b + \hat{y}vt).$$

10.1.3 到 $\hat{V}$ 的第一阶，概率幅为

$$\gamma_{if} = -\frac{1}{i\hbar}\int_{-\infty}^{+\infty} e^{i\omega_{fi}t}\langle f|\hat{V}(t)|i\rangle \mathrm{d}t.$$

代入上面得到的 $\hat{V}(t)$ 值，我们有

$$\gamma_{if} = -\frac{1}{i\hbar}\int_{-\infty}^{+\infty} \frac{Z_1 e^2 e^{i\omega_{fi}t}}{(b^2 + v^2 t^2)^{3/2}}(b\langle f|\hat{x}|i\rangle + vt\langle f|\hat{y}|i\rangle)\mathrm{d}t.$$

10.1.4 人们有

$$\int_0^\infty \frac{\cos\omega t\, \mathrm{d}t}{(\beta^2 + t^2)^{3/2}} = -\frac{1}{\beta}\frac{\mathrm{d}}{\mathrm{d}\beta}K_0(\omega\beta) = -\frac{\omega}{\beta}K_0'(\omega\beta).$$

令 $\beta = b/v$，振幅 γ_{if} 为

$$\gamma_{if} = i\frac{2Z_1 e^2 \omega_{fi}}{\hbar v^2}\left[K_0(\omega_{fi}b/v)\langle f|\hat{y}|i\rangle - K_0'(\omega_{fi}b/v)\langle f|\hat{x}|i\rangle\right].$$

如果 K_0 或 K_0' 也很大，则概率 $P_{if} = |\gamma_{if}|^2$ 就大. 对 $\omega_{fi}b/v \ll 1$ 也有这个结果. 在这个极限下，$K_0(z) \approx -\ln z$, $K_0'(z) \approx -1/z$，并有

$$\gamma_{if} = i\frac{2Z_1 e^2}{\hbar v b}\left(\langle f|\hat{x}|i\rangle - \langle f|\hat{y}|i\rangle\frac{\omega_{fi}b}{v}\ln\frac{\omega_{fi}b}{v}\right).$$

因为 $\langle f|\hat{x}|i\rangle \approx \langle f|\hat{y}|i\rangle$，人们能够忽略掉第二项（对 $x \ll 1$，有 $x\ln x \ll 1$），对 $\omega_{fi}b/v \ll 1$，人们得到

$$P_{if} = |\gamma_{if}|^2 \approx \left(\frac{2Z_1 e^2}{\hbar b v}\right)^2 |\langle f|\hat{x}|i\rangle|^2.$$

10.1.5 时间 $\tau = b/v$ 是特征时间，在这段时间内相互作用很重要，这一点我们可从上面的公式中看到. 在 $t \gg T$ 时，相互作用可以忽略.

$\omega_{fi}\tau \ll 1$ 的条件意味着：相互作用时间 τ 必须远小于原子的玻尔周期 $1/\omega_{fi}$. 如果我们想要有一个可观的概率 P_{if}（微扰的时间越短，它的傅里叶变换的频率扩散得越宽），在 $\omega = \omega_{fi}$ 处微扰 $\hat{V}(t)$ 必须有一个很大的傅里叶分量. 在相反的、微扰无限慢的极限下，原子不会被激发.

这个观测提供了计算习题 10.1.3 中积分的另外一种方法. 具有重要贡献的只有那些与 τ 相比不太大的 t 值（比如 $|t| \ll 10\tau$）. 如果 $\omega_{fi}\tau \ll 1$，在这些积分中，人们就可以用 1 替换 $e^{i\omega_{fi}t}$；由于对称性的原因，第二个积分为零，而第一个积分是很容易计算的，这样就给出了所要的结果.

10.2 在物质中的能量损失

10.2.1 (a) 我们发现 $[\hat{x}, \hat{H}_0] = \mathrm{i}\hbar \hat{p}/m$.
(b) 在 $\hat{H}_0$ 的两个本征态 $|i\rangle$ 和 $|f\rangle$ 之间取该对易子的矩阵元，我们得到

$$\frac{\mathrm{i}\hbar}{m}\langle f|\hat{p}|i\rangle = \langle f|[\hat{x}, \hat{H}_0]|i\rangle = (E_i - E_f)\langle f|\hat{x}|i\rangle.$$

(c) 现在，我们在 $\langle i|$ 和 $|i\rangle$ 之间取 $[\hat{x}, \hat{p}] = \mathrm{i}\hbar$ 的矩阵元，并使用封闭性关系：

$$\begin{aligned}
\mathrm{i}\hbar &= \sum_f \langle i|\hat{x}|f\rangle\langle f|\hat{p}|i\rangle - \sum_f \langle i|\hat{p}|f\rangle\langle f|\hat{x}|i\rangle \\
&= \frac{m}{\mathrm{i}\hbar}\sum_f (E_i - E_f)|\langle f|\hat{x}|i\rangle|^2 - \frac{m}{\mathrm{i}\hbar}\sum_f (E_f - E_i)|\langle i|\hat{x}|f\rangle|^2 \\
&= \frac{2m}{\mathrm{i}\hbar}\sum_f (E_i - E_f)|\langle f|\hat{x}|i\rangle|^2,
\end{aligned}$$

它证明了托马斯 – 莱克斯 – 库恩求和规则.

10.2.2 转移到原子上的能量期待值 δE 是

$$\begin{aligned}
\delta E &= \sum_f (E_f - E_i) P_{if} \\
&= \left(\frac{2Z_1 e^2}{\hbar b v}\right)^2 \sum_f (E_f - E_i)|\langle f|\hat{x}|i\rangle|^2.
\end{aligned}$$

使用托马斯 – 莱克斯 – 库恩求和规则，我们求得

$$\delta E = \frac{2Z_1^2 e^4}{mb^2 v^2},$$

其中 m 是电子的质量. 如果该离子具有质量 M，它的动能为 $E = Mv^2/2$，于是

我们得到一个非常简单的表达式：

$$E\delta E = \frac{M}{m}\left(\frac{Z_1 e^2}{b}\right)^2,$$

在那里，我们看到乘积 $E\delta E$ 不依赖于入射粒子的能量，而正比于它的质量和它的电荷的平方.

10.2.3 使用 $^{12}_{6}C$ 的点，人们得到 $k = 3.47$. 我们把计算出来的各种各样同位素的点放在图 10.3 中.

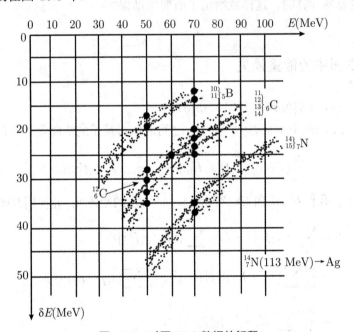

图 10.3　对图 10.2 数据的解释

我们注意到如下几点：

(a) 对硼来说，产生了同位素 ^{10}B 和 ^{11}B，但未产生 ^{12}B.

(b) 对碳来说，产生的 ^{12}C 比起产生的 ^{13}C、^{14}C 和 ^{11}C 要多得多.

(c) 对氮来说，^{14}N 的产量丰富，^{15}N 的产量很少，而几乎没产生 ^{13}N 和 ^{16}N.

10.4 评　　注

物质的离子化具有很多应用，例如，在开发粒子物理和核物理探测器方面，或在制定防辐射规则方面．为了计算在物质中离子的能量损失，人们必须把上面的结果对碰撞参数积分．实际上，计入了所有的因素后，汉斯·贝蒂（Hans Bethe）和费利克斯·布洛赫（Felix Bloch）最终得到了下面的单位长度能量损失率的公式：

$$-\frac{\mathrm{d}E}{\mathrm{d}x} = \frac{4\pi K^2 Z^2 e^4 \mathcal{N}}{m_\mathrm{e} c^2 \beta^2} \left[\ln \frac{2m_\mathrm{e} c^2 \beta^2}{I(1-\beta^2)} - \beta^2\right], \quad (10.1)$$

其中 $\beta = v/c$，K 是一个常数，$\mathcal{N}$ 是介质中原子的数密度，I 是介质的平均激发能（$I \approx 11.5$ eV）．

质子或者重离子的情况也很令人感兴趣．在较近的几年，它使眼部肿瘤的治疗（质子疗法）和脑部肿瘤的治疗（离子治疗）有了重大的进步．由于在 (10.1) 式中的 $1/\beta^2$ 因子，或等价的 $1/v^2$ 因子，实际上所有的能量都沉积在终止点附近的一个非常局部的区域．图 10.4 展示了离子束流效应和光子效应的比较．从医学观点上看，人们可以看到重离子束流的很多优点．这些优点可用于非常精确地、局部地攻击和摧毁肿瘤，而不像 γ 射线会对关注点周围所有的组织产生伤害．

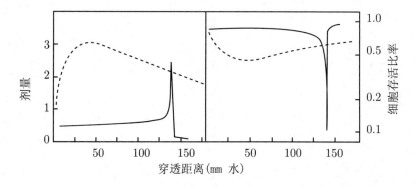

图 10.4　作为穿透深度函数的离子能量损失（左）和细胞存活率（右）．虚线对应于使用光子时的同样的量．我们可以看到使用重离子束流时很大的医疗优势．图像来自达姆施塔特 GSI 重离子治疗数据，http://www.gsi.de (Courtesy James Rich)

脑部肿瘤治疗的先驱工作已经在达姆施塔特（Darmstadt）的重离子加速器装置上开展了. 相关信息可在网站 http://www-aix.gsi.de/bio/home.html 和 http://www.sgsmp.ch/protsr-f.htm 上找到.

目前，这个有前途的医疗应用领域正在迅速地发展.

第 2 部分

量子纠缠和测量

第 11 章 EPR 问题与贝尔不等式

当一个量子系统具有不止一个自由度时，与其相关联的希尔伯特空间是与每个自由度相关联的希尔伯特空间的张量积. 这一结构导致量子力学的一些特殊性质, 爱因斯坦（Einstein）、波多尔斯基（Podolsky）和罗森（Rosen）曾指出了它的佯谬特征. 在这里，我们通过考虑两个粒子的自旋纠缠态, 研究属于这种情况的一个例子.

所考虑的系统是一个氢原子，它被离解为一个电子和一个质子. 当这两个粒子离开了离解区并位于几何距离明显可辨的区域时，例如彼此相距几米，我们考虑它们的自旋状态. 那时它们都是自旋态不演化的自由粒子.

11.1 电子自旋

考虑 zx 平面上的一个单位矢量 $\boldsymbol{u}_\varphi = \cos\varphi\, \boldsymbol{u}_z + \sin\varphi\, \boldsymbol{u}_x$，其中的 $\boldsymbol{u}_z$ 和 $\boldsymbol{u}_x$ 分别为沿 z 轴和 x 轴的单位矢量. 我们用 $\hat{S}_{\mathrm{e}\varphi} = \hat{\boldsymbol{S}}_{\mathrm{e}} \cdot \boldsymbol{u}_\varphi$ 表示电子自旋沿 $\boldsymbol{u}_\varphi$ 轴的分量.

11.1.1 $\hat{S}_{\mathrm{e}\varphi}$ 的本征值是什么？

11.1.2 我们把 $\hat{S}_{\mathrm{e}\varphi}$ 的本征矢表示为 $|\mathrm{e}:+\varphi\rangle$ 和 $|\mathrm{e}:-\varphi\rangle$，它们在 $\varphi=0$ 的极限下分别约化为 $\hat{S}_{\mathrm{e}z}$ 的本征矢 $|\mathrm{e}:+\rangle$ 和 $|\mathrm{e}:-\rangle$. 试将 $|\mathrm{e}:+\varphi\rangle$ 和 $|\mathrm{e}:-\varphi\rangle$ 用 $|\mathrm{e}:+\rangle$ 和 $|\mathrm{e}:-\rangle$ 表示出来.

11.1.3 假设电子是在 $|\mathrm{e}:+\varphi\rangle$ 态被发射. 我们测量自旋沿 $\boldsymbol{u}_\alpha = \cos\alpha\, \boldsymbol{u}_z + \sin\alpha\, \boldsymbol{u}_x$ 方向的分量 $\hat{S}_{\mathrm{e}\alpha}$. 找到电子处在 $|\mathrm{e}:+\alpha\rangle$ 态上的概率 $P_+(\alpha)$ 是多少？在自旋态 $|\mathrm{e}:+\varphi\rangle$ 上的期待值 $\langle \hat{S}_{\mathrm{e}\alpha}\rangle$ 是什么？

11.2 两个自旋之间的关联

我们首先假设，离解后的电子 − 质子系统处于因子化的自旋态 $|e: +\varphi\rangle \otimes |p: -\varphi\rangle$。

让我们回忆，如果 $|u_1\rangle$ 和 $|u_2\rangle$ 是 E 的矢量，$|v_1\rangle$ 和 $|v_2\rangle$ 是 F 的矢量，而 $|u\rangle \otimes |v\rangle$ 属于张量积 $G = E \otimes F$，若 $\hat{A}$ 和 $\hat{B}$ 分别作用于 E 和 F，$\hat{C} = \hat{A} \otimes \hat{B}$ 作用于 G，则有

$$\langle u_2| \otimes \langle v_2|\hat{C}|u_1\rangle \otimes |v_1\rangle = \langle u_2|\hat{A}|u_1\rangle \langle v_2|\hat{B}|v_1\rangle.$$

11.2.1 在这个态上测量电子自旋的分量 $\hat{S}_{e\alpha}$ 时，找到 $+\hbar/2$ 的概率 $P_+(\alpha)$ 是什么？当找到了这个数值时，测量之后系统的状态是什么？质子的自旋态受测量电子自旋的影响吗？

11.2.2 计算电子自旋和质子自旋分别在 u_α 和 $u_\beta = \cos\beta\, u_z + \sin\beta\, u_x$ 定义的轴上的分量的期待值 $\langle \hat{S}_{e\alpha} \rangle$ 与 $\langle \hat{S}_{p\beta} \rangle$。

11.2.3 两个自旋之间的关联系数 $E(\alpha, \beta)$ 被定义为

$$E(\alpha, \beta) = \frac{\langle \hat{S}_{e\alpha} \otimes \hat{S}_{p\beta} \rangle - \langle \hat{S}_{e\alpha} \rangle \langle \hat{S}_{p\beta} \rangle}{\left(\langle \hat{S}_{e\alpha}^2 \rangle \langle \hat{S}_{p\beta}^2 \rangle \right)^{1/2}}, \tag{11.1}$$

计算在所考虑的态上的 $E(\alpha, \beta)$。

11.3 单态中的关联

我们假设，在离解之后，两个粒子处于自旋单态：

$$|\Psi_S\rangle = \frac{1}{\sqrt{2}} \Big(|e: +\rangle \otimes |p: -\rangle - |e: -\rangle \otimes |p: +\rangle \Big). \tag{11.2}$$

11.3.1 人们测量电子自旋沿 u_α 方向的分量 $\hat{S}_{e\alpha}$。给出可能的结果及它们的概率。

11.3.2 假定测量结果为 $+\hbar/2$. 稍后，人们测量质子自旋沿 u_β 方向的分量 $\hat{S}_{p\beta}$. 再一次给出可能的结果及它们的概率.

11.3.3 如果在测量电子自旋之前先测量质子自旋，人们会得到相同的概率吗？

为什么这个结果令爱因斯坦感到震惊，他曾断言"两个空间分离客体的真实状态一定彼此无关"？

11.3.4 如果该系统处于单态（11.2）式，计算电子和质子自旋分量的期待值 $\langle \hat{S}_{e\alpha} \rangle$ 与 $\langle \hat{S}_{p\beta} \rangle$.

11.3.5 计算在这个单态上的 $E(\alpha, \beta)$.

11.4 一个简单的隐变量模型

对于爱因斯坦与其他几位物理学家来说，前几节所揭示的"佯谬"可能来自于这样的事实：量子力学的态，特别是单态（11.2）式，只对真实情况给出了一种不完备的描述.（对目前情况中自旋测量的预言来说，）一个"完备的"理论应当包含一些附加的变量或参量，对它们的了解将使两个空间分离客体的测量成为独立的. 然而，目前的实验不能确定这些参量的值，因此它们被称为"隐变量". 于是，实验的结果就应当是对于这些未知参量的某种平均.

在所感兴趣的情况中，这种理论的一个非常简单化的例子是这样的. 我们假设，在每次离解之后，该系统都是处于一个因子化的态 $|e:+\varphi\rangle \otimes |p:-\varphi\rangle$，但是从一个事例到另一个事例，方向 φ 在变化. 在这种情况下，φ 就是隐变量. 我们假设所有 φ 方向的可能性都是相等的，即发生在 φ 方向衰变的概率密度是均匀的，均为 $1/2\pi$.

由于对 φ 值一无所知，现在可将一个可观测量 $\hat{A}$ 的期待值定义为

$$\langle \hat{A} \rangle = \frac{1}{2\pi} \int_0^{2\pi} \langle e:+\varphi| \otimes \langle p:-\varphi|\hat{A}|e:+\varphi\rangle \otimes |p:-\varphi\rangle d\varphi. \tag{11.3}$$

11.4.1 利用 $E(\alpha, \beta)$ 的定义（11.1）式和期待值的新定义（11.3）式，计算该新理论中的 $E(\alpha, \beta)$. 将此结果与使用"正统"量子力学求得的结果相比较.

11.4.2 隐变量描述与量子力学描述相对比的第一个精确实验检验是在原子

级联反应中发射的关联光子对完成的①. 尽管在这种情况下人们并不是处理自旋为 1/2 的粒子，其物理实质与这里的描述基本上是一样的. 作为一个例子，图 11.1 展示了由阿斯派克特（A. Aspect）与其合作者于 1982 年得到的一些实验结果. 它给出了 $E(\alpha,\beta)$ 值随差值 $\alpha-\beta$ 变化的函数关系，并发现它是唯一与实验相关的量.

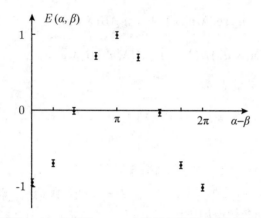

图 11.1 测得的 $E(\alpha,\beta)$ 值随 $\alpha-\beta$ 变化的函数关系. 竖棒为实验的误差棒

量子力学或者前面发展出来的简单隐变量模型中，哪一种理论能很好地解释实验数据？

11.5 贝尔定理和实验结果

正如贝尔（Bell）在 1965 年所指出的，当人们考虑在纠缠态上的关联测量时，量子力学预言和隐变量理论预言之间的不一致其实很普遍. 我们现在证明隐变量理论的关联结果被所谓的贝尔不等式约束，然而，在特定的实验配置下，该不等式可能会被量子力学破坏.

考虑一种隐变量理论, 它的结果包括两个分别给出电子和质子自旋测量结果的函数 $A(\lambda, \boldsymbol{u}_\alpha)$ 和 $B(\lambda, \boldsymbol{u}_\beta)$. 这两个函数中的每一个都只能取 $\hbar/2$ 与 $-\hbar/2$ 两个值. 它们依赖于所考虑的电子－质子对的隐变量 λ 的值. 对于证明贝尔定理来说，这个隐变量的性质不需要进一步规定. 结果 A 当然依赖于为了测量电子自旋

---

① 利用紫外光子的非线性劈裂产生的光子对，现在的精度已经极大地改进了. （综述文章请参见，例如，A. Aspect, Nature, vol. 398, p. 189 (18 March 1999)）.

所选定的轴 u_α, 但它不依赖于轴 u_β. 同样, B 不依赖于 u_α. 对于以下的讨论, 定域性假设是至关重要的.

11.5.1 利用函数 A 和 B 以及隐变量 λ 的（未知的）分布律 $P(\lambda)$, 给出一个隐变量理论的关联系数 $E(\alpha, \beta)$.

11.5.2 证明：对于任何一组 $u_\alpha, u'_\alpha, u_\beta, u'_\beta$, 人们有

$$A(\lambda, u_\alpha)B(\lambda, u_\beta) + A(\lambda, u_\alpha)B(\lambda, u'_\beta)$$
$$+ A(\lambda, u'_\alpha)B(\lambda, u'_\beta) - A(\lambda, u'_\alpha)B(\lambda, u_\beta) = \pm\frac{\hbar^2}{2}. \tag{11.4}$$

11.5.3 我们定义量 S 为

$$S = E(\alpha, \beta) + E(\alpha, \beta') + E(\alpha', \beta') - E(\alpha', \beta),$$

推导贝尔不等式

$$|S| \leqslant 2.$$

11.5.4 考虑 $\alpha - \beta = \beta' - \alpha = \alpha' - \beta' = \pi/4$ 的特殊情况, 将量子力学的预言与贝尔不等式所施加的约束相比较.

11.5.5 由阿斯派克特等人得到的实验结果是：当 $\alpha - \beta = \pi/4$ 时有 $E(\alpha, \beta) = -0.66(\pm 0.04)$, 而当 $\alpha - \beta = 3\pi/4$ 时有 $E(\alpha, \beta) = \pm 0.68(\pm 0.03)$. 可以利用一种定域隐变量理论描写这些实验结果吗？

这些结果与量子力学相容吗？

11.6 解

11.1 电子自旋

11.1.1 在 $\hat{S}_{ez}$ 的本征基 $|e : \pm\rangle$ 中, $\hat{S}_{e\varphi}$ 的矩阵是

$$\frac{\hbar}{2}\begin{pmatrix} \cos\varphi & \sin\varphi \\ \sin\varphi & -\cos\varphi \end{pmatrix}.$$

这个算符的本征值为 $+\hbar/2$ 和 $-\hbar/2$.

11.1.2 相应的本征矢为

$$|e : +\varphi\rangle = \cos\frac{\varphi}{2}|e : +\rangle + \sin\frac{\varphi}{2}|e : -\rangle,$$

$$|\text{e}:-\varphi\rangle = -\sin\frac{\varphi}{2}|\text{e}:+\rangle + \cos\frac{\varphi}{2}|\text{e}:-\rangle.$$

11.1.3 概率幅是 $\langle \text{e}:+\alpha|\text{e}:+\varphi\rangle = \cos((\varphi-\alpha)/2)$,而概率为 $P_+(\alpha) = \cos^2((\varphi-\alpha)/2)$. 类似地,有 $P_-(\alpha) = \sin^2((\varphi-\alpha)/2)$,且期待值为

$$\langle \hat{S}_{\text{e}\alpha}\rangle = \frac{\hbar}{2}\cos(\varphi-\alpha).$$

11.2 两个自旋之间的关联

11.2.1 对应观测值,投影到本征态 $|\text{e}:+\alpha\rangle$ 上的投影算符为

$$|\text{e}:+\alpha\rangle\langle \text{e}:+\alpha|\otimes \hat{I}_{\text{p}},$$

其中 $\hat{I}_{\text{p}}$ 是作用于质子态的单位算符. 因此

$$P_+(\alpha) = |\langle \text{e}:+\alpha|\text{e}:+\varphi\rangle|^2 = \cos^2\frac{\varphi-\alpha}{2},$$

而测量之后的态为 $|\text{e}:+\alpha\rangle\otimes|\text{p}:-\varphi\rangle$. 质子的自旋没有受到影响,因为初态是因子化的(所有的概率定律都是因子化的).

11.2.2 有 $\langle \hat{S}_{\text{e}\alpha}\rangle = \frac{\hbar}{2}\cos(\varphi-\alpha)$ 和 $\langle \hat{S}_{\text{p}\beta}\rangle = -\frac{\hbar}{2}\cos(\varphi-\beta)$.

11.2.3 根据定义,有

$$\hat{S}_{\text{e}\alpha}^2 = \frac{\hbar^2}{4}\hat{I}_{\text{e}} \quad \text{和} \quad \hat{S}_{\text{p}\beta}^2 = \frac{\hbar^2}{4}\hat{I}_{\text{p}},$$

并且

$$\langle \hat{S}_{\text{e}\alpha}\otimes \hat{S}_{\text{p}\beta}\rangle = \langle \text{e}:+\varphi|\hat{S}_{\text{e}\alpha}|\text{e}:+\varphi\rangle\langle \text{p}:-\varphi|\hat{S}_{\text{p}\beta}|\text{p}:-\varphi\rangle$$

$$= -\frac{\hbar^2}{4}\cos(\varphi-\alpha)\cos(\varphi-\beta).$$

因此,$E(\alpha,\beta) = 0$. 这恰恰反映了在因子化的态上,两个自旋变量是相互独立的事实.

11.3 单态中的关联

11.3.1 存在两种可能的值:$\hbar/2$,对应于投影算符 $|\text{e}:+\alpha\rangle\langle \text{e}:+\alpha|\otimes \hat{I}_{\text{p}}$;$-\hbar/2$,对应于投影算符 $|\text{e}:-\alpha\rangle\langle \text{e}:-\alpha|\otimes \hat{I}_{\text{p}}$. 因此,概率为

$$P_+(\alpha) = \frac{1}{2}(|\langle \text{e}:+\alpha|\text{e}:+\rangle|^2 + |\langle \text{e}:+\alpha|\text{e}:-\rangle|^2) = 1/2.$$

类似地，$P_-(\alpha) = \dfrac{1}{2}$. 这个结果是单态转动不变性的一个结果.

11.3.2 测量电子自旋得到 $\hbar/2$ 之后的态为

$$\cos\frac{\alpha}{2}|\mathrm{e}:+\alpha\rangle\otimes|\mathrm{p}:-\rangle - \sin\frac{\alpha}{2}|\mathrm{e}:+\alpha\rangle\otimes|\mathrm{p}:+\rangle = |\mathrm{e}:+\alpha\rangle\otimes|\mathrm{p}:-\alpha\rangle.$$

这个简单的结果也是单态转动不变性的一个结果，该单态可以写成

$$|\Psi_\mathrm{s}\rangle = \frac{1}{\sqrt{2}}(|\mathrm{e}:+\alpha\rangle\otimes|\mathrm{p}:-\alpha\rangle - |\mathrm{e}:-\alpha\rangle\otimes|\mathrm{p}:+\alpha\rangle).$$

现在测量质子自旋的两种可能结果 $\pm\hbar/2$ 的概率分别为

$$P_+(\beta) = \sin^2\frac{\alpha-\beta}{2}, \qquad P_-(\beta) = \cos^2\frac{\alpha-\beta}{2}.$$

11.3.3 如果首先测量了 $\hat{S}_{\mathrm{p}\beta}$，会发现 $P_+(\beta) = P_-(\beta) = 1/2$.

电子自旋的测量影响到了质子测量结果的概率，尽管这两个粒子在空间是分离的，这一事实与爱因斯坦的主张或信念相矛盾. 这是爱因斯坦–波多尔斯基–罗森佯谬的出发点. 就测量而言，量子力学不是一个定域理论.

然而，要注意的是非定域性不允许信息的瞬时传输. 通过质子自旋的一次测量，人们不可能确定电子自旋是否先前已经被测量过了. 对一系列实验来说，只有之后把电子和质子的测量结果相比较，才有可能发现量子力学的这种非定域特征.

11.3.4 这些期待值单独地为零，因为人们并不担心其他变量：

$$\langle\hat{S}_{\mathrm{e}\alpha}\rangle = \langle\hat{S}_{\mathrm{p}\beta}\rangle = 0.$$

11.3.5 然而，这些自旋是相互关联的，有

$$\langle\hat{S}_{\mathrm{e}\alpha}\otimes\hat{S}_{\mathrm{p}\beta}\rangle = \frac{\hbar^2}{4}\left(\sin^2\frac{\alpha-\beta}{2} - \cos^2\frac{\alpha-\beta}{2}\right).$$

因此，$E(\alpha,\beta) = -\cos(\alpha-\beta)$.

11.4 一个简单的隐变量模型

11.4.1 利用 11.2 节的结果，有

$$\langle\hat{S}_{\mathrm{e}\alpha}\rangle = \frac{\hbar}{2}\int\cos(\varphi-\alpha)\frac{\mathrm{d}\varphi}{2\pi} = 0,$$

类似地，$\langle\hat{S}_{\mathrm{p}\beta}\rangle = 0$. 还可得到

$$\langle\hat{S}_{\mathrm{e}\alpha}\otimes\hat{S}_{\mathrm{p}\beta}\rangle = -\frac{\hbar^2}{4}\int\cos(\varphi-\alpha)\cos(\varphi-\beta)\frac{\mathrm{d}\varphi}{2\pi}$$

$$= -\frac{\hbar^2}{8}\cos(\alpha-\beta).$$

因此，在这个简单的隐变量模型中，有

$$E(\alpha,\beta) = -\frac{1}{2}\cos(\alpha-\beta).$$

在这样的一个模型中，人们找到了一个非零的关联系数，这是一个有意思的结果. 甚至更有意思的是，这个关联比量子力学的预言值小了一个 2 的因子.

11.4.2 实验数据点与量子力学预言相符，而无疑与我们所考虑的特殊隐变量模型是不相符的. 但是我们必须指出，文中列出的数据并不是实际的测量数据. "真正的"结果如图 11.2 所示，其中的误差棒仅对应于统计误差. 与理论（即量子力学）的差别是由系统误差引起的，该误差主要来自于探测器的接收能力.

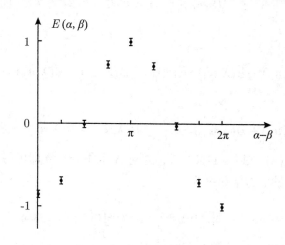

图 11.2 $E(\alpha,\beta)$ 随 $\alpha-\beta$ 变化的实际实验函数关系

11.5 贝尔定理和实验结果

11.5.1 在隐变量理论框架内，关联系数为

$$E(\alpha,\beta) = \frac{4}{\hbar^2}\int P(\lambda)A(\lambda,\boldsymbol{u}_\alpha)B(\lambda,\boldsymbol{u}_\beta)\mathrm{d}\lambda,$$

其中 $P(\lambda)$ 是变量 λ 的（未知的）分布规律，具有性质

$$P(\lambda) > 0, \quad \forall \lambda \qquad 和 \qquad \int P(\lambda)\mathrm{d}\lambda = 1.$$

注意，我们在这里假定，隐变量理论重新给出了在单态上看到的一个算符的平均值：

$$\langle \hat{S}_{e\alpha} \rangle = \int P(\lambda) A(\lambda, \boldsymbol{u}_\alpha) \mathrm{d}\lambda = 0, \qquad \langle \hat{S}_{p\beta} \rangle = \int P(\lambda) B(\lambda, \boldsymbol{u}_\beta) \mathrm{d}\lambda = 0.$$

如果情况并非如此，则这样的一种隐变量理论显然应该被否定，因为它不能重新给出一个被确认的实验结果.

11.5.2 感兴趣的量可以写成

$$A(\lambda, \boldsymbol{u}_\alpha)[B(\lambda, \boldsymbol{u}_\beta) + B(\lambda, \boldsymbol{u}'_\beta)] + A(\lambda, \boldsymbol{u}'_\alpha)[B(\lambda, \boldsymbol{u}'_\beta) - B(\lambda, \boldsymbol{\mu}_\beta)].$$

$B(\lambda, \boldsymbol{u}_\beta)$ 和 $B(\lambda, \boldsymbol{u}'_\beta)$ 这两个量只能取 $\pm\hbar/2$ 这两个值. 因为

$$|A(\lambda, \boldsymbol{u}_\alpha)| = |A(\lambda, \boldsymbol{u}'_\beta)| = \hbar/2,$$

所以，可得

$$B(\lambda, \boldsymbol{u}_\beta) + B(\lambda, \boldsymbol{u}'_\beta) = \pm\hbar, \qquad B(\lambda, \boldsymbol{u}_\beta) - B(\lambda, \boldsymbol{u}'_\beta) = 0,$$

或

$$B(\lambda, \boldsymbol{u}_\beta) + B(\lambda, \boldsymbol{u}'_\beta) = 0, \qquad B(\lambda, \boldsymbol{u}_\beta) - B(\lambda, \boldsymbol{u}'_\beta) = \pm\hbar.$$

11.5.3 用 $P(\lambda)$ 乘以（11.4）式，并对 λ 求积分，立即可得到贝尔不等式.

11.5.4 S 的量子力学结果为

$$S_Q = -\cos(\alpha-\beta) - \cos(\alpha-\beta') - \cos(\alpha'-\beta') + \cos(\alpha'-\beta).$$

一般来讲，如果令 $\theta_1 = \alpha - \beta$, $\theta_2 = \beta' - \alpha$ 和 $\theta_3 = \alpha' - \beta'$，我们可以寻求下式的极值：

$$f(\theta_1, \theta_2, \theta_3) = \cos(\theta_1 + \theta_2 + \theta_3) - (\cos\theta_1 + \cos\theta_2 + \cos\theta_3).$$

其极值对应于 $\theta_1 = \theta_2 = \theta_3$ 和 $\sin\theta_1 = \sin3\theta_1$，它在 0 和 π 之间的解为 $\theta_1 = 0, \pi/4, 3\pi/4, \pi$. 若定义函数 $g(\theta_1) = -3\cos\theta_1 + \cos3\theta_1$，则有 $g(0) = -2, g(\pi/4) = -2\sqrt{2}, g(3\pi/4) = 2\sqrt{2}$ 和 $g(\pi) = 2$.

在图 11.3 中展示了 $g(\theta)$ 的变化. 阴影区对应于不能用隐变量解释的结果. 特别是，对于 $\alpha - \beta = \beta' - \alpha = \alpha' - \beta' = \pi/4$，得到 $S_Q = -2\sqrt{2}$，它明显地破坏了贝尔不等式. 因此，这个系统构成了一个量子力学的预言与任意定域隐变量理论相对比的检验.

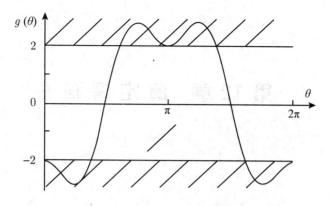

图 11.3 文中定义的 $g(\theta)$ 的变化

11.5.5 文中给出的数字导致了 $|3E(\pi/4) - E(3\pi/4)| = 2.66(\pm 0.15)$，与量子力学的结果 $(2\sqrt{2})$ 符合得非常好，但是与隐变量理论不相容.

正如前一个问题所示，事实上，实际测量得到的是 $E(\pi/4) = -0.62(\pm 0.04)$，$E(3\pi/4) = 0.60(\pm 0.03)$，因此，$|3E(\pi/4) - E(3\pi/4)| = 2.46(\pm 0.15)$，它毫无疑问地破坏了贝尔不等式，而与量子力学预言是相符的.

因此，不可能找到一个能很好解释实验的定域隐变量理论.

11.7 参考文献

A. Einstein, B. Podolsky, and N. Rosen, Phys. Rev. Lett. 47, 777 (1935).

J. S. Bell, Physics 1, 195 (1964); 还请看 J. Bell, *Speakable and unspeakable in quantum mechanics*, Cambridge University Press, Cambridge (1993).

这里给出的实验数据取自:

A. Aspect, P. Grangier, and G. Roger, Phys. Rev. Lett. 49, 91 (1982); A. A. Aspect, J. Dalibard, and G. Roger, Phys. Rev. Lett. 49, 1804 (1982).

第 12 章 薛定谔猫

叠加原理声称：如果 $|\phi_a\rangle$ 和 $|\phi_b\rangle$ 为一个量子系统的两个可能的态，则量子叠加 $(|\phi_a\rangle + |\phi_b\rangle)/\sqrt{2}$ 也是该系统的允许的一个态. 这个原理在解释干涉现象时是至关重要的. 然而，当这个原理用到"大型"物体时，会导致一种佯谬，在那里，一个系统可能处于一种经典上自相矛盾（对立）的态的叠加.

最重要的例子是薛定谔的"猫佯谬"，其中的猫处于"死"的态和"活"的态的叠加. 这一章的目的就是要证明宏观态的这种叠加实际上是无法探测的. 它们都是非常脆弱的，与环境的一个非常弱的耦合就足以破坏 $|\phi_a\rangle$ 和 $|\phi_b\rangle$ 这两个态的量子叠加.

12.1 一个谐振子的准经典态

在这一章将考虑一个质量为 m、频率为 ω 的一维谐振子的高能量激发态. 其哈密顿量被写成

$$\hat{H} = \frac{\hat{p}^2}{2m} + \frac{1}{2}m\omega^2\hat{x}^2.$$

我们用 $\{|n\rangle\}$ 代表 $\hat{H}$ 的本征态. 态 $|n\rangle$ 的能量为 $E_n = (n+1/2)\hbar\omega$.

12.1.1 预备知识. 引入算符 $\hat{X} = \hat{x}\sqrt{m\omega/\hbar}, \hat{P} = \hat{p}/\sqrt{m\hbar\omega}$ 和湮灭及产生算符

$$\hat{a} = \frac{1}{\sqrt{2}}(\hat{X} + \mathrm{i}\hat{P}), \qquad \hat{a}^\dagger = \frac{1}{\sqrt{2}}(\hat{X} - \mathrm{i}\hat{P}), \qquad \hat{N} = \hat{a}^\dagger \hat{a}.$$

回顾对易关系：$[\hat{X},\hat{P}] = i, [\hat{a},\hat{a}^\dagger] = 1$，以及关系式 $\hat{H} = \hbar\omega(\hat{N}+1/2)$ 和 $\hat{N}|n\rangle = n|n\rangle$.

(a) 检验一下，如果人们使用无量纲变量 X 和 P，则有
$$\hat{P} = -i\frac{\partial}{\partial X}, \qquad \hat{X} = i\frac{\partial}{\partial P}.$$

(b) 求对易关系 $[\hat{N},\hat{a}]$，并证明
$$\hat{a}|n\rangle = \sqrt{n}|n-1\rangle \tag{12.1}$$

最多差一个在下文中被置为 1 的相因子.

(c) 使用 $n=0$ 时的（12.1）式并用 $\hat{X}$ 和 $\hat{P}$ 表示 $\hat{a}$，计算基态波函数 $\psi_0(X)$ 及其傅里叶变换 $\varphi_0(P)$. 不必把结果归一化.

12.1.2 准经典态. 算符 $\hat{a}$ 的本征态被称为准经典态. 其理由我们现在研究. 考虑一个任意的复数 α. 证明下列态
$$|\alpha\rangle = e^{-|\alpha|^2/2}\sum_n \frac{\alpha^n}{\sqrt{n!}}|n\rangle \tag{12.2}$$

是 $\hat{a}$ 的一个归一化的本征态，其本征值为 $\alpha : \hat{a}|\alpha\rangle = \alpha|\alpha\rangle$.

12.1.3 计算在准经典态 $|\alpha\rangle$ 上的能量期待值. 再计算在这个态上的期待值 $\langle x\rangle$ 和 $\langle p\rangle$ 以及均方根偏差 Δx 和 Δp. 证明 $\Delta x \Delta p = \hbar/2$.

12.1.4 使用上面习题 12.1.1(c) 中的类似做法，确定该准经典态 $|\alpha\rangle$ 的波函数 $\psi_\alpha(X)$ 以及其傅里叶变换 $\varphi_\alpha(P)$. 这里还是不必把结果归一化.

12.1.5 假定在 $t=0$ 时刻，该振子处于准经典态 $|\alpha_0\rangle$，且 $\alpha_0 = \rho e^{i\phi}$，其中 ρ 是一个正实数.

(a) 证明在以后的任意时刻 t，该振子仍处在一个准经典态上，它可以被写成 $e^{-i\omega t/2}|\alpha(t)\rangle$. 利用 ρ、ϕ、ω 和 t 确定 $\alpha(t)$ 的值.

(b) 计算 $\langle x\rangle_t$ 和 $\langle p\rangle_t$. 对比习题 12.1.3 的结果，并假定 $|\alpha| \gg 1$，简略地说明为什么把这两个态称作"准经典态"是正确的.

12.1.6 数值例子. 考虑长度为 1 m、质量为 1 g 的一个单摆. 假定这个单摆的状态可以用一个准经典态来描写. 在 $t=0$ 时刻，单摆处在离开它的经典平衡位置 $\langle x_0\rangle = 1\mu$m 的位置，且具有零平均速度.

(a) $\alpha(0)$ 相应的值是多少？

(b) 其位置的相对不确定度 $\Delta x/x_0$ 是多少？

(c) 在振荡了 1/4 周期之后，$\alpha(t)$ 的值是多少？

12.2 构造一个薛定谔猫态

在时间间隔 $[0,T]$ 期间，把耦合

$$\hat{W} = \hbar g(\hat{a}^\dagger \hat{a})^2$$

添加到谐振子势中. 我们假定 g 比 ω 大得多, 而且 $\omega T \ll 1$. 因此, 我们可以做这样的近似: 在间隔 $[0,T]$ 的期间, 系统的哈密顿量简单地就是 $\hat{W}$. 在 $t=0$ 时刻, 系统处在一个准经典态 $|\psi(0)\rangle = |\alpha\rangle$ 上.

12.2.1 证明态 $|n\rangle$ 是 $\hat{W}$ 的本征态, 并且写出 T 时刻的态 $|\psi(T)\rangle$ 在基 $\{|n\rangle\}$ 上的展开式.

12.2.2 在 $T = \pi/2g$ 和 $T = \pi/g$ 的特定情况下, $|\psi(T)\rangle$ 如何简化?

12.2.3 现在选取 $T = \pi/2g$. 证明这将给出

$$|\psi(T)\rangle = \frac{1}{\sqrt{2}}\left(e^{-i\pi/4}|\alpha\rangle + e^{i\pi/4}|-\alpha\rangle\right). \tag{12.3}$$

12.2.4 假定 α 是纯虚数: $\alpha = ip$.

(a) 定性地讨论态（12.3）式的物理性质.

(b) 考虑一个与习题 12.1.6 中的 α 值在大小量级上相同的 $|\alpha|$ 值. 在何种意义上可以把这个态看成是引言中提到的"薛定谔猫"类型的态的一个具体实例?

12.3 量子叠加与统计混合对比

现在研究在 $|\alpha| \gg 1$ 的"宏观"情况下, 态（12.3）式的性质. 选 α 为纯虚数, $\alpha = i\rho$, 并且设 $p_0 = \rho\sqrt{2m\hbar\omega}$.

12.3.1 考虑一个处在（12.3）式态的量子系统. 写出该系统的位置和动量（非归一化的）的概率分布. 对于 $\alpha = 5i$, 这些概率分布如图 12.1 所示. 从物理上解释这些分布.

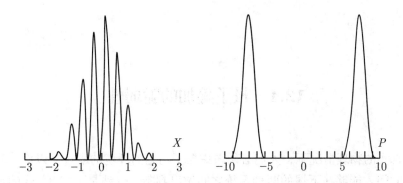

图 12.1　一个系统的位置和动量在 $\alpha = 5\mathrm{i}$ 的（12.3）式的态上的概率分布. 量 X 和 P 都是在该问题的第一部分中引入的无量纲量. 竖直方向的尺度是任意的

12.3.2　一位物理学家（Alice）制备了 N 个独立系统，它们都处在 (12.3) 式的态上，然后测量这些系统每一个的动量. 测量仪器的分辨率为 δp，有

$$\sqrt{m\hbar\omega} \ll \delta p \ll p_0.$$

对于 $N \gg 1$，定性地画出这 N 个测量结果的直方图.

12.3.3　态（12.3）式代表宏观上两个不同态的量子叠加，因此导致引言中提到的佯谬. 另外一位物理学家（Bob）宣称 Alice 所做的测量并不是对态（12.3）式中的 N 个粒子做的，她实际上处理的是一个非佯谬的"统计混合"，这就是说，N 个粒子的一半处在 $|\alpha\rangle$ 态，而另一半处在 $|-\alpha\rangle$ 态. 假定这是正确的，是否可得到在前面 N 个动量测量问题中得到的相同的概率分布？

12.3.4　为了解决这个问题，Alice 现在测量 N 个独立系统中每一个的位置，这些系统都被制备 (12.3) 式的态. 画出得到的事例分布形状，假定测量仪器的分辨率为

$$\delta x \ll \frac{1}{|\alpha|}\sqrt{\frac{\hbar}{m\omega}}.$$

12.3.5　假定 Bob 处理的是一个统计混合，对于这 N 次位置测量能得到相同的结果吗？

12.3.6　考虑到在习题 12.1.6 单摆情况下得到的数值，计算为了能够阐明以下两种情况之间的区别所必需的分辨率 δx：一种情况是一组 N 个系统处在 (12.3) 式的量子叠加态上，而另一种情况是 $N/2$ 个单摆处在 $|\alpha\rangle$ 态、另 $N/2$ 个单摆处在 $|-\alpha\rangle$ 态的一种统计混合.

12.4 量子叠加的脆弱性

在真实的物理情况下，人们必须考虑振子与它的环境的耦合，以便估算出需要多长时间才能够在下述的两种系统之间做出判断：一种是（12.3）式的量子叠加态（这就是说"活的"和"死的""薛定谔猫"），另一种是简单的统计混合态（也就是说，一组猫（系统），它的一半是活的，而另一半是死的；每一只猫或者是活的或者是死的）.

如果振子初始时处在 $|\alpha_0\rangle$ 态，而环境处在 $|\chi_e(0)\rangle$ 态，则整个系统的波函数是各部分的波函数的乘积，整个系统的态矢量可以写成两个子系统态矢量的（张量）积

$$|\Phi(0)\rangle = |\alpha_0\rangle|\chi_e(0)\rangle.$$

这个耦合决定了振子振幅的衰减. 在一个稍晚些时候，总系统的态矢量

$$|\Phi(t)\rangle = |\alpha_1\rangle|\chi_e(t)\rangle,$$

其中 $\alpha_1 = \alpha(t)e^{-\gamma t}$，数值 $\alpha(t)$ 对应于在不存在衰减时（习题 12.1.5(a)）能找到的准经典态，而 γ 是一个正实数.

12.4.1 利用 12.1.3 的结果，给出 t 时刻振子能量的期待值以及当 $2\gamma t \ll 1$ 时环境获得的能量.

12.4.2 对于"薛定谔猫"类型的振子初态，$t=0$ 时整个系统的态矢量为

$$|\Phi(0)\rangle = \frac{1}{\sqrt{2}}\left(e^{-i\pi/4}|\alpha_0\rangle + e^{i\pi/4}|-\alpha_0\rangle\right)|\chi_e(0)\rangle,$$

在一个稍后的时刻 t，有

$$|\Phi(t)\rangle = \frac{1}{\sqrt{2}}\left(e^{-i\pi/4}|\alpha_1\rangle|\chi_e^{(+)}(t)\rangle + e^{i\pi/4}|-\alpha_1\rangle|\chi_e^{(-)}(t)\rangle\right).$$

仍然取 $\alpha_1 = \alpha(t)e^{-\gamma t}$. 我们这样选取 t，它使得 α_1 为纯虚数，且 $|\alpha_1| \gg 1$. $|\chi_e^{(+)}(t)\rangle$ 和 $|\chi_e^{(-)}(t)\rangle$ 是环境的两个归一化的态，它们事先是不同的态（但不是正交的）.

独立于环境态测量的振子位置的概率分布为

$$\mathcal{P}(x) = \frac{1}{2}[|\psi_{\alpha_1}(x)|^2 + |\psi_{-\alpha_1}(x)|^2$$

$$+2\mathcal{R}e(\mathrm{i}\psi_{\alpha 1}^*(x)\psi_{-\alpha 1}(x)\langle\chi_e^{(+)}(t)|\chi_e^{(-)}(t)\rangle)].$$

令 $\eta = \langle\chi_e^{(+)}(t)|\chi_e^{(-)}(t)\rangle$ 且 $0 \leqslant \eta \leqslant 1$（假定 η 为实数），并利用 12.3 节的结果，在不进行任何计算的情况下描述下列各项的结果：

(a) N 次独立的位置测量；

(b) N 次独立的动量测量.

η 在什么样的条件下能使人们区分一个量子叠加态与一个统计混合态？

12.4.3 在一种非常简单的模型中，环境用第二个振子来表示，该振子与第一个振子有相同的质量和频率. 我们假定第二个振子开始处于 $|\chi_e(0)\rangle = |0\rangle$ 态. 如果在这两个振子之间的耦合是二次的，我们将理所当然地认为：

- 态 $|\chi_e^{(\pm)}(t)\rangle$ 是准经典态：$|\chi_e^{(\pm)}(t)\rangle = |\pm\beta\rangle$.
- 而且对短时间（$\gamma t \gg 1$）有 $|\beta|^2 = 2\gamma t|\alpha_0|^2$.

(a) 由展开式 (12.2)，证明 $\eta = \langle\beta|-\beta\rangle = \exp(-2|\beta|^2)$.

(b) 利用在习题 12.4.1 中找到的第一个振子能量的表示式，确定在两个振子之间的典型能量转移，在高于这个能量时，一个量子叠加态和一个统计混合态之间的差别变得无法观测.

12.4.4 再一次考虑上述的单摆. 假定阻尼时间是一年（在降低了摩擦的真空中的单摆）. 利用上一习题中的结果，计算可以观测到"薛定谔猫"态的时间. 给出评注和结论.

12.5 解

12.1 谐振子的准经典态

12.1.1 (a) 简单的变量变换给出：

$$\hat{P} = \frac{\hat{p}}{\sqrt{m\hbar\omega}} = \frac{1}{\sqrt{m\hbar\omega}}\frac{\hbar}{\mathrm{i}}\frac{\partial}{\partial x} = -\mathrm{i}\sqrt{\frac{\hbar}{m\omega}}\frac{\partial}{\partial x} = -\mathrm{i}\frac{\partial}{\partial X},$$

$$\hat{X} = \sqrt{\frac{m\omega}{\hbar}}\hat{x} = \sqrt{\frac{m\omega}{\hbar}}\mathrm{i}\hbar\frac{\partial}{\partial p} = \mathrm{i}\sqrt{m\hbar\omega}\frac{\partial}{\partial p} = \mathrm{i}\frac{\partial}{\partial P}.$$

(b) 有通常的关系 $[\hat{N},\hat{a}] = [\hat{a}^\dagger\hat{a},\hat{a}] = [\hat{a}^\dagger,\hat{a}]\hat{a} = -\hat{a}$. 于是，

$$[\hat{N},\hat{a}]|n\rangle = -\hat{a}|n\rangle \Rightarrow \hat{N}\hat{a}|n\rangle = (n-1)\hat{a}|n\rangle,$$

并且 $\hat{a}|n\rangle$ 是 $\hat{N}$ 的一个本征态，相应的本征值为 $n-1$. 由一维谐振子理论知道，能级是非简并的. 因此发现 $\hat{a}|n\rangle = \mu|n-1\rangle$，其中系数 μ 可通过计算 $\hat{a}|n\rangle$ 的模求得

$$||\hat{a}|n\rangle||^2 = \langle n|\hat{a}^\dagger \hat{a}|n\rangle = n \Rightarrow \mu = \sqrt{n}$$

至多相差一个任意的相因子.

(c) 方程 $\hat{a}|0\rangle = 0$ 对应着 $(\hat{X} + \mathrm{i}\hat{P})|0\rangle = 0$,

在真实空间：$(X + \dfrac{\partial}{\partial X})\psi_0(X) = 0 \Rightarrow \psi_0(X) \propto \exp(-X^2/2)$.

在动量空间：$(P + \dfrac{\partial}{\partial P})\varphi_0(P) = 0 \Rightarrow \varphi_0(P) \propto \exp(-P^2/2)$.

12.1.2 人们可以直接检验关系式 $\hat{a}|\alpha\rangle = \alpha|\alpha\rangle$：

$$\hat{a}|\alpha\rangle = \mathrm{e}^{-|\alpha|^2/2} \sum_n \frac{\alpha^n}{\sqrt{n!}} \hat{a}|n\rangle = \mathrm{e}^{-|\alpha|^2/2} \sum_n \frac{\alpha^n}{\sqrt{n!}} \sqrt{n}|n-1\rangle$$
$$= \alpha \mathrm{e}^{-|\alpha|^2}/2 \sum_n \frac{\alpha^n}{\sqrt{n!}}|n\rangle = \alpha|\alpha\rangle.$$

计算 $|\alpha\rangle$ 的模，得到 $\langle\alpha|\alpha\rangle = \mathrm{e}^{-|\alpha|^2} \sum_n \dfrac{|\alpha|^{2n}}{n!} = 1$.

12.1.3 能量的期待值为

$$\langle E\rangle = \langle\alpha|\hat{H}|\alpha\rangle = \hbar\omega\langle\alpha|\hat{N}+1/2|\alpha\rangle = \hbar\omega(|\alpha|^2+1/2).$$

对于 $\langle x\rangle$ 和 $\langle p\rangle$，有

$$\langle x\rangle = \sqrt{\frac{\hbar}{2m\omega}}\langle\alpha|\hat{a}+\hat{a}^\dagger|\alpha\rangle = \sqrt{\frac{\hbar}{2m\omega}}(\alpha+\alpha^*),$$
$$\langle p\rangle = -\mathrm{i}\sqrt{\frac{m\hbar\omega}{2}}\langle\alpha|\hat{a}-\hat{a}^\dagger|\alpha\rangle = \mathrm{i}\sqrt{\frac{m\hbar\omega}{2}}(\alpha^*-\alpha),$$
$$\Delta x^2 = \frac{\hbar}{2m\omega}\langle\alpha|(\hat{a}+\hat{a}^\dagger)^2|\alpha\rangle - \langle x\rangle^2 = \frac{\hbar}{2m\omega}[(\alpha+\alpha^*)^2+1] - \langle x\rangle^2.$$

因此，$\Delta x = \sqrt{\hbar/2m\omega}$，它不依赖于 α.

类似地，有

$$\Delta p^2 = -\frac{m\hbar\omega}{2}\langle\alpha|(\hat{a}-\hat{a}^\dagger)^2|\alpha\rangle - \langle p\rangle^2 = -\frac{m\hbar\omega}{2}((\alpha-\alpha^*)^2-1) - \langle p\rangle^2.$$

因此，$\Delta p = \sqrt{m\hbar\omega/2}$. 在这种情况下，海森堡（Heisenberg）不等式变成等式 $\Delta x \Delta p = \hbar/2$，且与 α 的值无关.

12.1.4 利用变量 X, 有
$$\frac{1}{\sqrt{2}}\left(X+\frac{\partial}{\partial X}\right)\psi_\alpha(X)=\alpha\psi_\alpha(X)$$
$$\Rightarrow \psi_\alpha(X)=C\exp\left(-\frac{(X-\alpha\sqrt{2})^2}{2}\right).$$

类似地, 利用变量 P, 有
$$\frac{\mathrm{i}}{\sqrt{2}}\left(P+\frac{\partial}{\partial P}\right)\varphi_\alpha(P)=\alpha\varphi_\alpha(P)$$
$$\Rightarrow \varphi_\alpha(P)=C'\exp\left(-\frac{(P+\mathrm{i}\alpha\sqrt{2})^2}{2}\right).$$

12.1.5
(a)
$$|\psi(0)\rangle=|\alpha_0\rangle,$$
$$|\psi(t)\rangle=\mathrm{e}^{-|\alpha|^2/2}\sum_n\frac{\alpha_0^n}{\sqrt{n!}}\mathrm{e}^{-\mathrm{i}E_nt/\hbar}|n\rangle$$
$$=\mathrm{e}^{-|\alpha|^2/2}\mathrm{e}^{-\mathrm{i}\omega t/2}\sum_n\frac{\alpha_0^n}{\sqrt{n!}}\mathrm{e}^{-\mathrm{i}n\omega t}|n\rangle$$
$$=\mathrm{e}^{-\mathrm{i}\omega t/2}|\alpha(t)\rangle, \quad \text{其中 } \alpha(t)=\alpha_0\mathrm{e}^{-\mathrm{i}\omega t}=\rho\mathrm{e}^{-\mathrm{i}(\omega t-\phi)}.$$

(b)
$$\langle x\rangle_t=\sqrt{2\hbar/(m\omega)}\rho\cos(\omega t-\phi)$$
$$=x_0\cos(\omega t-\phi), \quad \text{其中 } x_0=\rho\sqrt{2\hbar/(m\omega)},$$
$$\langle p\rangle_t=-\sqrt{2m\hbar\omega}\rho\sin(\omega t-\phi)$$
$$=-p_0\sin(\omega t-\phi), \quad \text{其中 } p_0=\rho\sqrt{2m\hbar\omega}.$$

它们都是一个经典振子的运动方程. 利用习题 12.1.3 的结果, 得到
$$\frac{\Delta x}{x_0}=\frac{1}{2\rho}\ll 1, \quad \frac{\Delta p}{p_0}=\frac{1}{2\rho}\ll 1.$$
振子的位置和动量的相对不确定性在任何时间都是相当精确地被确定的, 因此称之为准经典态.

12.1.6 (a) 合适的选择为 $\langle x\rangle_0=x_0$ 和 $\langle p\rangle_0=0$, 即 $\phi=0$,
$$\omega=2\pi\nu=\sqrt{\frac{g}{l}}=3.13\text{ s}^{-1} \Rightarrow \alpha(0)=3.9\times 10^9.$$

(b) $\Delta x/x_0=1/[2\alpha(0)]=1.3\times 10^{-10}$.

(c) 在 $1/4$ 周期后, $\mathrm{e}^{\mathrm{i}\omega t}=\mathrm{e}^{\mathrm{i}\pi/2}=\mathrm{i}\Rightarrow\alpha(T/4)=-3.9\times 10^9\mathrm{i}$.

12.2 构造一个薛定谔猫态

12.2.1 $\hat{W}$ 的本征矢就是前面的 $|n\rangle$，因此

$$\hat{W}|n\rangle = \hbar g n^2 |n\rangle$$

和

$$|\psi(0)\rangle = |\alpha\rangle \Rightarrow |\psi(T)\rangle = \mathrm{e}^{-|\alpha|^2/2} \sum_n \frac{\alpha^n}{\sqrt{n!}} \mathrm{e}^{-\mathrm{i}gn^2 T} |n\rangle.$$

12.2.2 若 $T = 2\pi/g$，则 $\mathrm{e}^{-\mathrm{i}gn^2 T} = \mathrm{e}^{-2\mathrm{i}\pi n^2} = 1$ 且

$$|\psi(T)\rangle = |\alpha\rangle.$$

如果 $T = \pi/g$，那么若 n 为偶数，则 $\mathrm{e}^{-\mathrm{i}gn^2 T} = \mathrm{e}^{-\mathrm{i}\pi n^2} = 1$；而若 n 为奇数，则该值为 -1，因此

$$\mathrm{e}^{-\mathrm{i}gn^2 T} = (-1)^n \Rightarrow |\psi(T)\rangle = |-\alpha\rangle.$$

12.2.3 如果 $T = \pi/2g$，则当 n 为偶数时有 $\mathrm{e}^{-\mathrm{i}gn^2 T} = \mathrm{e}^{-\mathrm{i}\frac{\pi}{2}n^2} = 1$，而当 n 为奇数时有 $\mathrm{e}^{-\mathrm{i}gn^2 T} = -\mathrm{i}$.

可以把这个关系式改写成

$$\mathrm{e}^{-\mathrm{i}gn^2 T} = \frac{1}{2}[1 - \mathrm{i} + (1 + \mathrm{i})(-1)^n] = \frac{1}{\sqrt{2}}[\mathrm{e}^{-\mathrm{i}\frac{\pi}{4}} + \mathrm{e}^{-\mathrm{i}\frac{\pi}{4}}(-1)^n],$$

或者等价地有

$$|\psi(T)\rangle = \frac{1}{\sqrt{2}}(\mathrm{e}^{-\mathrm{i}\pi/4}|\alpha\rangle + \mathrm{e}^{\mathrm{i}\pi/4}|-\alpha\rangle).$$

12.2.4 (a) 对于 $\alpha = \mathrm{i}\rho$，在 $|\alpha\rangle$ 态上，该振子具有一个零平均位置和一个正速度. 而在 $|-\alpha\rangle$ 态上，该振子也具有一个零平均位置但有一个负速度.（12.3）式的态是这两种情况的量子叠加.

(b) 若 $|\alpha| \gg 1$，则 $|\alpha\rangle$ 态和 $|-\alpha\rangle$ 态在宏观上是不同的（相互矛盾的）.（12.3）式的态是这两个态的量子叠加. 因此它构成薛定谔猫的一个（平和）版本，在那里利用希尔伯特空间的简单的矢量表示"死的"或"活的""猫".

12.3 量子叠加与统计混合对比

12.3.1 位置与动量的概率分布为

$$P(X) \propto |\mathrm{e}^{-\mathrm{i}\pi/4}\psi_\alpha(X) + \mathrm{e}^{\mathrm{i}\pi/4}\psi_{-\alpha}(X)|^2$$

$$\propto \left| e^{-i\pi/4} \exp\left(-\frac{1}{2}(X - i\rho\sqrt{2})^2\right) \right.$$
$$\left. + e^{i\pi/4} \exp\left(-\frac{1}{2}(X + i\rho\sqrt{2})^2\right) \right|^2$$
$$\propto e^{-X^2} \cos^2\left(X\rho\sqrt{2} - \frac{\pi}{4}\right),$$
$$P(P) \propto |e^{-i\pi/4}\varphi_\alpha(P) + e^{i\pi/4}\varphi_{-\alpha}(P)|^2$$
$$\approx \exp(-(P - \rho\sqrt{2})^2) + \exp(-(P + \rho\sqrt{2})^2).$$

在靠后的那个方程中, 利用了这样的一个事实: 对于 $\rho \gg 1$, 中心位于 $\rho\sqrt{2}$ 与 $-\rho\sqrt{2}$ 的两个高斯函数具有可以忽略的重叠.

12.3.2 Alice 将发现两个峰, 其中的每个峰都包含大概一半的事例, 它们的中心分别处于 p_0 和 $-p_0$.

12.3.3 Bob 的统计混合导致了与 Alice 测量的相同的动量分布: 在 $|\alpha\rangle$ 态上的 $N/2$ 个振子都有平均动量 $+p_0$, 而在 $|-\alpha\rangle$ 态上的 $N/2$ 个振子都有平均动量 $-p_0$. 因此, 到目前为止, 不存在什么差别, 并且不存在与(12.3)式的量子叠加态相关的佯谬行为.

12.3.4 对 X 变量, 探测器的分辨率满足
$$\delta X \ll \frac{1}{|\alpha|} = \frac{1}{\rho}.$$

因此 Alice 有足够的分辨率观测分布 $P(X)$ 中 $\cos^2(X\rho\sqrt{2} - \pi/4)$ 函数的振荡. 所以, 分布的形状将重新给出图 12.1 所示的 X 的概率规律, 即一种具有高斯型包络的周期为 $[\hbar\pi^2/(2m\alpha^2\omega)]^{1/2}$ 的调制.

12.3.5 如果 Bob 对于处在 $|\alpha\rangle$ 态上的 $N/2$ 个系统做位置测量, 他将发现相应于概率规律 $P(X) \propto |\psi_\alpha(X)|^2 \propto \exp(-X)^2$ 的一个高斯分布. 对于处在 $|-\alpha\rangle$ 态上的 $N/2$ 个系统, 他将发现同样的分布. 他的结果之和将是一个高斯分布, 它完全不同于 Alice 预期的结果. 原则上, 位置的测量应使人们可辨别量子叠加与统计混合.

12.3.6 必需的分辨率是 $\delta x \ll \frac{1}{|\alpha|}\sqrt{\frac{\hbar}{m\omega}} \approx 5 \times 10^{-26}\,\text{m}$. 不幸的是, 实际上不可能达到这样的分辨率.

12.4 量子叠加的脆弱性

12.4.1 有 $E(t) = \hbar\omega(|\alpha_0|^2 e^{-2\gamma t} + 1/2)$: 这个能量随着时间减小. 在一个比 γ^{-1} 长得多的时刻之后, 该振子处在其基态. 这个耗散模型对应着一个零温的环

境. 对于 $2\gamma t \ll 1$，环境得到的平均能量 $E(0) - E(t)$ 是 $\Delta E(t) \approx 2\hbar\omega|\alpha_0|^2\gamma t$.

12.4.2 (a) 位置的概率分布保持着它的高斯型包络，但是该振荡强弱的对比降低了一个 η 的因子.

(b) 动量的概率分布由

$$\mathcal{P}(p) = \frac{1}{2}(|\varphi_{\alpha 1}(p)|^2 + |\varphi_{-\alpha 1}(p)|^2 + 2\eta\mathcal{R}e(\mathrm{i}\varphi^*_{-\alpha 1}(p)\varphi_{\alpha 1}(p)))$$

给出. 由于这两个高斯型包络 $\varphi_{\alpha 1}(p)$ 和 $\varphi_{-\alpha 1}(p)$ 的重叠在 $|\alpha_1| \gg 1$ 时可以忽略，因此正比于 η 的交叉项没有显著的贡献. 重新获得中心分别位于 $\pm|\alpha_1|\sqrt{2m\hbar\omega}$ 的两个峰.

量子叠加与统计混合之间的区别可通过位置测量产生出来. 量子叠加导致了具有高斯型包络的空间周期 $[\hbar\pi^2/(2m\alpha^2\omega)]^{1/2}$ 的调制，反之，在统计混合的情况下，只有这个高斯型曲线被观测到. 为了看到这个调制，它必须不太小，比如说,

$$\eta \geqslant 1/10.$$

12.4.3 (a) 简单计算给出

$$\langle \beta | -\beta \rangle = \mathrm{e}^{-|\beta|^2} \sum_n \frac{\beta^{*n}(-\beta)^n}{n!} = \mathrm{e}^{-|\beta|^2}\mathrm{e}^{-|\beta|^2} = \mathrm{e}^{-2|\beta|^2}.$$

(b) 出于前面的考虑，我们必须有 $\mathrm{e}^{-2|\beta|^2} \geqslant 1/10$，这就是说，$|\beta| \leqslant 1$.

在短于 γ^{-1} 的时间内，第一个振子的能量为

$$E(t) = E(0) - 2\gamma t|\alpha_0|^2\hbar\omega.$$

第二个振子的能量为

$$E'(t) = \hbar\omega(|\beta(t)|^2 + 1/2) = \hbar\omega/2 + 2\gamma t|\alpha_0|^2\hbar\omega.$$

总能量是守恒的；在 t 时间内转移的能量为 $\Delta E(t) = 2\gamma t|\alpha_0|^2\hbar\omega = \hbar\omega|\beta|^2$. 为了区分量子叠加与统计混合，必须有 $\Delta E \leqslant \hbar\omega$. 换句话说，如果只转移了一个能量量子 $\hbar\omega$，辨别就会有问题.

12.4.4 在 $1/(2\gamma) = 1\,\mathrm{a} = 3 \times 10^7\,\mathrm{s}$ 的情况下，达到 $|\beta| = 1$ 所花费的时间是 $(2\gamma|\alpha_0|^2)^{-1} \approx 2 \times 10^{-12}\,\mathrm{s}$!

12.6 评 注

即使对于一个很好地避开了环境影响的系统,就像我们对单摆所做的假定那样,宏观态的量子叠加还是无法观测到的. 在一段非常短的时间之后,人们在一个制备成这样一个初始状态的系统所能做的所有的测量与在一个统计混合态上做的测量是一致的. 因此,目前不可能观测到与一个宏观量子叠加伴谬特性相关的效应.

然而,对于具有有限个自由度并被很好隔离的系统,完全有可能观测到"介观"小猫. 最早的尝试涉及超导量子干涉仪(SQUID)(超导环中的约瑟夫森结),但是这个结果并不令人信服. 这里所发展起来的思想是面向量子光学的,是由伯纳德·约克(Bernard Yurke)和大卫·斯托勒(David Stoler)提出的(Phys. Rev. Lett. 57, p. 13 (1986)). 对于存储在一个超导腔内的微波光子(50 GHz),巴黎高等师范学院得到了最具决定性的结果(M. Brune, E. Hagley, J. Dreyer, X. Maitre, A. Maali, C. Wunderlich, J.-M. Raimond, and S. Haroche, Phys. Rev. Lett. 77, 4887 (1996)). 存储在腔中的场是一个准完美谐振子. 小猫的制备(12.2 节)是通过发送原子穿过空腔来完成的. 耗散(12.4 节)对应着超导空腔壁的非常弱的剩余吸收. 人们能够设计由 5 个或 10 个光子构成的"小猫"(即 $|\alpha|^2=5$ 或 10),而且能精确地检验这个理论,包括由耗散效应造成的退相干.

第 13 章 量子密码学

　　密码学的目标在于把一个信息发送给一位收信人，并使该信息被不相干的外人截获的风险最小化. 本章展示量子力学能提供一种达到这个目的的步骤. 这里假定，Alice（A）要向 Bob（B）发送一些信息，该信息可能是用二进制系统编码的，例如

$$+ + - - - + + - \cdots. \tag{13.1}$$

用 n 表示这个信息的比特数. Alice 希望只在她确认没有"间谍"窃听他们的通信时，才把这个信息发给 Bob.

13.1 预备知识

　　考虑一个自旋为 1/2 的粒子. 自旋算符为 $\hat{\boldsymbol{S}} = (\hbar/2)\hat{\boldsymbol{\sigma}}$，其中集合 $\hat{\sigma}_i(i=x,y,z)$ 为泡利矩阵. 我们把本征值分别为 $+\hbar/2$ 和 $-\hbar/2$ 的 $\hat{S}_z$ 的本征态记为 $|\sigma_z = +1\rangle$ 和 $|\sigma_z = -1\rangle$.

　　考虑一个处在 $|\sigma_z = +1\rangle$ 态的粒子. 人们测量自旋沿着在 xz 平面上一个 u 轴的分量，该 u 轴用单位矢量

$$\boldsymbol{e}_u = \cos\theta \boldsymbol{e}_z + \sin\theta \boldsymbol{e}_x \tag{13.2}$$

来定义，其中 $\boldsymbol{e}_z$ 和 $\boldsymbol{e}_x$ 分别为沿 z 轴和 x 轴的单位矢量. 记相应的算符为

$$\hat{\boldsymbol{S}} \cdot \boldsymbol{e}_u = \frac{\hbar}{2}(\cos\theta \hat{\sigma}_z + \sin\theta \hat{\sigma}_x). \tag{13.3}$$

13.1.1 证明可能的测量结果为 $+\hbar/2$ 和 $-\hbar/2$.

13.1.2 证明可观测量（13.3）式的本征态（至多差一个常数因子）为

$$|\sigma_u = +1\rangle = \cos\phi|\sigma_z = +1\rangle + \sin\phi|\sigma_z = -1\rangle,$$
$$|\sigma_u = -1\rangle = -\sin\phi|\sigma_z = +1\rangle + \cos\phi|\sigma_z = -1\rangle.$$

并用 θ 把 ϕ 表示出来. 写出当测量自旋沿 u 轴的投影时，找到 $+\hbar/2$ 和 $-\hbar/2$ 的概率 $P_u^\pm$.

13.1.3 若测量给出沿 u 轴的结果为 $+\hbar/2$ 和 $-\hbar/2$，在该测量之后的自旋态是什么？

13.1.4 在这样的一次测量之后人们马上测量自旋的 z 分量.

(a) 基于前面沿 u 轴（可观测量（13.3）式）得到的结果，可能的结果是什么？找到这些结果的概率是多少？

(b) 证明重新得到与在初态 $|\sigma_z = +1\rangle$ 时相同的 $S_z = +\hbar/2$ 值的概率为

$$P_{++}(\theta) = (1 + \cos^2\theta)/2.$$

(c) 现在假定初态是 $|\sigma_z = -1\rangle$，对于同样的测量序列，在上一次测量中重新得到 $S_z = -\hbar/2$ 的概率 $P_{--}(\theta)$ 是多少？

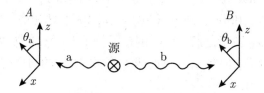

图 13.1 一个源发射一对自旋 1/2 的粒子 (a,b). Alice 测量 a 沿 θ_a 方向的自旋分量，而 Bob 测量 b 沿 θ_b 方向的自旋分量

13.2 关联的自旋对

一个源产生了一对自旋 1/2 的粒子 (a,b)（图 13.1），它们被制备成 $|\psi\rangle = \phi(\boldsymbol{r}_a, \boldsymbol{r}_b)|\Sigma\rangle$ 态，其中两个粒子的自旋态为

$$|\Sigma\rangle = \frac{1}{\sqrt{2}}(|\sigma_z^a = +1\rangle \otimes |\sigma_z^b = +1\rangle + |\sigma_z^a = -1\rangle \otimes |\sigma_z^b = -1\rangle). \tag{13.4}$$

换句话说，自旋变量与空间变量 $(\mathbf{r}_a, \mathbf{r}_b)$ 是退耦的. 在 (13.4) 式中，$|\sigma_u^a = \pm\rangle$ (具体取 $u = z$) 是粒子 a 自旋的 u 分量的本征态，对于粒子 b 完全类似.

13.2.1 证明这个态也可以写成

$$|\Sigma\rangle = \frac{1}{\sqrt{2}}(|\sigma_x^a = +1\rangle \otimes |\sigma_x^b = +1\rangle + |\sigma_x^a = -1\rangle \otimes |\sigma_x^b = -1\rangle). \tag{13.5}$$

13.2.2 粒子对 (a,b) 被制备成自旋态（13.4）式与（13.5）式. 当这两个粒子互相离开时，这个自旋态保持不变（除非做了测量）.

(a) Alice 首先测量 a 沿角度为 θ_a 的 u_a 轴的自旋分量. 在 $\theta_a = 0$(即 z 轴) 和 $\theta_a = \pi/2$(即 x 轴) 时可能的测量结果和相应概率是什么？

(b) 证明在 Alice 测量之后，两粒子的自旋态取决于测量，其结果如下：

轴	结果	态
z	$+\hbar/2$	$|\sigma_z^a = +1\rangle \otimes |\sigma_z^b = +1\rangle$
z	$+\hbar/2$	$|\sigma_x^a = +1\rangle \otimes |\sigma_x^b = +1\rangle$
x	$-\hbar/2$	$|\sigma_x^a = -1\rangle \otimes |\sigma_x^b = -1\rangle$

从那时起，就粒子 b 的自旋测量而言，为什么人们可以忽略粒子 a？

（我们记得，如果 $|\psi\rangle = |u\rangle \otimes |v\rangle$ 是一个因子化的态且 $\hat{C} = \hat{A} \otimes \hat{B}$，其中 $\hat{A}$ 和 $\hat{B}$ 分别作用于 $|u\rangle$ 和 $|v\rangle$，则 $\langle\psi|\hat{C}|\psi\rangle = \langle u|\hat{A}|u\rangle\langle v|\hat{B}|v\rangle$.）

13.2.3 在 Alice 测量之后，Bob 测量了粒子 b 沿夹角为 θ_b 的 u_b 轴的自旋. 基于下列四种组合下的 Alice 的结果，给出 Bob 的测量结果和相应的概率：

(a) $\theta_a = 0, \theta_b = 0$;
(b) $\theta_a = 0, \theta_b = \pi/2$;
(c) $\theta_a = \pi/2, \theta_b = 0$;
(d) $\theta_a = \pi/2, \theta_b = \pi/2$.

在哪种情况下，对 a 和 b 的测量能肯定地给出同样的结果？

13.2.4 考虑 $\theta_a = 0$ 的情况. 假定如图 13.2 所描述的，位于源和 Bob 之间的一个间谍测量 b 粒子沿夹角为 θ_s 的 u_s 轴的自旋.

(a) 依据 θ_a 和 Alice 的发现，这个间谍测量的结果及其概率是什么？

(b) 在间谍测量之后，Bob 测量 b 粒子沿着由 $\theta_b = 0$ 定义的轴的自旋. 基于间谍的结果，Bob 发现了什么？其概率是多少？

(c) 在间谍测量之后，Alice 和 Bob 发现相同结果的概率 $P(\theta_s)$ 是多少？

(d) 如果间谍在间隔 $[0, 2\pi]$ 内以均匀的概率随机地选择 θ_s，那么 $P(\theta_s)$ 的期待值是什么？

如果间谍只以同样的概率 $P = 1/2$ 选择 $\theta_s = 0$ 和 $\theta_s = \pi/2$ 两个值，则该期

待值是多少？

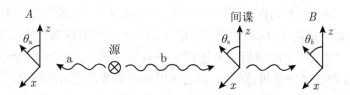

图 13.2　一个间谍位于源与 Bob 之间，测量 b 自旋沿夹角为 θ_s 的轴的分量

13.3　量子密码学程序

为了传输机密信息，Alice 和 Bob 利用了图 13.3 中概述的程序．评论这一程序，并且回答下列一些问题．

13.3.1　Alice 如何确信出现了一个间谍？

13.3.2　正在操作的间谍可逃避被探测到的概率是多少？对于 $FN=200$，计算这个概率．

（1）Alice 和 Bob 决定沿着 x 还是 z 轴进行测量。

（2）Alice 控制着源 S，制备出 $N \gg n$ 个按顺序排列的自旋对，它们都处于（13.4）式的态（n 是信息的比特数）。她把 b 自旋发送给 Bob，而保留了 a 自旋。

（3）对于他们搜集到的每一个自旋，Alice 和 Bob 测量其 x 分量，或者测量其 z 分量。他们各自以 $P=1/2$ 的概率随机地选择 x 方向或 z 方向。对于给定的一对自旋 (a,b)，在 Alice 所选的轴和 Bob 所选的轴之间没有任何关联。他们两个人都记录了他们所有的结果。

（4）Bob 挑选了他的测量的一个子集 FN。他（通过手机、互联网等）公开地通知了 Alice 这个子集的每一个事例的轴和测量结果。实际上 $F \approx 0.5$。

（5）对于这个子集 FN，Alice 把她的轴和结果与 Bob 刚刚传送给她的那些轴和结果相比较。通过这样做，她可以辨别是否存在间谍。如果发现了间谍，这个程序将会停止，并且必须"物理"搜索这个间谍。否则：

（6）Alice 公开地宣布她确信没有被监听，因此 Bob 继续公开传递他的剩余自旋的测量轴，但是他没有传递相应的结果。

（7）……

图 13.3　量子密码学程序

13.3.3 如果间谍知道了 Alice 和 Bob 选来进行他们测量的轴系统 (x,z), 他会变得更加"隐身"吗?

13.3.4 评论一下列在表 13.1 和表 13.2 中的两个"实验"的结果. 证明一个间谍肯定在监听通信 2. 间谍监听到通信 1 而又保持不被探测到的概率是多少?

13.3.5 完成缺失的项目(上述程序中的第 7 项),并指明 Alice 如何在不使用除 Bob 和她已经分析过的 N 对自旋以外的其他自旋对的情况下,就能把她的信息 (13.1) 发送给 Bob. 使用表 13.3, 告诉我们, Alice 怎样在实验 1 中把信息 $(+,-)$ 发送给 Bob.

表 13.1 用 12 对自旋做的实验 1. 顶部:一组 Alice 采用的轴和得到的结果. 底部:Bob 公开传递的选择的轴和得到的结果

		1	2	3	4	5	6	7	8	9	10	11	12
A	自旋编号	1	2	3	4	5	6	7	8	9	10	11	12
	轴	x	x	z	x	z	z	x	z	z	z	x	x
	结果	+	−	+	+	−	−	+	+	+	−	+	−
B	自旋编号	1	2	3	4	5	6	7	8	9	10	11	12
	轴	x		x	z			x			x	x	
	结果	+		−	−			+			+	+	

表 13.2 用 12 对自旋做的实验 2. 顶部:一组 Alice 采用的轴和得到的结果. 底部:Bob 公开传递的选择的轴和得到的结果

		1	2	3	4	5	6	7	8	9	10	11	12
A	自旋编号	1	2	3	4	5	6	7	8	9	10	11	12
	轴	x	z	z	z	x	x	z	x	x	z	x	z
	结果	+	+	−	+	+	−	+	+	−	−	+	+
B	自旋编号	1	2	3	4	5	6	7	8	9	10	11	12
	轴		x		x			x	z		z	z	z
	结果		+		+			−	+		+	+	−

表 13.3 在 Alice 说了她确信没有被监听之后,在实验 1 的框架内,Bob 公开传递的所选用的轴

自旋编号	2	5	6	8	9	12
轴	x	x	x	z	x	x

13.4 解

13.1 预备知识

13.1.1 自旋沿 u 轴的可观测量是

$$\hat{S} \cdot \hat{e}_u = \frac{\hbar}{2} \begin{pmatrix} \cos\theta & \sin\theta \\ \sin\theta & -\cos\theta \end{pmatrix}.$$

可能的测量结果是 $\hat{S} \cdot \hat{e}_u$ 的本征值，即 $\pm\hbar/2$。

13.1.2 相应的本征值为

$$|\sigma_u = +1\rangle = \cos(\theta/2)|\sigma_z = +1\rangle + \sin(\theta/2)|\sigma_z = -1\rangle,$$
$$|\sigma_u = -1\rangle = -\sin(\theta/2)|\sigma_z = +1\rangle + \cos(\theta/2)|\sigma_z = -1\rangle,$$

因此，$\phi = \theta/2$. 概率可直接得到

$$P_u^\pm = |\langle \sigma_u = \pm 1|\sigma_z = +1\rangle|^2, \quad P_u^+ = \cos^2(\theta/2), \quad P_u^- = \sin^2(\theta/2).$$

13.1.3 测量之后 $\hbar/2$（或 $-\hbar/2$）的态是 $|\sigma_u = +1\rangle$（或 $|\sigma_u = -1\rangle$）。

13.1.4 (a) 如果沿 u 轴方向的测量给出了 $+\hbar/2$，则第二次测量的概率为

$$P_z^+(\pm\hbar/2) = |\langle \sigma_z = \pm 1|\sigma_u = +1\rangle|^2,$$

且

$$P_z^+(+\hbar/2) = \cos^2(\theta/2), \quad P_z^+(-\hbar/2) = \sin^2(\theta/2).$$

如果沿 u 方向的测量给出 $-\hbar/2$，则

$$P_z^-(-\hbar/2) = \cos^2(\theta/2), \quad P_z^-(+\hbar/2) = \sin^2(\theta/2).$$

(b) 人们重新获得了 $S_z = +\hbar/2$，相应的概率如下：
(i) 如果沿 u 方向的测量已经给出了 $+\hbar/2$，则 $P_u^+ \cdot P_z^+(+\hbar/2) = \cos^4(\theta/2)$；
(ii) 如果沿 u 方向的测量已经给出了 $-\hbar/2$，则 $P_u^- \cdot P_z^-(+\hbar/2) = \sin^4(\theta/2)$.
合在一起，我们有

$$P_{++} = \cos^4\frac{\theta}{2} + \sin^4\frac{\theta}{2} = \frac{1}{2}(1+\cos^2\theta).$$

(c) 中间结果被反转了，但最终的概率是相同的:

$$P_{--} = \frac{1}{2}(1+\cos^2\theta).$$

13.2 关联自旋对

13.2.1 z 分量与 x 分量本征态是通过

$$|\sigma_x = \pm 1\rangle = (|\sigma_z = +1\rangle \pm |\sigma_z = -1\rangle)/\sqrt{2}$$

相关联的.

如果我们在（13.4）式中做这个代换，则得到

$$\frac{1}{2\sqrt{2}}\Big[(|\sigma_z^a = +1\rangle + |\sigma_z^a = -1\rangle) \otimes (|\sigma_z^b = +1\rangle + |\sigma_z^b = -1\rangle) \\ + (|\sigma_z^a = +1\rangle - |\sigma_z^a = -1\rangle) \otimes (|\sigma_z^b = +1\rangle - |\sigma_z^b = -1\rangle)\Big],$$

其中交叉项消失了. 更一般地讲，所考虑的态实际上是绕 y 轴转动不变的. 在实际的实验中，较为简单的是利用单态

$$|0,0\rangle = \frac{1}{\sqrt{2}}(|\sigma_z^a = +1\rangle \otimes |\sigma_z^b = -1\rangle - |\sigma_z^a = -1\rangle \otimes |\sigma_z^b = +1\rangle)/\sqrt{2},$$

此时通过沿同一个轴测量，Alice 和 Bob 就能直接看到符号相反的结果.

13.2.2 (a) Alice 发现在每一种情况下，找到 $\pm\hbar/2$ 的概率均为 $P = 1/2$. 注意到投影到本征态 $|\sigma_z^a = +1\rangle$ 上的投影算符是 $\hat{P}_+^a = |\sigma_z^a = +1\rangle\langle\sigma_z^a = +1| \otimes \hat{I}^b$, $P(+\hbar/2) = \langle\Sigma|\hat{P}_+^a|\Sigma\rangle = 1/2$（对 $P(-\hbar/2)$ 也类似），就可以求得这个结果.

(b) 这一组结果是波包扁缩的后果. 如果 Alice 沿 z 轴测量，则使用（13.4）式；$\hat{S}_z^a$ 本征态的归一化投影是 $|\sigma_z^a = +1\rangle \otimes |\sigma_z^b = +1\rangle$（Alice 的结果：$+\hbar/2$）和 $|\sigma_z^a = -1\rangle \otimes |\sigma_z^b = -1\rangle$（Alice 的结果：$-\hbar/2$）. 因为不变性和它的结果（13.5）式，类似的公式对沿 x 轴的测量也成立.

对 b 的任何测量（一个概率，一个期待值）将意味着 $\hat{I}^a \otimes \hat{B}^b$ 类型算符的期待值，其中 $\hat{B}^b$ 是一个投影算符或自旋算符. 因为所考虑的态是因子化的，对 b 的自旋测量的相应表达式将是如下类型的:

$$(\langle\sigma_z^a = +1| \otimes \langle\sigma_z^b = +1|)\hat{I}^a \otimes \hat{B}^b(|\sigma_z^a = +1\rangle \otimes |\sigma_z^b = +1\rangle).$$

它约化为

$$\langle \sigma_z^a = +1 | \sigma_z^a = +1 \rangle \langle \sigma_z^b = +1 | \hat{B}^b | \sigma_z^b = +1 \rangle = \langle \sigma_z^b = +1 | \hat{B}^b | \sigma_z^b = +1 \rangle.$$

它与 a 的自旋态不相关.

13.2.3 对于第一种和第二种组合，可以把结果总结如下：

θ_a	θ_b	Alice	Bob	概率
0	0	$+\hbar/2$	$+\hbar/2$	$P=1$
0	0	$-\hbar/2$	$-\hbar/2$	$P=1$
0	$\pi/2$	$+\hbar/2$	$\pm\hbar/2$	$P_\pm = 1/2$
0	$\pi/2$	$-\hbar/2$	$\pm\hbar/2$	$P_\pm = 1/2$

$\theta_a = \pi/2, \theta_b = 0$ 的结果与 $\theta_a = 0, \theta_b = \pi/2$ 的结果是一样的；类似地，$\theta_a = \pi/2, \theta_b = \pi/2$ 的情况全同于 $\theta_a = 0, \theta_b = 0$ 的情况（实际上，对于任何 $\theta_a = \theta_b$ 人们都能重现同样的结果）.

在 (a) 和 (d) 两种情况下，$\theta_a = \theta_b$，也就是当 Alice 和 Bob 沿相同的轴测量时，他们肯定会发现同样的结果.

13.2.4 (a) 就 Alice 和间谍的发现而言，有：

Alice	间谍	概率
$+\hbar/2$	$+\hbar/2$	$\cos^2(\theta_s/2)$
$+\hbar/2$	$-\hbar/2$	$\sin^2(\theta_s/2)$
$-\hbar/2$	$+\hbar/2$	$\sin^2(\theta_s/2)$
$-\hbar/2$	$-\hbar/2$	$\cos^2(\theta_s/2)$

(b) 就 Bob 和间谍的发现而言：

间谍	Bob	概率
$+\hbar/2$	$+\hbar/2$	$\cos^2(\theta_s/2)$
$+\hbar/2$	$-\hbar/2$	$\sin^2(\theta_s/2)$
$-\hbar/2$	$+\hbar/2$	$\sin^2(\theta_s/2)$
$-\hbar/2$	$-\hbar/2$	$\cos^2(\theta_s/2)$

(c) Alice 和 Bob 发现相同结果的概率实际上已经在习题 13.1.4 (b)(c) 中计算过，很容易得到

$$P(\theta_s) = \frac{1}{2}(1 + \cos^2 \theta_s).$$

(d) 令人惊讶的是，这两个期待值是一样的. 一方面，有 $\int_0^{2\pi} P(\theta_s) d\theta_s/(2\pi) =$

3/4. 另一方面，因为 $P(0) = 1$ 和 $P(\pi/2) = 1/2$，如果 $\theta_s = 0$ 和 $\theta_s = \pi/2$ 的值被等概率地选用，就平均而言有 $\bar{P} = 3/4$.

13.3 量子密码学程序

13.3.1 如果 $\theta_a = \theta_b$，则 Alice 和 Bob 的结果一定相同. 如果 Alice 和 Bob 沿着相同的 $\theta_a = \theta_b$ 的轴做的单一测量给出了不同的结果，则肯定有一个间谍正在窃听（至少在一个理想实验中）. 如果 $\theta_a \neq \theta_b$，就平均而言有一半结果是相同的，而另一半有相反的符号.

13.3.2 使间谍保持不被发现的唯一机会是，当 Alice 和 Bob 选择相同的轴时总是得到相同的结果. 对于每一对自旋，他们选择相同的轴的概率为 1/2，而此时如果有间谍在监听，则有 1/4 的概率他们得不到同样的结果（习题 13.2.4(d)）. 因此对于每一对自旋，探测到间谍的概率为 1/8，有 7/8 的概率使间谍保持隐身.

这可能看上去是一个十分低效的探测方法. 然而，对很大量的事例，间谍保持不被探测到的概率 $(7/8)^{FN}$ 是非常小的. 对于 $FN = 200$，我们有 $(7/8)^{200} \approx 2.5 \times 10^{-12}$.

13.3.3 令人非常惊奇的是，就像前面提到的，间谍在寻找 Alice 和 Bob 在该程序的第一步约定用 x 轴还是 z 轴时没有得到任何信息.

13.3.4 在第 2 个实验中，第 8 个和第 12 个测量的轴是相同的，给出了相反的结果：冲着间谍去了！

然而在第 1 个实验中，沿着 x 轴的第 1 个、第 7 个和第 11 个测量的确给出了相同结果，与周围没有间谍的假设是自洽的. 然而，在目前的情况下，$N = 3$ 是相当小的. 如果一个间谍正在监听，则他保持不被探测到的概率约为 40%.

13.3.5 在 $(1-F)N$ 次的剩余测量中，Alice 选择了一系列轴都相同的且能重新给出她的信息的事例. 她把这些事例的标记公开传送给 Bob，而 Bob 在他自己的数据组中（最终！）能够读出这个信息.

在目前的情况下，Alice 告诉 Bob 去看一下第 8 号和第 12 号的结果，在那里他能够读出 $(+, -)$.

评注 这个程序目前正在一些工业研究实验室中开发. 实际上，人们使用的是具有关联极化的光子对而不是自旋 1/2 的粒子.

参见 C. Bennett, G. Brassard, and A. Ekert, *Quantum Cryptography*, Scientific American, Vol. 267, p. 26 (October 1992).

第 14 章 场量子化的直接观测

在这里我们考虑一个双能级的原子与一个单模电磁场的相互作用. 当用量子力学处理这一模式时，在原子动力学中出现了一些具体的特征，如拉比振荡的阻尼与复苏.

14.1 电磁场一种模式的量子化

我们回顾在经典力学中，一个质量为 m、频率为 $\omega/2\pi$ 的谐振子遵从运动方程 $dx/dt = p/m$ 和 $dp/dt = -m\omega^2 x$，其中 x 是该振子的位置而 p 是其动量. 定义约化变量 $X(t) = x(t)\sqrt{m\omega/\hbar}$ 和 $P(t) = p(t)/\sqrt{\hbar m\omega}$，则该振子的运动方程为

$$\frac{dX}{dt} = \omega P, \qquad \frac{dP}{dt} = -\omega X, \tag{14.1}$$

因而，总能量 $U(t)$ 由下式给出：

$$U(t) = \frac{\hbar\omega}{2}(X^2(t) + P^2(t)). \tag{14.2}$$

14.1.1 对电磁波，考虑一个体积为 V 的空腔. 在本章中，自始至终都考虑一个单模电磁场，其形式为

$$\boldsymbol{E}(\boldsymbol{r},t) = \boldsymbol{u}_x e(t)\sin kz, \qquad \boldsymbol{B}(\boldsymbol{r},t) = \boldsymbol{u}_y b(t)\cos kz,$$

其中 $\boldsymbol{u}_x$、$\boldsymbol{u}_y$ 和 $\boldsymbol{u}_z$ 是一组正交基. 回顾真空中的麦克斯韦方程

$$\nabla \cdot \boldsymbol{E}(\boldsymbol{r},t) = 0, \qquad \nabla \times \boldsymbol{E}(\boldsymbol{r},t) = -\frac{\partial \boldsymbol{B}(\boldsymbol{r},t)}{\partial t},$$

$$\nabla \cdot \boldsymbol{B}(\boldsymbol{r},t) = 0, \qquad \nabla \times \boldsymbol{B}(\boldsymbol{r},t) = \frac{1}{c^2}\frac{\partial \boldsymbol{E}(\boldsymbol{r},t)}{\partial t},$$

和腔内场的总能量 $U(t)$：

$$U(t) = \int_V \left[\frac{\epsilon_0}{2}E^2(\boldsymbol{r},t) + \frac{1}{2\mu_0}B^2(\boldsymbol{r},t)\right]\mathrm{d}^3 r, \quad \text{其中 } \epsilon_0\mu_0 c^2 = 1. \tag{14.3}$$

(a) 用 k、c、$e(t)$、$b(t)$ 表示 $\mathrm{d}e/\mathrm{d}t$ 和 $\mathrm{d}b/\mathrm{d}t$.

(b) 用 V、$e(t)$、$b(t)$、ϵ_0、μ_0 表示 $U(t)$. 可以取

$$\int_V \sin^2 kz\,\mathrm{d}^3r = \int_V \cos^2 kz\,\mathrm{d}^3r = \frac{V}{2}.$$

(c) 令 $\omega = ck$，并引入约化变量

$$\chi(t) = \sqrt{\frac{\epsilon_0 V}{2\hbar\omega}}e(t), \qquad \Pi(t) = \sqrt{\frac{V}{2\mu_0\hbar\omega}}b(t).$$

证明基于 χ、Π 和 ω 的 $\mathrm{d}\chi/\mathrm{d}t$、$\mathrm{d}\Pi/\mathrm{d}t$ 和 $U(t)$ 的方程在形式上与方程 (14.1) 和 (14.2) 完全一样.

14.1.2 用通常谐振子量子化的相同方法对所考虑的电磁场模式进行量子化. 人们把物理量 χ 和 Π 与厄米算符 $\hat{\chi}$ 和 $\hat{\Pi}$ 联系起来，它们满足如下的对易关系：

$$[\hat{\chi}, \hat{\Pi}] = \mathrm{i}.$$

腔中场的哈密顿量为

$$\hat{H}_\mathrm{C} = \frac{\hbar\omega}{2}(\hat{\chi}^2 + \hat{\Pi}^2).$$

场的能量被量子化为 $E_n = (n+1/2)\hbar\omega$（n 是一个非负的整数）；用 $|n\rangle$ 表示 $\hat{H}_\mathrm{C}$ 的本征态，其本征值为 E_n.

腔内场的量子态是集合 $\{|n\rangle\}$ 的线性组合. 能量为 $E_0 = \hbar\omega/2$ 的态 $|0\rangle$ 被称为"真空"，而能量为 $E_n = E_0 + n\hbar\omega$ 的态 $|n\rangle$ 被称为"n 光子态". 一个"光子"对应着场中能量为 $\hbar\omega$ 的一个元激发.

引入 $\hat{a}^\dagger = (\hat{\chi} - \mathrm{i}\hat{\Pi})/\sqrt{2}$ 和 $\hat{a} = (\hat{\chi} + \mathrm{i}\hat{\Pi})/\sqrt{2}$ 分别作为一个光子的"产生"与"湮灭"算符. 这两个算符满足通常的对易关系：

$$\hat{a}^\dagger|n\rangle = \sqrt{n+1}|n+1\rangle,$$
$$\hat{a}|n\rangle = \sqrt{n}|n-1\rangle, \qquad \text{若 } n\neq 0, \quad \hat{a}|0\rangle = 0.$$

(a) 用 $\hat{a}^\dagger$ 和 $\hat{a}$ 表示 $\hat{H}_\mathrm{C}$. 可观测量 $\hat{N} = \hat{a}^\dagger \hat{a}$ 被称为"光子数".

对应于 r 点的电场与磁场的可观测量被定义成

$$\hat{E}(r) = u_x \sqrt{\frac{\hbar\omega}{\epsilon_0 V}} (\hat{a} + \hat{a}^\dagger) \sin kz,$$

$$\hat{B}(r) = \mathrm{i} u_y \sqrt{\frac{\mu_0 \hbar\omega}{V}} (\hat{a}^\dagger - \hat{a}) \cos kz.$$

基于态和可观测量的理论的解释与通常量子力学的解释是一样的.

(b) 计算在一个 n 光子态上的期待值 $\langle E(r) \rangle$、$\langle B(r) \rangle$ 和 $\langle n | \hat{H}_\mathrm{C} | n \rangle$.

14.1.3 下面的叠加态

$$|\alpha\rangle = \mathrm{e}^{-|\alpha|^2/2} \sum_{n=0}^\infty \frac{\alpha^n}{\sqrt{n!}} |n\rangle \tag{14.4}$$

被称为场的一个"准经典"态, 其中的 α 是一个任意的复数.

(a) 证明 $|\alpha\rangle$ 是湮灭算符 $\hat{a}$ 的一个归一化的本征矢, 并求出其相应的本征值. 计算光子数在这个态上的期待值 $\langle n \rangle$.

(b) 证明: 如果 $t=0$ 时场的态是 $|\psi(0)\rangle = |\alpha\rangle$, 则在 t 时刻, $|\psi(t)\rangle = \mathrm{e}^{-\mathrm{i}\omega t/2} |(\alpha \mathrm{e}^{-\mathrm{i}\omega t})\rangle$.

(c) 计算 t 时刻在一个 α 为实数的准经典态上的期待值 $\langle E(r) \rangle_t$ 和 $\langle B(r) \rangle_t$.

(d) 检验一下 $\langle E(r) \rangle_t$ 和 $\langle B(r) \rangle_t$ 满足麦克斯韦方程.

(e) 计算像 $E_\mathrm{cl}(r,t) = \langle E(r) \rangle_t$ 和 $B_\mathrm{cl}(r,t) = \langle B(r) \rangle_t$ 那样的经典场的能量. 将结果与在同样的准经典态上 $\hat{H}_\mathrm{C}$ 的期待值做比较.

(f) 如果 $|\alpha| \ll 1$, 为什么这些结果能证明把 $|\alpha\rangle$ 命名为"准经典"是有道理的?

14.2 场与一个原子的耦合

考虑一个原子处于腔中 r_0 处, 该原子的质心在空间中的运动用经典方法处理. 从此往后, 将限制在内部原子态的二维子空间中研究, 这些原子态是由原子的基态 $|f\rangle$ 和一个激发态 $|e\rangle$ 产生的. 原子能量的起点将这样选择: 它使得 $|f\rangle$ 和 $|e\rangle$ 的能量分别为 $-\hbar\omega_\mathrm{A}/2$ 和 $+\hbar\omega_\mathrm{A}/2 (\omega_\mathrm{A} > 0)$. 在 $\{|f\rangle, |e\rangle\}$ 基中, 可以引进算符:

$$\hat{\sigma}_z = \begin{pmatrix} 1 & 0 \\ 0 & -1 \end{pmatrix}, \quad \hat{\sigma}_+ = \begin{pmatrix} 0 & 0 \\ 1 & 0 \end{pmatrix}, \quad \hat{\sigma}_- = \begin{pmatrix} 0 & 1 \\ 0 & 0 \end{pmatrix},$$

这就是说，$\hat{\sigma}_+|f\rangle = |e\rangle$ 和 $\hat{\sigma}_-|e\rangle = |f\rangle$，并且原子的哈密顿量可以写成：$\hat{H}_A = -\dfrac{\hbar\omega_A}{2}\hat{\sigma}_z$.

正交态的集合 $\{|f,n\rangle, |e,n\rangle; n \geqslant 0\}$ 形成一个 { 原子 + 光子 } 态的希尔伯特空间的基，其中 $|f,n\rangle \equiv |f\rangle \otimes |n\rangle$ 和 $|e,n\rangle \equiv |e\rangle \otimes |n\rangle$.

14.2.1 检验一下，它是 $\hat{H}_0 = \hat{H}_A + \hat{H}_C$ 的一个本征态，并给出相应的本征值.

14.2.2 在本习题的剩余部分，假设腔的频率精确地调到原子的玻尔频率，即 $\omega = \omega_A$. 画出 $\hat{H}_0$ 的前五个能级位置的示意图. 证明：除了基态之外，$\hat{H}_0$ 的本征态分成简并对组.

14.2.3 原子与场之间电偶极耦合的哈密顿量可写为

$$\hat{W} = \gamma(\hat{a}\hat{\sigma}_+ + \hat{a}^\dagger \hat{\sigma}_-),$$

其中 $\gamma = -d\sqrt{\hbar\omega/\epsilon_0 V}\sin kz_0$，其中的电偶极矩 d 由实验确定.

(a) 写出 $\hat{W}$ 对于态 $|f,n\rangle$ 和 $|e,n\rangle$ 的作用.

(b) $\hat{a}\hat{\sigma}_+$ 和 $\hat{a}^\dagger\hat{\sigma}_-$ 对应什么样的物理过程？

14.2.4 确定 $\hat{H} = \hat{H}_0 + \hat{W}$ 的本征态和相应的能量. 证明该问题简化为一组 2×2 矩阵对角化的问题. 设

$$|\phi_n^\pm\rangle = \dfrac{1}{\sqrt{2}}(|f, n+1\rangle \pm |e, n\rangle),$$

$$\dfrac{\hbar\Omega_0}{2} = \gamma = -d\sqrt{\dfrac{\hbar\omega}{\epsilon_0 V}}\sin kz_0, \qquad \Omega_n = \Omega_0\sqrt{n+1}.$$

对应本征态 $|\phi_n^\pm\rangle$ 的能量用 $E_n^\pm$ 表示.

14.3 原子与一个"空腔"的相互作用

下面假定原子沿着一条 $\sin kz_0 = 1$ 的路线穿过空腔.

一个处于激发态 $|e\rangle$ 的原子被发送到真空态 $|0\rangle$ 的空腔中. 在 $t=0$ 时原子进入空腔，系统的态为 $|e, n=0\rangle$.

14.3.1 在稍后的时刻 t，系统处于什么态？

14.3.2 在时刻 T，当原子离开空腔时，在 f 态找到原子的概率 $P_f(T)$ 是多少？证明 $P_f(T)$ 是一个周期为 T（T 随原子速度的变化而改变）的函数.

14.3.3 已经在铷原子的一对态 (f,e) 上做了这个实验，其 $d = 1.1 \times 10^{-26}$ C.m 和 $\omega/2\pi = 5.0 \times 10^{10}$ Hz. 腔的体积是 1.87×10^{-6} m³($\epsilon_0 = 1/(36\pi \times 10^9)$S.I.).

曲线 $P_f(T)$ 和它的傅里叶变换 $J(\nu) = \int_0^\infty \cos(2\pi\nu T) P_f(T) \mathrm{d}T$ 展示在图 14.1 中. 人们观测到一个衰减的振荡，该衰减是由实验装置的缺陷造成的.

理论与实验如何比较？（一个随时间衰减的正弦曲线在其频谱中有一个峰，其宽度正比于特征衰减时间的逆.）

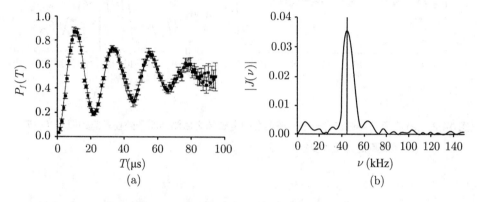

图 14.1 (a) 在原子穿过一个包含零个光子的空腔之后，所探测到的原子处于基态的概率 $P_f(T)$；(b) 文中所定义的概率的傅里叶变换

14.4 原子与一个准经典态的相互作用

现在，初始处于 $|e\rangle$ 态的原子被发送到一个腔中，在那里的场已被制备成准经典态 $|\alpha\rangle$. 在 $t = 0$ 时刻，原子进入腔中，因而系统的态是 $|e\rangle \otimes |\alpha\rangle$.

14.4.1 计算在 T 时刻找到原子处在 $|f\rangle$ 态，而场处在 $|n+1\rangle$ 态的概率 $P_f(T,n)$，其中 $n \geqslant 0$. 找到原子处在 $|f\rangle$ 态，而场处在 $|0\rangle$ 态的概率是多少？

14.4.2 写出找到原子处在不依赖于场的态 $|f\rangle$ 的概率 $P_f(T)$，它是对振荡函数的无穷求和.

14.4.3 图 14.2 画出了实验测得的一个 $P_f(T)$ 及其傅里叶变换 $J(\nu)$ 的实部. 这次测量中所用的腔与图 14.1 中用的相同，但是在原子进入之前，场已经被制备成一个准经典态.

(a) 确定对 $P_f(T)$ 贡献最大的三个频率 ν_0、ν_1、ν_2.

(b) 频率比 ν_1/ν_0 和 ν_2/ν_0 是预期的值吗?

(c) 用 $J(\nu_0)$ 和 $J(\nu_1)$ 的值确定腔内平均光子数 $|\alpha|^2$ 的近似值.

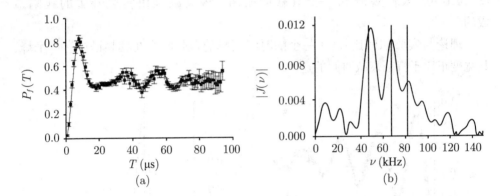

图 14.2　(a) 在原子穿过包含一个准经典态的电磁场之后测到原子处在基态的概率 $P_f(T)$;
　　　　　(b) 该概率的傅里叶变换

14.5　大量的光子: 阻尼和复苏

考虑一个对应着平均光子数很大的场的准经典态 $|\alpha\rangle$: $|\alpha|^2 \approx n_0 \gg 1$, 其中 n_0 是一个整数. 在这种情况中, 作为一个很好的近似, 找到 n 个光子的概率 $\pi(n)$ 可以用下面的形式描述:

$$\pi(n) = e^{-|\alpha|^2} \frac{|\alpha|^{2n}}{n!} \approx \frac{1}{\sqrt{2\pi n_0}} \exp\left(-\frac{(n-n_0)^2}{2n_0}\right).$$

利用斯特灵公式 $n! \approx n^n e^{-n} \sqrt{2\pi n}$ 并在 $n = n_0$ 附近展开 $\ln \pi(n)$, 可以求得这个泊松分布的高斯极限.

14.5.1 证明仅当 n 处在 n_0 的邻域 δn 时, 这个概率才有较大的值. 给出相对值 $\delta n/n_0$.

14.5.2 对于这样一个准经典态, 人们尝试计算在原子与场相互作用之后, 探测到原子处于 f 态的概率 $P_f(T)$. 为了做到这一点,

- 在 n_0 附近人们把 Ω_n 对 n 的依赖关系线性化：

$$\Omega_n \approx \Omega_{n_0} + \Omega_0 \frac{n - n_0}{2\sqrt{n_0 + 1}}, \tag{14.5}$$

- 用积分代替 $P_f(T)$ 中的离散求和.

(a) 证明：在这些近似下，对于较短的时间，$P_f(T)$ 是 T 的一个振荡函数，但是在一个特征时间 T_D 之后，这个振荡被阻尼掉了. 给出这个 T_D 的值.

回顾

$$\int_{-\infty}^{\infty} \frac{1}{\sigma\sqrt{2\pi}} \mathrm{e}^{-(x-x_0)^2/2\sigma^2} \cos(\alpha x) \mathrm{d}x = \mathrm{e}^{-\alpha^2 \sigma^2/2} \cos(\alpha x_0).$$

(b) 这个衰减时间依赖于光子数的平均值 n_0 吗？

(c) 对于这个衰减给出一个定性的解释.

14.5.3 如果保持离散求和形式的 $P_f(T)$ 表达式，精确的数值计算表明：可预期 $P_f(T)$ 的振荡将在比 T_D 大的时间 T_R 恢复，如图 14.3 所示. 这个现象被称为量子复苏，当前正在通过实验进行研究.

若保持离散求和但采用（14.5）式的近似，你能定性地解释这种复苏吗？第一次复苏的时间依赖于 n_0 吗？

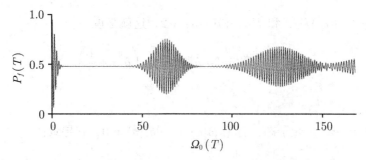

图 14.3 对于 $\langle n \rangle \approx 25$ 个光子，$P_f(T)$ 的精确理论计算

14.6 解

14.1 电磁场一种模式的量子化

14.1.1 (a) 无论函数 $e(t)$ 和 $b(t)$ 的值是多少，麦克斯韦方程中的一对 $\nabla \cdot \boldsymbol{E} = 0$ 和 $\nabla \cdot \boldsymbol{B} = 0$ 总被满足. 而方程 $\nabla \times \boldsymbol{E} = -(\partial \boldsymbol{B}/\partial t)$ 和 $c^2 \nabla \times \boldsymbol{B} =$

$-(\partial \boldsymbol{E}/\partial t)$ 则要求

$$\frac{\mathrm{d}e}{\mathrm{d}t} = c^2 k b(t), \qquad \frac{\mathrm{d}b}{\mathrm{d}t} = -k e(t).$$

(b) 电磁能可以写成

$$U(t) = \int_V \left(\frac{\epsilon_0}{2} e^2(t) \sin^2 kz + \frac{1}{2\mu_0} b^2(t) \cos^2 kz \right) \mathrm{d}^3 r$$
$$= \frac{\epsilon_0 V}{4} e^2(t) + \frac{V}{2\mu_0} b^2(t).$$

(c) 在这些公式按题中所建议的变化下,得到

$$\begin{cases} \dot{\chi} = \omega \Pi, \\ \dot{\Pi} = -\omega \chi, \end{cases} \qquad U(t) = \frac{\hbar \omega}{2} \left[\chi^2(t) + \Pi^2(t) \right].$$

这两个方程形式上等同于一个粒子在一个谐振子势中的运动方程.

14.1.2 (a) 由 $[\hat{\chi}, \hat{\Pi}] = \mathrm{i}$ 推导出:

$$[\hat{a}, \hat{a}^\dagger] = \frac{1}{2}[\hat{\chi} + \mathrm{i}\hat{\Pi}, \hat{\chi} - \mathrm{i}\hat{\Pi}] = 1.$$

另外, $\hat{\chi} = (\hat{a} + \hat{a}^\dagger)/\sqrt{2}$ 和 $\hat{\Pi} = \mathrm{i}(\hat{a}^\dagger - \hat{a})/\sqrt{2}$,这就是说

$$\hat{H}_\mathrm{C} = \frac{\hbar\omega}{2}(\hat{a}\hat{a}^\dagger + \hat{a}^\dagger \hat{a}) = \hbar\omega \left(\hat{a}^\dagger \hat{a} + \frac{1}{2} \right)$$

或 $\hat{H}_\mathrm{C} = \hbar\omega(\hat{N} + \frac{1}{2})$.

(b) 对于一个 n 光子态,有 $\langle n|\hat{a}|n\rangle = \langle n|\hat{a}^\dagger|n\rangle = 0$,它导致:

$$\langle \boldsymbol{E}(\boldsymbol{r}) \rangle = 0, \qquad \langle \boldsymbol{B}(\boldsymbol{r}) \rangle = 0.$$

$|n\rangle$ 态是 $\hat{H}_\mathrm{C}$ 的一个本征态,其本征值为 $(n+\frac{1}{2})\hbar\omega$,即

$$\langle H_\mathrm{C} \rangle = \left(n + \frac{1}{2} \right) \hbar\omega.$$

14.1.3 (a) $\hat{a}$ 作用在 $|\alpha\rangle$ 上给出:

$$\hat{a}|\alpha\rangle = \mathrm{e}^{-|\alpha|^2/2} \sum_{n=1}^{\infty} \frac{\alpha^n}{\sqrt{n!}} \sqrt{n}|n-1\rangle$$
$$= \alpha \mathrm{e}^{-|\alpha|^2/2} \sum_{n=1}^{\infty} \frac{\alpha^{n-1}}{\sqrt{(n-1)!}} |n-1\rangle = \alpha|\alpha\rangle.$$

矢量 $|\alpha\rangle$ 是归一化的：

$$\langle\alpha|\alpha\rangle = e^{-|\alpha|^2}\sum_{n=0}^{\infty}\frac{(\alpha^*)^n\alpha^n}{n!} = 1.$$

在这个态上光子数的期待值为

$$\langle n\rangle = \langle\alpha|\hat{N}|\alpha\rangle = \langle\alpha|\hat{a}^\dagger\hat{a}|\alpha\rangle = ||\hat{a}|\alpha\rangle||^2 = |\alpha|^2.$$

(b) $|\psi(t)\rangle$ 的时间演化由下式给出：

$$\begin{aligned}|\psi(t)\rangle &= e^{-|\alpha|^2/2}\sum_{n=0}^{\infty}\frac{\alpha^n}{\sqrt{n!}}e^{-i\omega(n+1/2)t}|n\rangle \\ &= e^{-i\omega t/2}e^{-|\alpha|^2/2}\sum_{n=0}^{\infty}\frac{(\alpha e^{-i\omega t})^n}{\sqrt{n!}}|n\rangle \\ &= e^{-i\omega t/2}|(\alpha e^{-i\omega t})\rangle.\end{aligned}$$

(c) 电场和磁场的期待值为

$$\langle\boldsymbol{E}(\boldsymbol{r})\rangle_t = 2\alpha\cos\omega t\sin kz\sqrt{\frac{\hbar\omega}{\epsilon_0 V}}\boldsymbol{u}_x,$$

$$\langle\boldsymbol{B}(\boldsymbol{r})\rangle_t = -2\alpha\sin\omega t\cos kz\sqrt{\frac{\hbar\omega\mu_0}{V}}\boldsymbol{u}_y.$$

(d) 这些场与本题开始时所考虑的经典场的类型一样，即

$$e(t) = 2\alpha\sqrt{\frac{\hbar\omega}{\epsilon_0 V}}\cos\omega t, \qquad b(t) = -2\alpha\sqrt{\frac{\hbar\omega\mu_0}{V}}\sin\omega t.$$

给定关系式 $\epsilon_0\mu_0 c^2 = 1$，可以证明 $\dot{e}(t) = c^2 kb(t)$ 和 $\dot{b} = -ke(t)$. 因此，场算符的期待值满足麦克斯韦方程.

(e) 经典场的能量可以利用习题 14.1.1(b) 的结果计算. 因为 $\cos^2\omega t + \sin^2\omega t = 1$，发现 $U(t) = \hbar\omega\alpha^2$，所以这个"经典"能量与时间无关. $\hat{H}_\text{C}$ 的期待值是

$$\langle H_\text{C}\rangle = \langle\hbar\omega(N+1/2)\rangle = \hbar\omega(\alpha^2 + 1/2).$$

它也是与时间无关的（埃伦费斯特定理）.

(f) 对远大于 1 的 $|\alpha|$，比值 $U(t)/\langle H_\text{C}\rangle$ 接近于 1. 更普遍地说，在一个处于 $|\alpha\rangle$ 态的量子场上，计算的物理量的期待值将接近于在一个诸如 $\boldsymbol{E}_\text{cl}(\boldsymbol{r},t) = \langle\boldsymbol{E}(\boldsymbol{r})\rangle_t$ 和 $\boldsymbol{B}_\text{cl}(\boldsymbol{r},t) = \langle\boldsymbol{B}(\boldsymbol{r})\rangle_t$ 的经典场上计算的值.

14.2 场与一个原子的耦合

14.2.1 通过检验得到
$$\hat{H}_0|f,n\rangle = \left[-\frac{\hbar\omega_A}{2} + \left(n+\frac{1}{2}\right)\hbar\omega\right]|f,n\rangle,$$
$$\hat{H}_0|e,n\rangle = \left[\frac{\hbar\omega_A}{2} + \left(n+\frac{1}{2}\right)\hbar\omega\right]|e,n\rangle.$$

14.2.2 对一个在原子频率上共振的腔，即若 $\omega = \omega_A$，则 $|f,n+1\rangle$ 和 $|e,n\rangle$ 这一对态是简并的. $\hat{H}_0$ 的前五个能级如图 14.4 左所示. 只有原子 + 场系统的基态 $|f,0\rangle$ 是非简并的.

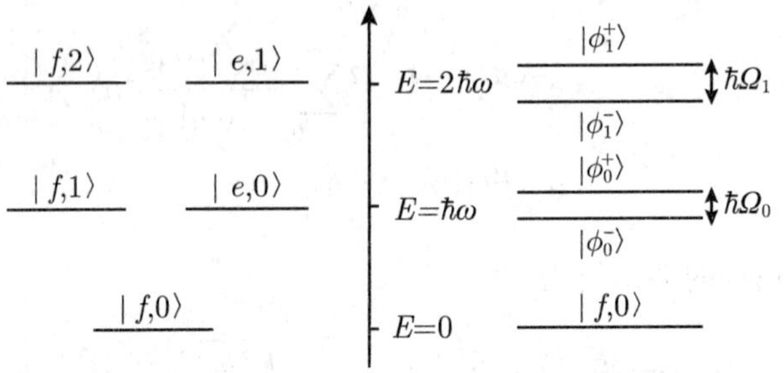

图 14.4 左为 $\hat{H}_0$ 的前五个能级的位置，右为 $\hat{H} = \hat{H}_0 + \hat{W}$ 的前五个能级的位置

14.2.3 (a) $\hat{W}$ 在 $\hat{H}_0$ 的基矢上的作用由下式给出：
$$\hat{W}|f,n\rangle = \begin{cases} \sqrt{n}\gamma|e,n-1\rangle, & \text{若 } n \geqslant 1, \\ 0, & \text{若 } n = 0. \end{cases}$$
$$\hat{W}|e,n\rangle = \sqrt{n+1}\gamma|f,n+1\rangle.$$

所考虑的耦合对应于形式为 $-\hat{\boldsymbol{D}} \cdot \hat{\boldsymbol{E}}(\boldsymbol{r})$ 的电偶极相互作用，其中的 $\hat{\boldsymbol{D}}$ 是原子的可观测的电偶极矩.

(b) $\hat{W}$ 把每个简并对的两个态耦合起来. $\hat{a}\hat{\sigma}_+$ 项对应于原子吸收一个光子，从基态跃迁到激发态. $\hat{a}^\dagger\hat{\sigma}_-$ 项对应于原子发射一个光子，从激发态跃迁到基态.

14.2.4 在 $\hat{H}_0$ 的本征基 $\{|f,n\rangle, |e,n\rangle\}$ 中，算符 $\hat{W}$ 是分块对角化的. 因此，

- $|f,0\rangle$ 态是 $\hat{H}_0 + \hat{W}$ 的一个本征值为 0 的本征态.
- 在由 $n \geqslant 0$ 的 $\{|f,n+1\rangle, |e,n\rangle\}$ 所生成的 $\hat{H}_0$ 的每一个本征子空间中，必须对角化 2×2 矩阵：
$$\begin{pmatrix} (n+1)\hbar\omega & \hbar\Omega_n/2 \\ \hbar\Omega_n/2 & (n+1)\hbar\omega \end{pmatrix}.$$

它的本征矢和相应的本征值（$n \geqslant 0$）是

$$|\phi_n^+\rangle \text{ 对应于 } E_n^+ = (n+1)\hbar\omega + \frac{\hbar\Omega_n}{2},$$

$$|\phi_n^-\rangle \text{ 对应于 } E_n^- = (n+1)\hbar\omega - \frac{\hbar\Omega_n}{2}.$$

$\hat{H}_0 + \hat{W}$ 的前五个能级如图 14.4 右所示.

14.3 原子与一个"空腔"的相互作用

14.3.1 在 $\hat{H}$ 的本征基上展开初态：

$$|\psi(0)\rangle = |e,0\rangle = \frac{1}{\sqrt{2}}(|\phi_0^+\rangle - |\phi_0^-\rangle).$$

因此，态矢量的时间演化由下式给出：

$$|\psi(t)\rangle = \frac{1}{\sqrt{2}}\left(\mathrm{e}^{-\mathrm{i}E_0^+ t/\hbar}|\phi_0^+\rangle - \mathrm{e}^{-\mathrm{i}E_0^- t/\hbar}|\phi_0^-\rangle\right)$$

$$= \frac{\mathrm{e}^{-\mathrm{i}\omega t}}{\sqrt{2}}\left(\mathrm{e}^{-\mathrm{i}\Omega_0 t/2}|\phi_0^+\rangle - \mathrm{e}^{\mathrm{i}\Omega_0 t/2}|\phi_0^-\rangle\right).$$

14.3.2 一般而言，探测到原子独立于场态而处在 f 态的概率为

$$P_f(T) = \sum_{n=0}^{\infty} |\langle f,n|\psi(T)\rangle|^2.$$

在一个初始为空腔的特例中，只有 $n=1$ 的项对求和有贡献. 利用 $|f,1\rangle = (|\phi_0^+\rangle + |\phi_0^-\rangle)/\sqrt{2}$，发现

$$P_f(T) = \sin^2\frac{\Omega_0 T}{2} = \frac{1}{2}(1 - \cos\Omega_0 T).$$

它的确是一个角频率为 Ω_0、周期为 T 的函数.

14.3.3 在实验中，测量频率为 $\nu_0 = 47$ kHz 的一个振荡. 这个结果对应着期待的值：

$$\nu_0 = \frac{1}{2\pi}\frac{2d}{\hbar}\sqrt{\frac{\hbar\omega}{\epsilon_0 V}}.$$

14.4 原子与一个准经典态的相互作用

14.4.1 再一次在 $\hat{H}_0 + \hat{W}$ 的本征基上展开初态：

$$|\psi(0)\rangle = |e\rangle \otimes |\alpha\rangle = \mathrm{e}^{-|\alpha|^2/2}\sum_{n=0}^{\infty}\frac{\alpha^n}{\sqrt{n!}}|e,n\rangle$$

$$= e^{-|\alpha|^2/2} \sum_{n=0}^{\infty} \frac{\alpha^n}{\sqrt{n!}} \frac{1}{\sqrt{2}} (|\phi_n^+\rangle - |\phi_n^-\rangle).$$

在 t 时刻，态矢量为

$$|\psi(t)\rangle = e^{-|\alpha|^2/2} \sum_{n=0}^{\infty} \frac{\alpha^n}{\sqrt{n!}} \frac{1}{\sqrt{2}} \left(e^{-iE_n^+ t/\hbar} |\phi_n^+\rangle - e^{-iE_n^- t/\hbar} |\phi_n^-\rangle \right).$$

因此我们看到：

- 对于所有 T 值，找到原子处于 $|f\rangle$ 态，场处于 $|0\rangle$ 态的概率为 0.
- 概率 $P_f(T,n)$ 可以从 $|\psi(t)\rangle$ 与 $|f, n+1\rangle = (|\phi_n^+\rangle + |\phi_n^-\rangle)/\sqrt{2}$ 的标量积求得

$$P_f(T,n) = \frac{1}{4} e^{-|\alpha|^2} \frac{|\alpha|^{2n}}{n!} \left| e^{-iE_n^+ t/\hbar} - e^{-iE_n^- t/\hbar} \right|^2$$
$$= e^{-|\alpha|^2} \frac{|\alpha|^{2n}}{n!} \sin^2 \frac{\Omega_n T}{2} = \frac{1}{2} e^{-|\alpha|^2} \frac{|\alpha|^{2n}}{n!} (1 - \cos \Omega_n T).$$

14.4.2 概率 $P_f(T)$ 是所有的概率 $P_f(T,n)$ 的和：

$$P_f(T) = \sum_{n=0}^{\infty} P_f(T,n) = \frac{1}{2} - \frac{e^{-|\alpha|^2}}{2} \sum_{n=0}^{\infty} \frac{|\alpha|^{2n}}{n!} \cos \Omega_n T.$$

14.4.3 (a) $J(\nu)$ 的三个最显著的峰发生在频率 ν_0=47 kHz（在空腔的情况中已经找到）、$\nu_1 = 65$ kHz 和 $\nu_2 = 81$ kHz.

(b) 测量到的频率比非常靠近理论预言：$\nu_1/\nu_0 = \sqrt{2}$ 和 $\nu_2/\nu_0 = \sqrt{3}$.

(c) $J(\nu_1)/J(\nu_0)$ 的比值是 0.9 的量级。假定这些峰都有相同宽度，而且这些宽度都比劈裂 $\nu_1 - \nu_0$ 要小，则这个比值对应于腔内的平均光子数 $|\alpha|^2$.

实际上，这些峰有部分重叠，使得这一测定有些不准确。如果做更细致一点的分析，考虑这些峰的宽度，则得到 $|\alpha|^2 = 0.85 \pm 0.04$（见本章末尾的参考文献）。

评注 还可以从 $J(\nu_2)/J(\nu_0)$ 的比值来确定 $|\alpha|^2$，这个比值应该等于 $|\alpha|^2/2$. 然而，由于 $J(\nu_2)$ 很小，由峰的重叠产生的不准确性大于 $J(\nu_1)/J(\nu_0)$ 的不准确性。

14.5 大量的光子：阻尼与复苏

14.5.1 仅当 $(n-n_0)^2/(2n_0)$ 不是远大于 1 的时候，即 n 的整数值处在 n_0 的一个 $1/\sqrt{n_0}$ 量级的相对延伸的邻域时，概率 $\pi(n)$ 才会有有意义的值。因此，对于 $n_0 \gg 1$，$\pi(n)$ 的分布在 n_0 附近有一个峰。

第 14 章　场量子化的直接观测

14.5.2　(a) 考虑习题 14.4.2 的结果，用近似式（14.5）代替 Ω_n：

$$P_f(T) = \frac{1}{2} - \frac{1}{2}\sum_{n=0}^{\infty}\pi(n)\cos\left[\left(\Omega_{n_0} + \Omega_0\frac{n-n_0}{2\sqrt{n_0+1}}\right)T\right]. \tag{14.6}$$

现在，用积分代替这个离散求和：

$$P_f(T) = \frac{1}{2} - \frac{1}{2}\int_{-\infty}^{\infty}\frac{\mathrm{e}^{-u^2/(2n_0)}}{\sqrt{2\pi n_0}}\cos\left[\left(\Omega_{n_0} + \Omega_0\frac{u}{2\sqrt{n_0+1}}\right)T\right]\mathrm{d}u.$$

利用高斯曲线的宽度为 $\sqrt{n_0} \ll n_0$ 的事实，已经把积分下限从 $-n_0$ 向下扩展到了 $-\infty$. 现在基于

$$\cos\left[\left(\Omega_{n_0} + \Omega_0\frac{u}{2\sqrt{n_0+1}}\right)T\right] = \cos(\Omega_{n_0}T)\cos\left(\frac{\Omega_0 uT}{2\sqrt{n_0+1}}\right)$$
$$- \sin(\Omega_{n_0}T)\sin\left(\frac{\Omega_0 uT}{2\sqrt{n_0+1}}\right)$$

展开这个被积分的表示式. 正弦项对积分没有贡献（奇函数），因此我们发现：

$$P_f(T) = \frac{1}{2} - \frac{1}{2}\cos(\Omega_{n_0}T)\exp\left(-\frac{\Omega_0^2 T^2 n_0}{8(n_0+1)}\right).$$

对于 $n_0 \gg 1$，指数的宗量可以简化，于是求得

$$P_f(T) = \frac{1}{2} - \frac{1}{2}\cos(\Omega_{n_0}T)\exp\left(-\frac{T^2}{T_\mathrm{D}^2}\right),$$

其中 $T_\mathrm{D} = 2\sqrt{2}/\Omega_0$.

(b) 在这一近似中，振荡在与光子数 n_0 无关的时间 T_D 之后就被阻尼掉了. 对于一个给定的原子的跃迁（d 和 ω 取确定值），这个时间 T_D 按腔体积的平方根增长. 在一个无穷大腔的极限下，也就是说原子处于真空中，这个阻尼时间变成无穷大：重现了通常的拉比振荡. 对于一个有限大的腔，可以观察到的 $P_f(T)$ 振荡的次数为 $\nu_{n_0}T_\mathrm{D} \approx \sqrt{n_0}$.

(c) 函数 $P_f(T)$ 由大量具有相似频率的振荡函数构成. 初始时，这些不同的函数是同相的，因此它们的和 $P_f(T)$ 显示出显著的振荡. T_D 时刻之后，各种振荡彼此不再同相，因此得到的振荡 $P_f(T)$ 是阻尼的. 通过简单估算 $\pi(n)$ 最大值两边半宽度处的、相位差为 π 的两个频率所对应的时间就可以找到阻尼时间：

$$\Omega_{n_0+\sqrt{n_0}}T_\mathrm{D} \approx \Omega_{n_0-\sqrt{n_0}}T_\mathrm{D} + \pi \quad \text{和} \quad \sqrt{n_0+\sqrt{n_0}} \approx \sqrt{n_0} + \frac{1}{2}$$
$$\Rightarrow \Omega_0 T_\mathrm{D} \approx \pi.$$

14.5.3 在文中建议的近似（14.5）式的范围内，上述方程（14.6）对应周期为

$$T_{\mathrm{R}} = \frac{4\pi}{\Omega_0}\sqrt{n_0+1}.$$

的周期性演化. 的确，

$$\left(\Omega_{n_0} + \Omega_0 \frac{n-n_0}{2\sqrt{n_0+1}}\right) T_{\mathrm{R}} = 4\pi(n_0+1) + 2\pi(n-n_0).$$

因此，预期所有对 $P_f(T)$ 有贡献的振荡函数在时间 T_{R}、$2T_{\mathrm{R}}$、$\cdots$ 时将重置相同相位. 在图 14.3 中测到的第一次复苏时间是 $\Omega_0 T \approx 64$，与这个预言符合得非常好. 注意，$T_{\mathrm{R}} \approx 4\sqrt{n_0} T_{\mathrm{D}}$，它意味着复苏时间总是大于阻尼时间.

实际上，从图 14.3 的结果可以看到这些函数只是部分同相. 这是由于在数值计算中使用了 Ω_n 的精确表达式. 在这种情况下，两个相邻频率之差 $\Omega_{n+1} - \Omega_n$ 并不是一个精确的常数，它与近似（14.5）式中的情况相反；函数 $P_f(T)$ 不是真正的周期函数. 在几次复苏以后，得到一种复杂的 $P_f(T)$ 行为，它可以用研究混沌时发展起来的技术进行分析.

14.7 评　注

在上面得到的阻尼现象是"经典的"；可通过考虑一种其强度没有明确定义的场（这类似于光子数的分布 $\pi(n)$），在场与原子相互作用的经典描述的范围内得到它. 另一方面，复苏源于频率 Ω_n 的集合是离散的事实. 它是电磁场量子化的直接后果，与 $P_f(T)$ 演化中频率 $\nu_0\sqrt{2}$、$\nu_0\sqrt{3}$、$\cdots$ 出现的方式相同（14.4 节）.

本章所描述的实验已经在巴黎卡斯特勒·布罗塞尔（Kastler Brossel）实验室中完成. 能级对 (f,e) 对应着铷的高激发能级，它解释了很大的电偶极矩 d 的值. 场被约束在一个超导铌的腔内（Q 因子约 10^8），为了避免热黑体辐射对实验的扰动，它被冷却到 0.8 K. (M. Brune, F. Schmidt-Kaler, A. Maali, J. Dreyer, E. Hagley, J.-M. Raimond, and S. Haroche, Phys.Rev. Lett. 76, 1800 (1996).)

第 15 章 理想量子测量

1940 年，约翰·冯·诺依曼（John von Neumann）提出了一个对量子物理量的优化或"理想"测量的定义. 在这一章，研究这种做法的一个实际例子. 我们追求的目标是通过把一个谐振子 S 耦合到另外一个测量过相位的谐振子 D 上，测量谐振子 S 的激发数目.

我们回顾，对于整数 k：

$$\sum_{n=0}^{N} e^{\frac{2i\pi kn}{N+1}} = \begin{cases} N+1, & k = q(N+1), p \text{ 为整数,} \\ 0, & k, p \text{ 为其他数值.} \end{cases}$$

15.1 预备知识：冯·诺依曼探测器

我们想在量子系统 S 上测量物理量 A. 使用一个为进行这种测量而设计的探测器 D. 这个测量过程有两步. 首先，让 S 和 D 相互作用. 然后，在 S 和 D 分开并且不再相互作用之后，我们在探测器 D 上读出一个结果. 假定 D 有一组态的正交集合 $\{|D_i\rangle\}$，满足 $\langle D_i|D_j\rangle = \delta_{i,j}$. 这些态对应着，例如，一组可在数字显示器上读出的数值.

设 $|\psi\rangle$ 是所考虑的系统 S 的态，而 $|D\rangle$ 是探测器 D 的态. 在测量之前总的系统 S+D 的态是

$$|\Psi_i\rangle = |\psi\rangle \otimes |D\rangle.$$

设 α_i 和 $|\phi_i\rangle$ 是可观测量 $\hat{A}$ 的本征值和相应的本征态. 系统 S 的态 $|\psi\rangle$ 可展

成

$$|\psi\rangle = \sum_i \alpha_i |\phi_i\rangle. \tag{15.1}$$

15.1.1 利用量子力学公理，在这个态上测量 A，找到 α_i 值的概率 $p(\alpha_i)$ 是多大？

15.1.2 在 S 和 D 相互作用之后，一般来说，总系统的态具有如下形式：

$$|\Psi_f\rangle = \sum_{i,j} \gamma_{ij} |\phi_i\rangle \otimes |D_j\rangle. \tag{15.2}$$

我们现在观测探测器的态. 发现探测器处在 $|D_j\rangle$ 态的概率是多大？

15.1.3 在这次测量之后，总的系统 S+D 处于什么态？

15.1.4 如果 $|D_0\rangle$ 和 S–D 耦合的选择导致了这样的系数 γ_{ij}，使得对 S 的任何态 $|\psi\rangle$，都能证明 $|\gamma_{ij}| = \delta_{i,j}|\alpha_j|$，则这个探测器称为是理想的. 证明这种指定是合理的.

15.2 谐振子的相位态

考虑一个角频率为 ω 的谐振子. 把 $\hat{N}$ 记为"粒子数算符"，这就是说哈密顿量 $\hat{H} = (\hat{N} + 1/2)\hbar\omega$，其本征态为 $|N\rangle$，本征值为 $E_N = (N + \frac{1}{2})\hbar\omega$，$N$ 为不小于 0 的整数.

设 s 是一个正整数. 所谓的"相位态"，是指在每一时刻 t 由

$$|\theta_m\rangle = \frac{1}{\sqrt{s+1}} \sum_{N=0}^{N=s} e^{-iN(\omega t + \theta_m)} |N\rangle \tag{15.3}$$

定义的一簇态，其中 θ_m 可以取 $2s+1$ 个值中的任何一个：

$$\theta_m = \frac{2\pi m}{s+1} \quad (m = 0, 1, \cdots, s). \tag{15.4}$$

15.2.1 证明态 $|\theta_m\rangle$ 是正交的.

15.2.2 考虑这样的一个谐振子态的子空间，它的量子的数目 N 为某个 s 值约束的上限. 集合 $\{|N\rangle, N = 0, 1, \cdots, s\}$ 和 $\{|\theta_m\rangle, m = 0, 1, \cdots, s\}$ 是这个子空间中的两个基. 试用这个相位态的基表示矢量 $|N\rangle$.

15.2.3 在相位态 $|\theta_m\rangle$ 中找到 N 个量子的概率是多大?

15.2.4 计算位置 $\hat{x}$ 在相位态上的期待值, 并找到 "相位态" 名称的合理解释. 回顾关系式 $\hat{x}|N\rangle = x_0(\sqrt{N+1}|N+1\rangle + \sqrt{N}|N-1\rangle)$, 其中 x_0 是该问题的特征长度. 令 $C_s = \sum_{N=0}^{s} \sqrt{N}$.

15.3 系统与探测器之间的相互作用

我们想进行一次谐振子激发量子数目的 "理想" 测量. 为此, 把这个振子 S 与另一个振子 D 耦合, 后者是探测器. 这两个振子有相同的角频率 ω. $\hat{H}_S = (\hat{n} + \frac{1}{2})\hbar\omega$ 的本征态用 $|n\rangle$ 表示, $n = 0, 1, \cdots, s$, 而 $\hat{H}_D = (\hat{N} + \frac{1}{2})\hbar\omega$ 的本征态用 $|N\rangle$ 表示, $N = 0, 1, \cdots, s$, 其中 $\hat{n}$ 和 $\hat{N}$ 是 S 和 D 的粒子数算符.

假定量子数 n 和 N 的上限均为 s. S 和 D 耦合的形式为

$$\hat{V} = \hbar g \hat{n} \hat{N}. \tag{15.5}$$

这个哈密顿量是真实的. 如果这两个振子是电磁场的两种模式, 则它来源于交叉的柯尔 (Kerr) 效应.

15.3.1 总哈密顿量

$$\hat{H} = \hat{H}_S + \hat{H}_D + \hat{V}$$

的本征态和本征值是什么?

15.3.2 我们假定总系统 S+D 的初态被因子化为

$$|\Psi(0)\rangle = |\psi_S\rangle \otimes |\psi_D\rangle, \qquad |\psi_S\rangle = \sum_n a_n |n\rangle, |\psi_D\rangle = \sum_N b_N |N\rangle. \tag{15.6}$$

此时, 假定 $|\psi_S\rangle$ 和 $|\psi_D\rangle$ 都是归一的. 在 $|\Psi_0\rangle$ 态上测量 $\hat{n}$, 可以发现什么结果? 其概率是多大? 对于 $\hat{N}$ 的测量, 回答同样的问题.

15.3.3 在时间间隔 $[0, t]$ 内, 把这两个振子耦合. t 时刻关闭这个耦合. 系统的态 $|\Psi(t)\rangle$ 是什么? 它还是可事先因子化的吗?

15.3.4 对于随机变量 $\{n, N\}$ 的耦合, 概率定律受相互作用的影响吗? 为什么?

15.4 一个"理想"的测量

初始时,$t=0$,振子 S 处在 $|\psi_S\rangle = \sum\limits_{n=0}^{s} a_n |n\rangle$ 态. 而振子 D 被制备成

$$|\psi_D\rangle = \frac{1}{\sqrt{s+1}} \sum_{N=0}^{s} |N\rangle \tag{15.7}$$

态.

15.4.1 在时间间隔 $[0,t]$ 内,打开相互作用 $\hat{V}$. 使用振子 D 的相位态 $\{|\theta_k\rangle\}$ 表示态 $|\Psi(t)\rangle$.

15.4.2 假定相互作用的时间是 $t = t_0 \equiv 2\pi/[g(s+1)]$. 写出系统的态 $|\Psi(t_0)\rangle$.

15.4.3 在测量"探测器"振子 D 的相位时,找到 θ_k 值的概率是多大?

15.4.4 在这一测量完成之后,振子 S 处于什么状态?假如选择了相互作用时间 $t \neq t_0$,定性的描写将会发生什么?

15.4.5 评述这一结果. 照你看来,为什么冯·诺依曼把这种测量看成是一个"理想"的量子测量过程?

15.5 解

15.1 预备知识:冯·诺依曼探测器

15.1.1 因为系统的态是 $|\psi\rangle = \sum\limits_{i} \alpha_i |\phi_i\rangle$,在 A 的一次测量中找到 α_i 值的概率是 $p(\alpha_j) = |\alpha_j|^2$.

15.1.2 总的系统的态是

$$|\Psi_f\rangle = \sum_{i,j} \gamma_{ij} |\phi_i\rangle \otimes |D_j\rangle.$$

发现探测器处在 $|D_j\rangle$ 态的概率 p_j 是概率 $|\gamma_{ij}|^2$ 之和,即

$$p_j = \sum_i |\gamma_{ij}|^2.$$

因为态 $|\phi_i\rangle$ 都是正交的.

15.1.3 在这个测量之后, 考虑到波包扁缩原理, 总的系统 S+D 的态为

$$|\Psi\rangle = \frac{1}{\sqrt{p_j}}\Big[\sum_i \gamma_{ij}|\phi_i\rangle\Big] \otimes |D_j\rangle.$$

15.1.4 对于一个理想探测器, 探测器处在 $|D_j\rangle$ 态的概率是 $p_j = |\alpha_j|^2 = p(\alpha_j)$, 而且一旦知道探测器的态, 系统 + 探测器集合的态就是 $|\phi_j\rangle \otimes |D_j\rangle$. 考虑到波包扁缩原理, 这是预期的结果.

15.2 谐振子的相位态

15.2.1 考虑到相位态的定义, 有

$$\begin{aligned}\langle\theta_m|\theta_n\rangle &= \frac{1}{s+1}\sum_{N=0}^{s}\sum_{N'=0}^{s}\mathrm{e}^{\mathrm{i}N(\omega t+\theta_m)}\mathrm{e}^{-\mathrm{i}N'(\omega t+\theta_n)}\langle N|N'\rangle \\ &= \frac{1}{s+1}\sum_{N=0}^{s}\mathrm{e}^{\mathrm{i}N(\theta_m-\theta_n)} \\ &= \frac{1}{s+1}\sum_{N=0}^{s}\mathrm{e}^{2\mathrm{i}\pi N(m-n)/(s+1)} = \delta_{m,n},\end{aligned}$$

其中, 由于 $-s \leqslant m-n \leqslant s$, 最后一个等式成立.

15.2.2 态 $|N\rangle$ 与一个相位态的标量积是

$$\langle\theta_m|N\rangle = (\langle N|\theta_m\rangle)^* = \frac{1}{\sqrt{s+1}}\mathrm{e}^{\mathrm{i}N(\omega t+\theta_m)},$$

因此, 展开为

$$|N\rangle = \sum_{m=0}^{s}\langle\theta_m|N\rangle|\theta_m\rangle = \frac{1}{\sqrt{s+1}}\sum_{m=0}^{s}\mathrm{e}^{\mathrm{i}N(\omega t+\theta_m)}|\theta_m\rangle.$$

15.2.3 考虑到相位态的定义, 在态 $|\theta_m\rangle$ 上找到 N 个量子的概率是

$$p(N,\theta_m) = |\langle N|\theta_m\rangle|^2 = \frac{1}{s+1}.$$

15.2.4 求得

$$\langle\theta_m|\hat{x}|\theta_m\rangle = 2x_0\frac{C_s}{s+1}\cos(\omega t+\theta_m).$$

在两个相位态 $|\theta_m\rangle$ 和 $|\theta_n\rangle$ 上, x 期待值的相位差是基本相位 $2\pi/(s+1)$ 的整数 $2(m-n)\pi/(s+1)$ 倍.

15.3 系统和探测器之间的相互作用

15.3.1 因子化的态 $|n\rangle \otimes |N\rangle$ 是总哈密顿量

$$\hat{H} = \hat{H}_S + \hat{H}_D + \hat{V} = (\hat{n} + \hat{N} + 1)\hbar\omega + \hbar g\hat{n} \otimes \hat{N}$$

的本征态，其本征值为 $E_{n,N} = (n+N+1)\hbar\omega + \hbar gnN$.

15.3.2 测量的结果和相应的概率是 $n = 0, 1, \cdots, s, p(n) = |a_n|^2$ 和 $N = 0, 1, \cdots, s, p(N) = |b_N|^2$.

15.3.3 t 时刻，系统的态是

$$|\Psi(t)\rangle = \sum_n \sum_N a_n b_N \mathrm{e}^{-\mathrm{i}[(n+N+1)\omega + gnN]t}|n\rangle \otimes |N\rangle.$$

一般而言，它不是因子化的.

15.3.4 对于一对随机变量 $\{n, N\}$ 的概率定律仍然是 $p(n, N) = |a_n|^2|b_N|^2$. 它不会被相互作用所修改，因为 $\hat{V}$ 与 $\hat{n}$ 和 $\hat{N}$ 是对易的. n 和 N 这两个量都是运动常数.

15.4 一个"理想"的测量

15.4.1 有 $b_N = 1/\sqrt{s+1}$，因此

$$|\Psi(t)\rangle = \frac{1}{\sqrt{s+1}} \sum_n \sum_N a_n \mathrm{e}^{-\mathrm{i}[(n+N+1)\omega + gnN]t}|n\rangle \otimes |N\rangle.$$

将用相位态展开的 $|N\rangle$ 插入上式中，求得

$$|\Psi(t)\rangle = \sum_n \sum_m \Big(\sum_N \frac{\mathrm{e}^{\mathrm{i}(\theta_m - gnt)N}}{s+1}\Big) \mathrm{e}^{-\mathrm{i}(n+1)\omega t} a_n |n\rangle \otimes |\theta_m\rangle.$$

15.4.2 如果相互作用时间是 $t_0 = 2\pi/[g(s+1)]$，则这个表示式约化为

$$|\Psi(t_0)\rangle = \sum_{n=0}^{s} \mathrm{e}^{-\mathrm{i}(n+1)\omega t_0} a_n |n\rangle \otimes |\theta_n\rangle. \tag{15.8}$$

15.4.3 在这个态上测量探测器振子 D 的相位，发现结果为 θ_n 的概率为 $p(\theta_n) = |a_n|^2$.

15.4.4 这次测量之后，振子 S 的态就是 $|n\rangle$（至多差一个任意的相因子）. 在态（15.8）式中，两个系统完美地关联起来. 对于 D 的一个相位态，仅仅对应

着一个 S 的量子数的态. 假定人们选择一个不同于 t_0 的时间间隔, 这个关联就不会是完美的. 在一次 D 的相位测量之后, S 的态将会是一个具有不同量子数的态的叠加.

15.4.5 我们看到, 假定系统与探测器之间有严格确定的相互作用时间间隔的这种做法给出了 S 处在具有 n 个量子的态上的概率值为 $p(n) = |a_n|^2$. 另外, 在探测器上读出结果 θ_n 之后, 不必再与它进一步相互作用 (波包扁缩), 人们就可以肯定 S 处在 $|n\rangle$ 态. 从这个意义上讲, 这一做法的确严格地遵从了有关测量的量子力学公理. 因此, 它是量子物理量的一个 "理想" 测量.

15.6 评 注

可以把这个结果在形式上推广到谐振子以外的其他系统. 实际上, 这里所研究的情况是具体情况的一处简化, 振子 S 和 D 均为电磁场模式. 在光学非线性晶体中, 实际遇到的哈密顿量来源于所谓的交叉柯尔效应现象. 在一个干涉仪中, 探测器 D 是一束被一个半透明的反射镜劈裂成两束的激光束, 人们可以让信号振子 S 与两束中的一个相互作用. 测量主要是 D 的两束激光重新组合到一起时的干涉测量.

近年来, 人们已经深入细致地做了这类实验. 它也被称为 "无损" 量子测量 (或 QND 测量). 读者可以参考由 J.-P. Poizat 和 P. Grangier 写的文章, Phys. Rev. Lett. 70,271 (1993).

第 16 章 量子擦除器

这一章处理两个概率幅叠加导致干涉现象的量子过程. 就像在双缝干涉实验中的那样, 这两个振幅可以与两条量子路径相联系. 我们先来证明, 如果一个中间测量能给出实际上沿着哪一条路径的信息, 则这些干涉就会消失. 接着, 我们将看到如果这个信息被一个量子设备"擦除", 这些干涉究竟如何重现.

我们考虑一束中子, 它们是一些电荷为 0 而自旋为 1/2 的粒子, 沿着 x 轴以速度 v 传播. 在下文中, 中子在空间的运动都被经典地处理成匀速直线运动. 量子力学只用来处理它们自旋态的演化.

16.1 磁 共 振

中子自旋 z 分量的本征态用 $|n:+\rangle$ 和 $|n:-\rangle$ 表示. 沿着 z 轴作用一个稳恒的匀强磁场 $\boldsymbol{B}_0 = B_0 \boldsymbol{u}_z$ ($\boldsymbol{u}_z$ 是沿 z 轴的单位矢量). 中子的磁矩用 $\hat{\boldsymbol{\mu}}_n = \gamma_n \hat{\boldsymbol{S}}_n$ 表示, 其中 γ_n 是回转磁比, 而 $\hat{\boldsymbol{S}}_n$ 是中子的自旋算符.

16.1.1 存在磁场 $\boldsymbol{B}_0$ 时, 中子的磁能级是多大? 用 $\omega_0 = -\gamma_n B_0$ 表示该结果.

16.1.2 中子在时间 t_0 至 $t_1 = t_0 + L/v$ 之间穿过一个长度为 L 的腔. 在腔内, 除了恒定的场 $\boldsymbol{B}_0$ 之外, 还加入了一个转动的磁场 $\boldsymbol{B}_1(t)$. 场 $\boldsymbol{B}_1(t)$ 处在 xy 平面内, 并具有一个恒定角频率 ω:

$$\boldsymbol{B}_1(t) = B_1(\cos\omega t\, \boldsymbol{u}_x + \sin\omega t\, \boldsymbol{u}_y). \tag{16.1}$$

设 $|\psi_n(t)\rangle = \alpha_+(t)|n:+\rangle + \alpha_-(t)|n:-\rangle$ 是中子在 t 时刻的自旋态, 并把中子

进入腔内的时刻取为 t_0.

(a) 当 $t_0 \leqslant t \leqslant t_1$ 时，写出 $\alpha_\pm(t)$ 的演化方程. 此后，令 $\omega_1 = -\gamma_n B_1$.

(b) 设 $\alpha_\pm(t) = \beta_\pm(t)\exp[\mp i\omega(t-t_0)/2]$，证明该问题将约化成一个常系数微分方程.

(c) 假定我们处于共振附近：$|\omega-\omega_0| \ll \omega_1$，并且在前面的方程中正比于 $(\omega-\omega_0)$ 的那些项可能被忽略了. 证明在这种近似之内，对于 $t_0 \leqslant t \leqslant t_1$，有

$$\beta_\pm(t) = \beta_\pm(t_0)\cos\theta - i e^{\mp i\omega t_0}\beta_\mp(t_0)\sin\theta,$$

其中，$\theta = \omega_1(t-t_0)/2$.

(d) 证明在 t_1 时刻，当中子离开腔时，自旋态可以写成

$$\begin{pmatrix} \alpha_+(t_1) \\ \alpha_-(t_1) \end{pmatrix} = U(t_0,t_1)\begin{pmatrix} \alpha_+(t_0) \\ \alpha_-(t_0) \end{pmatrix}, \tag{16.2}$$

该式中的矩阵 $U(t_0,t_1)$ 为

$$U(t_0,t_1) = \begin{pmatrix} e^{-i\chi}\cos\phi & -i e^{-i\delta}\sin\phi \\ -i e^{i\delta}\sin\phi & e^{i\chi}\cos\phi \end{pmatrix}, \tag{16.3}$$

其中 $\phi = \omega_1(t_1-t_0)/2$，$\chi = \omega(t_1-t_0)/2$ 和 $\delta = \omega_1(t_1+t_0)/2$.

16.2 拉姆齐条纹

开始中子都处在自旋态 $|n:-\rangle$. 它们依次穿越两个上述类型的腔. 这被称作拉姆齐配置，如图 16.1 所示. 与 (16.1) 式给出的同样的振荡场 $B_1(t)$ 被加到这两个腔中. 该场的模 B_1 被调整到满足条件 $\phi = \pi/4$. 恒定场 B_0 的作用遍及整个实验装置. 在该装置的末端，测量由于自旋翻转而处在 $|n:+\rangle$ 态的出射中子数. 对于 $\omega = \omega_0$ 附近的几个 ω 值做这个测量.

16.2.1 在 t_0 时刻，中子以 $|n:-\rangle$ 态进入第一个腔. 当它离开这个腔时，它的自旋态是什么？而发现它处在 $|n:+\rangle$ 态的概率是多大？

16.2.2 同样地，这个中子在 $t_0' = t_1 + T$ 时刻进入第二个腔，其中 $T = D/v$，而 D 是两个腔之间的距离. 在这两个腔之间，自旋绕 B_0 自由地进动. 在 t_0' 时刻，中子的自旋态是什么？

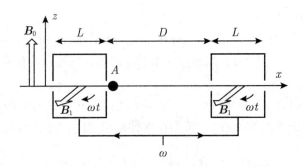

图 16.1 拉姆齐的配置图：探测原子 A 的作用将在 16.3 节和 16.4 节详述

16.2.3 设 t_1' 是中子离开第二个腔的时刻：$t_1' - t_0' = t_1 - t_0$. 用 ω、t_0、t_1 和 T 把量 $\delta' = \omega(t_1' + t_0')/2$ 表示出来. 写出在第二个腔中的跃迁矩阵 $U(t_0', t_1')$.

16.2.4 计算在第二个腔后面探测到中子处在 $|n:+\rangle$ 态的概率 P_+. 证明它是 $(\omega_0 - \omega)T$ 的一个振荡函数. 说明为什么可以把这个结果诠释为一个干涉过程.

16.2.5 实际上，中子的速度围绕平均值 v 有一些弥散. 这导致从一个腔到另一个腔的时间 T 的弥散. 给出出射束流强度处于 $|n:+\rangle$ 态的典型实验结果与转动场 B_1 频率 $\nu = \omega/2\pi$ 的函数关系，如图 16.2 所示.

(a) 通过将上述结果对分布

$$dp(T) = \frac{1}{\tau\sqrt{2\pi}} e^{-(T-T_0)^2/2\tau^2} dT$$

求平均，解释这条曲线的形状.

回顾 $\int_{-\infty}^{\infty} \cos(\Omega T) dp(T) = e^{-\Omega^2 \tau^2/2} \cos(\Omega T_0)$.

(b) 在上述实验中，磁场的数值为 $B_0 = 2.527 \times 10^{-2}$ T，而距离 $D = 1.6$ m. 计算中子的磁矩. 求中子束的平均速度 $v_0 = D/T_0$ 和速度弥散 $\delta v = v_0 \tau/T_0$ 的值.

(c) 这个结果使人联想起何种光学干涉实验？

16.2.6 假定在图 16.1 中的两个腔之间插入一个可以测量中子自旋 z 分量的设备（在下一节介绍这种探测器的原理）. 确定探测到在两个腔之间处于 $|n:+\rangle$ 态且离开第二个腔时仍处在 $|n:+\rangle$ 态的中子的概率 $P_{+,+}$，以及探测到在两个腔之间处于 $|n:-\rangle$ 态且离开第二个腔时处于 $|n:+\rangle$ 态的中子的概率 $P_{-,+}$. 检查不会出现 $P_+ = P_{+,+} + P_{-,+}$，并评述这一事实.

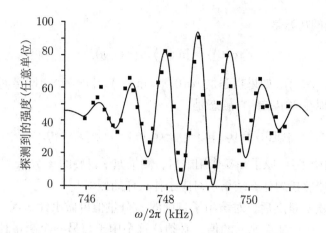

图 16.2 对于一个具有某种速度弥散的中子束，处在 $|n:+\rangle$ 态的出射束流强度与频率 $\omega/2\pi$ 的函数关系

16.3 中子自旋态的探测

为了测量中子的自旋，让它在一段时间 τ 内与一个静止的自旋为 $1/2$ 的原子相互作用。原子的自旋算符为 $\hat{S}_a$. 设 $|a:\pm\rangle$ 是可观测量 $\hat{S}_{az}$ 的两个本征态. 在中子与原子相互作用之后，测量原子的自旋. 在一定的条件下，正如将要看到的，可以推断出该中子在这次测量之后的自旋态.

16.3.1 原子的自旋态.

令 $|a:\pm x\rangle$ 为 $\hat{S}_{ax}$ 的本征态，且 $|a:\pm y\rangle$ 为 $\hat{S}_{ay}$ 的本征态. 利用 $\{|a:+\rangle, |a:-\rangle\}$ 基写出 $|a:\pm x\rangle$ 和 $|a:\pm y\rangle$. 用 $|a:\pm x\rangle$ 表示出 $|a:\pm y\rangle$.

16.3.2 我们假定中子 – 原子的相互作用不影响中子的轨迹. 用一个非常简单的模型来表示中子 – 原子之间的相互作用. 假定这个相互作用持续了一段有限的时间 τ，在这期间，中子 – 原子相互作用的哈密顿量具有下列形式：

$$\hat{V} = \frac{2A}{\hbar} \hat{S}_{nz} \otimes \hat{S}_{ax}, \tag{16.4}$$

其中 A 是一个常数. 在 τ 的这段时间内，忽略任何外场，包括 $\boldsymbol{B}_0$ 的作用.

解释为什么 $\hat{S}_{nz}$ 与 $\hat{V}$ 对易. 给出它们的共同本征态和相应的本征值.

16.3.3 此后，假定以这样的一种方式调整相互作用时间 τ，使得

$$A\tau = \pi/2.$$

假定系统的初态是

$$|\psi(0)\rangle = |n:+\rangle \otimes |a:+y\rangle.$$

求系统的终态 $|\psi(\tau)\rangle$. 如果初态是 $|\psi(0)\rangle = |n:-\rangle \otimes |a:+y\rangle$, 回答同样的问题.

16.3.4 现在假定初始自旋态是

$$|\psi(0)\rangle = (\alpha_+|n:+\rangle + \alpha_-|n:-\rangle) \otimes |a:+y\rangle.$$

在上述的中子 − 原子相互作用之后，测量原子自旋的 z 分量 $\hat{S}_{az}$.

(a) 人们能够找到什么结果？对应于什么样的概率？

(b) 在这次测量之后，对该中子自旋的 z 分量值可做出什么预言？一旦知道了 S_{az} 的值，为了知道 S_{nz} 的值，必须让这个中子与另一个测量仪器相互作用吗？

16.4 量子擦除

上面已经看到，如果测量两个腔之间的中子的自旋态，干涉信号就会消失. 在这一节，我们将证明，如果中子遗留在探测原子上的信息被一种适当的测量"擦除"，则恢复干涉是可能的.

初始时处于自旋态 $|n:-\rangle$ 的一个中子被发送到双腔系统内，刚刚离开第一个腔之后，就有一个上面讨论过的、制备成自旋态 $|a:+y\rangle$ 的探测原子. 依照假设，该原子的自旋态只在它与中子相互作用的时间间隔 τ 内演化.

16.4.1 写出当这个中子

(a) 在与原子相互作用之前，刚刚离开第一个腔时（t_1 时刻）；

(b) 刚刚与原子相互作用之后（$t_1+\tau$ 时刻）；

(c) 进入到第二个腔时（t_0' 时刻）；

(d) 刚刚离开第二个腔时（t_1' 时刻）

的中子 − 原子系统的自旋态.

16.4.2 在 t_1' 时刻发现该中子处在 $|n:+\rangle$ 态的概率是多大？这个概率反映出了干涉现象吗？解释这个结果.

16.4.3 在 t_1' 时刻，Bob 测量该中子自旋的 z 分量，而 Alice 测量该原子自旋的 y 分量. 假定这两个测量给出的结果都是 $+\hbar/2$. 证明相应的概率反映出一种干涉现象.

16.4.4 这个结果与习题 16.4.2 的结论相容吗?

16.4.5 按照你的看法，下列三种说法中哪一种是恰当的？出于什么理由？

(a) 当 Alice 对该原子进行测量时，Bob 马上看到一种干涉出现在他正在测量的中子信号中.

(b) 知道了 Alice 对于每一个事例得到的结果，Bob 就可以在他自己的事例中挑选一个显示干涉现象的二次抽样.

(c) 该实验对应着中子自旋的两个量子路径间的一种干涉. 通过恢复原子的初始态，Alice 所做的测量擦除了中子自旋走过哪条路径的信息，于是允许干涉重新出现.

16.4.6 现在，Alice 测量原子的自旋沿着由单位矢量 $\boldsymbol{\omega}$ 所定义的任意轴上的分量. 证明干涉的对比度的变化正比于 $|\sin\eta|$，其中 $\cos\eta = \boldsymbol{\omega} \cdot \boldsymbol{u}_z$. 解释这个结果.

16.5 解

16.1 磁共振

16.1.1 磁能级是 $E_\pm = \mp\gamma_n\hbar B_0/2 = \pm\hbar\omega_0/2$.

16.1.2 (a) 哈密顿量为

$$H = \frac{\hbar}{2}\begin{pmatrix} \omega_0 & \omega_1 e^{-i\omega t} \\ \omega_1 e^{i\omega t} & -\omega_0 \end{pmatrix}.$$

因此，演化方程为

$$i\dot{\alpha}_+ = \frac{\omega_0}{2}\alpha_+ + \frac{\omega_1}{2}e^{-i\omega t}\alpha_-; \qquad i\dot{\alpha}_- = -\frac{\omega_0}{2}\alpha_- + \frac{\omega_1}{2}e^{i\omega t}\alpha_+.$$

(b) 利用变量 $\beta_\pm(t) = \alpha_\pm(t)\exp[\pm i\omega(t-t_0)/2]$，得到

$$i\dot{\beta}_+ = \frac{\omega_0-\omega}{2}\beta_+ + \frac{\omega_1}{2}e^{-i\omega t_0}\beta_-; \qquad i\dot{\beta}_- = \frac{\omega-\omega_0}{2}\beta_- + \frac{\omega_1}{2}e^{i\omega t_0}\beta_+.$$

(c) 若 $|\omega_0 - \omega| \ll \omega_1$，作为一个近似，有微分方程组：

$$i\dot{\beta}_+ = \frac{\omega_1}{2}e^{-i\omega t_0}\beta_-; \qquad i\dot{\beta}_- = \frac{\omega_1}{2}e^{i\omega t_0}\beta_+,$$

它的解就是

$$\beta_\pm(t) = \beta_\pm(t_0)\cos\frac{\omega_1(t-t_0)}{2} - ie^{\mp i\omega t_0}\beta_\mp(t_0)\sin\frac{\omega_1(t-t_0)}{2}.$$

(d) 定义 $\phi = \omega_1(t_1-t_0)/2$, $\chi = \omega(t_1-t_0)/2$, $\delta = \omega(t_1+t_0)/2$, 得到

$$\alpha_+(t_1) = e^{-i\chi}\beta_+(t_1) = e^{-i\chi}[\alpha_+(t_0)\cos\phi - i\alpha_-(t_0)e^{-i\omega t_0}\sin\phi],$$
$$\alpha_-(t_1) = e^{i\chi}\beta_-(t_1) = e^{+i\chi}[\alpha_-(t_0)\cos\phi - i\alpha_+(t_0)e^{+i\omega t_0}\sin\phi].$$

因此,

$$U = \begin{pmatrix} e^{-i\chi}\cos\phi & -ie^{-i\delta}\sin\phi \\ -ie^{i\delta}\sin\phi & e^{i\chi}\cos\phi \end{pmatrix}.$$

16.2 拉姆齐条纹

16.2.1 假定 $\phi = \pi/4$, 初始条件为 $\alpha_+(t_0) = 0$, $\alpha_-(t_0) = 1$. 在 t_1 时刻, 该态是

$$|\psi(t_1)\rangle = \frac{1}{\sqrt{2}}(-ie^{-i\delta}|n:+\rangle + e^{i\chi}|n:-\rangle).$$

换句话说, $\alpha_+(t_1) = -ie^{-i\delta}/\sqrt{2}$, $\alpha_-(t_1) = e^{i\chi}/\sqrt{2}$ 和 $P_\pm = 1/2$.

16.2.2 设 $T = D/v$. 在时间 T 内, 两个腔之间中子自旋自由地进动, 于是得到

$$\begin{pmatrix} \alpha_+(t_0') \\ \alpha_-(t_0') \end{pmatrix} = \frac{1}{\sqrt{2}}\begin{pmatrix} -ie^{-i\delta}e^{-i\omega_0 T/2} \\ e^{i\chi}e^{+i\omega_0 T/2} \end{pmatrix}. \tag{16.5}$$

16.2.3 根据定义, $t_0' = t_1 + T$ 和 $t_1' = 2t_1 - t_0 + T$, 因此在第二个腔内跃迁矩阵为

$$U' = \begin{pmatrix} e^{-i\chi'}\cos\phi' & -ie^{-i\delta'}\sin\phi' \\ -ie^{i\delta'}\sin\phi' & e^{i\chi'}\cos\phi' \end{pmatrix},$$

其中, $\phi' = \phi = \omega_1(t_1-t_0)/2$, $\chi' = \chi = \omega(t_1-t_0)/2$. 只有参量 δ 变成了 $\delta' = \omega(t_1'+t_0')/2 = \omega(3t_1+2T-t_0)/2$.

16.2.4 在第二个腔的后面探测到中子处于 $|+\rangle$ 态的概率幅可以通过把矩阵 U' 作用于矢量 (16.5) 式, 计算所得结果由 $|n:+\rangle$ 的标量积求得. 我们得到

$$\alpha_+(t_1') = \frac{1}{2}\left[-ie^{-i(\chi+\delta+\omega_0 T/2)} - ie^{-i(\delta'-\chi-\omega_0 T/2)}\right].$$

因为
$$\delta + \chi = \omega t_1, \qquad \delta' - \chi = \frac{\omega}{2}(3t_1 + 2T - t_0 - t_1 + t_0) = \omega(t_1 + T),$$
有
$$\alpha_+(t_1') = -\frac{\mathrm{i}}{2}\mathrm{e}^{-\mathrm{i}\omega(t_1+T/2)}\left(\mathrm{e}^{-\mathrm{i}(\omega_0-\omega)T/2} + \mathrm{e}^{\mathrm{i}(\omega_0-\omega)T/2}\right). \tag{16.6}$$

所以,在双腔系统中,中子自旋翻转的概率为
$$P_+ = |\alpha_+(t_1')|^2 = \cos^2\frac{(\omega-\omega_0)T}{2}.$$

在习题 16.1.2(c) 的近似下,在单个腔内自旋翻转的概率不依赖于 ω,而是等于 1/2. 相反,目前两腔的结果显示了一种自旋翻转概率在 1 (例如,当 $\omega = \omega_0$ 时) 和 0 (例如,当 $(\omega-\omega_0)T = \pi$ 时) 之间的强调制. 这种调制是两条量子路径干涉过程的结果,这两条路径分别对应着:

- 在第一个腔中自旋翻转而在第二个腔中不翻转;
- 在第一个腔中自旋不翻转而在第二个腔中翻转.

这两条路径中的每一条都有 1/2 的概率,所以概率幅的和(16.6)式是完全调制的.

16.2.5 (a) 因为 $\cos^2\phi/2 = (1+\cos\phi)/2$,平均概率分布为
$$\left\langle \cos^2\frac{(\omega-\omega_0)T}{2}\right\rangle = \frac{1}{2} + \frac{1}{2}\mathrm{e}^{-(\omega-\omega_0)^2\tau^2/2}\cos[(\omega-\omega_0)T_0]. \tag{16.7}$$

这种形式与观测到的实验信号随 ω 的变化相符. 位于 $\omega/2\pi = 748.8$ kHz 的中央极大值与 $\omega = \omega_0$ 相对应. 无论中子速度如何,对应于该值总会出现一种相长的干涉. 然而,因为侧面峰的位置依赖于速度,故侧面极大值和极小值的峰都要小一些. 前两个侧面的极大值对应着 $(\omega-\omega_0)T \approx \pm 2\pi$. 它们的振幅与中央极大值相比减小了一个 $\exp(-2\pi^2\tau^2/T_0^2)$ 的因子.

(b) 角频率 ω_0 与中子磁矩的关系为 $\hbar\omega_0 = 2\mu_n B_0$,可导出 $\mu_n = 9.65 \times 10^{-27}$ J·T^{-1}. 时间 T_0 可以从中央极大值和一个相邻极大值之间的间距推导出来. 第一个侧面的极大值出现在距共振峰 0.77 kHz 处,因此 $T_0 = 1.3$ ms. 它对应着一个 $v_0 = 1230$ m·s^{-1} 的平均速度. 第二个侧面极大值与中央极大值强度之比约为 0.55. 它近似等于 $\exp(-8\pi^2\tau^2/T_0^2)$,因而给出 $\tau/T_0 \approx 0.087$ 和 $\delta v \approx 110$ m·s^{-1}.

(c) 这个实验可以与多色光的杨氏双缝干涉实验相比较. 中心条纹(对应于 $\omega = \omega_0$ 处的峰)保持明亮,当条纹远离中心后,干涉的对比度急剧减小. 事实上,某些频率的极大值对应着另一些频率的极小值.

16.2.6 概率 $P_{+,+}$ 是如下两个概率之积:当中子离开第一个腔时发现它处于 $|\mathrm{n}:+\rangle$ 态的概率($p=1/2$)和,知道了它处在 $|\mathrm{n}:+\rangle$ 态的情况下,当它离开第

二个腔时发现它仍处于同样态的概率（$p=1/2$）. 它给出 $P_{+,+}=1/4$. 类似地，给出 $P_{-,+}=1/4$. 它们之和 $P_{+,+}+P_{-,+}=1/2$ 没有显示出任何干涉，因为人们已经测量了在哪个腔中中子的自旋翻转了. 要是人们测量电子穿过了哪条缝的话，这非常类似于电子的双缝干涉实验.

16.3 中子自旋态的探测

16.3.1 根据定义

$$|a:\pm x\rangle = \frac{1}{\sqrt{2}}(|a:+\rangle \pm |a:-\rangle),$$

$$|a:\pm y\rangle = \frac{1}{\sqrt{2}}(|a:+\rangle \pm i|a:-\rangle).$$

这些态通过

$$|a:\pm y\rangle = \frac{1}{2}[(1\pm i)|a:+x\rangle + (1+\mp i)|a:-x\rangle]$$

相关联.

16.3.2 算符 $\hat{S}_{nz}$ 和 $\hat{S}_{ax}$ 对易，因为它们作用在两个不同的希尔伯特空间，所以 $[\hat{S}_{nz},\hat{V}]=0$. $\hat{S}_{nz}$ 和 $\hat{V}$ 的共同本征矢及相应的本征值为

$$|n:+\rangle \otimes |a:\pm x\rangle, \qquad S_{nz}=+\hbar/2, \qquad V=\pm A\hbar/2,$$
$$|n:-\rangle \otimes |a:\pm x\rangle, \qquad S_{nz}=-\hbar/2, \qquad V=\mp A\hbar/2.$$

就所关心的自旋变量而言，算符 $\hat{S}_{nz}$ 和 $\hat{V}$ 形成对易算符的完全集合.

16.3.3 利用能量本征态展开，对 $|\psi(0)\rangle = |n:+\rangle \otimes |a:+y\rangle$ 态，人们得到

$$|\psi(\tau)\rangle = \frac{1}{2}|n:+\rangle \otimes [(1+i)e^{-iA\tau/2}|a:+x\rangle + (1-i)e^{iA\tau/2}|a:-x\rangle],$$

这就是说，对于 $A\tau=\pi/4$，有

$$|\psi(\tau)\rangle = \frac{1}{\sqrt{2}}|n:+\rangle \otimes (|a:+x\rangle + |a:-x\rangle)$$
$$= |n:+\rangle \otimes |a:+\rangle.$$

类似地，如果 $|\psi(0)\rangle = |n:-\rangle \otimes |a:+y\rangle$，则 $|\psi(\tau)\rangle = i|n:-\rangle \otimes |a:-\rangle$. 物理上，这意味着中子的自旋态不变，因为它是 $\hat{V}$ 的一个本征态，与此同时，原子的自旋以角频率 A 绕 x 轴进动. 在 $\tau=\pi/(2A)$ 时，它沿着 z 轴方向.

16.3.4 若初态是 $|\psi(0)\rangle = (\alpha_+|n:+\rangle + \alpha_-|n:-\rangle) \otimes |a:+y\rangle$，则相互作用之后的态为

$$|\psi(\tau)\rangle = \alpha_+|n:+\rangle \otimes |a:+\rangle + i\alpha_-|n:-\rangle \otimes |a:-\rangle.$$

原子自旋 z 分量的测量以概率 $|\alpha_+|^2$ 给出 $+\hbar/2$，且测量之后的态为 $|n:+\rangle \otimes |a:+\rangle$；或以概率 $|\alpha_-|^2$ 给出 $-\hbar/2$，而测量之后的态为 $|n:-\rangle \otimes |a:-\rangle$.

在这两种情况下，测量原子自旋的 z 分量之后，中子的自旋就知道了：它与所测的原子自旋的 z 分量是一样的. 为了知道 $\hat{S}_{nz}$ 的值，没有必要让中子与另一个测量仪器相互作用.

16.4 量子擦除器

16.4.1 相继的态是

步骤 (a) $\dfrac{1}{\sqrt{2}}\left(-ie^{-i\delta}|n:+\rangle \otimes |a:+y\rangle + e^{i\chi}|n:-\rangle \otimes |a:+y\rangle\right),$

步骤 (b) $\dfrac{1}{\sqrt{2}}\left(-ie^{-i\delta}|n:+\rangle \otimes |a:+\rangle + ie^{i\chi}|n:-\rangle \otimes |a:-\rangle\right),$

步骤 (c) $\dfrac{1}{\sqrt{2}}\big(-ie^{-i(\delta+\omega_0 T/2)}|n:+\rangle \otimes |a:+\rangle$
       $+ ie^{i(\chi+\omega_0 T/2)}|n:-\rangle \otimes |a:-\rangle\big).$

最后，当中子离开第二个腔时（步骤（d）），系统的态是

$$|\psi_f\rangle = \frac{1}{2}\Big[-ie^{-i(\delta+\omega_0 T/2)}\left(e^{-i\chi}|n:+\rangle - ie^{i\delta'}|n:-\rangle\right) \otimes |a:+\rangle$$
$$+ ie^{i(\chi+\omega_0 T/2)}\left(-ie^{-i\delta'}|n:+\rangle + e^{i\chi}|n:-\rangle\right) \otimes |a:-\rangle\Big].$$

16.4.2 在 $|+\rangle$ 上找到中子的概率是发现：

(a) 中子处在态 $+$ 和原子处在态 $+$，即 $|n:+\rangle \otimes |a:+\rangle$ 态系数的模的平方（目前情况下为 $1/4$）；

(b) 中子处在态 $+$ 而原子处在态 $-$（概率仍是 $1/4$）的概率之和. 因此，人们求得 $P_+ = 1/4 + 1/4 = 1/2$. 不存在干涉，因为最终导致中子自旋翻转的量子路径可以从原子的态确定.

16.4.3 人们可以借助于 $|a:\pm y\rangle$ 展开矢量 $|a:\pm\rangle$：

$$|\psi_f\rangle = \frac{1}{2\sqrt{2}}\Big[-ie^{-i(\delta+\omega_0 T/2)}\left(e^{-i\chi}|n:+\rangle - ie^{i\delta'}|n:-\rangle\right)$$
$$\otimes (|a:+y\rangle + |a:-y\rangle)$$

$$+ e^{i(\chi+\omega_0 T/2)} \left(-i e^{-i\delta'} |n:+\rangle + e^{i\chi} |n:-\rangle \right)$$
$$\otimes (|a:+y\rangle - |a:-y\rangle) \Big].$$

Bob 发现沿 z 轴的结果为 $+\hbar/2$ 且同时 Alice 发现沿 y 轴的结果也为 $+\hbar/2$ 的概率幅是上述展开式中 $|n:+\rangle \otimes |a:y\rangle$ 项的系数. 同样地, 这个概率也可以通过把这个态投影到 $|n:+1\rangle \otimes |a:y\rangle$ 态上, 然后求其平方得到. 人们得到

$$P\left(S_{nz} = \frac{\hbar}{2}, S_{ay} = \frac{\hbar}{2}\right) = \frac{1}{8}\left| -i e^{-i(\delta+\chi+\omega_0 T/2)} - i e^{i(\chi-\delta'+\omega_0 T/2)} \right|^2$$
$$= \frac{1}{2} \cos^2 \frac{(\omega-\omega_0)T}{2}.$$

它清晰地展示出一个反映干涉现象的调制. 类似地, 人们发现

$$P\left(S_{nz} = \frac{\hbar}{2}, S_{ay} = -\frac{\hbar}{2}\right) = \frac{1}{2} \sin^2 \frac{(\omega-\omega_0)T}{2},$$

它也是被调制的.

16.4.4 这个结果与习题 16.4.2 的结果是相容的. 的确, 上面算得的两个概率之和同习题 16.4.2 中的一样是 $1/2$. 如果 Bob 不知道 Alice 所发现的结果, 或者 Alice 没有做测量, 从他看来, 这两种情况是等价的, Bob 没有看到干涉. 干涉只在联合概率 $P(S_{nz}, S_{ay})$ 中出现.

16.4.5 (a) 第一种说法显然是错的. 正如在习题 16.4.2 中见到的, 如果存在原子 A, 则 Bob 不会再见到探测到中子处于 $|+\rangle$ 态的概率 (对 $\omega-\omega_0$) 的振荡. 无论 Alice 如何做, 这个概率都等于 $1/2$. 注意到假如这个说法是对的, 这就意味着信息瞬时从 Alice 传到了 Bob. 通过看到干涉出现, Bob 立即就会知道, Alice 正在做一个实验, 尽管她可能离得非常远.

(b) 第二种说法是对的. 如果 Alice 和 Bob 把他们所有的结果都放到一起, 并且如果他们挑选出 Alice 发现 $+\hbar/2$ 的事例的二次抽样, 则 Bob 也发现 $+\hbar/2$ 的事例数将像 $\cos^2[(\omega-\omega_0)T/2]$ 一样地变化; 对这个事例的子集, 他们重现了干涉. 在其补集中, Alice 发现了 $-\hbar/2$, Bob 给出 $+\hbar/2$ 结果的事例数将像 $\sin^2[(\omega-\omega_0)T/2]$ 一样地变化. 搜索在不同的探测器中发生的事例间的关联, 例如在粒子物理中, 是一个常见的过程.

(c) 尽管第三种说法比起前一种说法精确性稍差, 但是更形象化, 仍然是可以接受的. 在 16.2 节发现的 $\cos^2[(\omega-\omega_0)T/2]$ 信号可以解释成两条量子路径的振幅的干涉, 这两条路径对应着中子的初始自旋处于 $|n:-\rangle$ 态, 其后或者在第一个腔中自旋翻转, 或者在第二个腔中自旋翻转. 如果有可能确定系统将经过哪一条量子路径, 则干涉就不可能发生. 为了能够观测到 "某些" 干涉, 有必要 "擦除" 原子所携带的这个信息. 在 Alice 测量了沿着 y 轴的原子自旋之后, 在

某种意义上，她就"恢复"了系统的初态，而使 Bob 能够看到某些干涉. 说那个信息已经被擦除了是有问题的：相反，人们可能觉得已经获得了额外的信息. 注意文中的说法并没有具体指定干涉出现在什么物理量中. 还要注意，Alice 和 Bob 所做的测量的次序并不重要，这似乎与第三种说法相反.

16.4.6 例如 Alice 可以沿 yz 平面上的轴 $\boldsymbol{w} = \sin\eta\boldsymbol{u}_y + \cos\eta\boldsymbol{u}_z$ 进行测量. 把 $|\psi_f\rangle$ 投影到本征值为 $+\hbar/2$ 的 $\hat{S}_{aw}$ 的本征态，即 $\cos(\eta/2)|a:+\rangle + \mathrm{i}\sin(\eta/2)|a:-\rangle$ 上，这是一个类似于导致概率为 $[1+\sin\eta\cos((\omega-\omega_0)T]/2$ 的习题 16.4.3 中的计算. 若 $\eta = 0$ 或 π（沿 z 轴测量），则没有任何干涉. 对于 $\eta = \pi/2$ 和 $3\pi/2$，或者更一般的值，如果 Alice 在 xy 平面上测量，则干涉的对比度 $|\sin\eta|$ 最大.

16.6 评 注

使用中子的拉姆齐条纹. 文中所引用的实验曲线取自于 J.H. Smith et al., Phys. Rev. Lett. 108, 120 (1957). 从那时起，拉姆齐条纹技术已经被大大地改进. 当前，做法不同了. 人们把中子放在一个"瓶子"里存储大约 100 秒量级的一段时间，并分别在存储的开始和结束时加了两个射频脉冲. 与这里的 1.3 ms 相比较，两个脉冲之间的时间相隔为 70 s. 它极大地改进了频率测量的精度. 这样的一个实验实际上是为测量中子的电偶极矩设计的，并且是出于对时间反演不变性的不可或缺的兴趣. 他们对该物理量设置了一个非常小的上限 (K.F. Smith et al., Phys. Lett. 234, 191 (1990)).

无损量子测量. 对文中考虑的相互作用哈密顿量的结构做了一番选择，以便对量子擦除器效应提供一个简单的描述. 无损量子测量的实例可以在 J.P. Poizat and P. Grangier, Phys. Rev. Lett. 70, 271 (1993) 和 S.M. Barnett, Nature, Vol. 362, p. 113, March 1993 中找到.

第 17 章 量子温度计

在这里研究一个电子回旋运动的测量. 粒子被囚禁在一个彭宁离子阱 (Penning trap) 中, 并与引起系统在各能级间量子跃迁的热辐射耦合. 我们将在整个章节中忽略自旋效应. 采用的方法和结果取自 1999 年在哈佛大学做的一个实验.

我们考虑质量为 M、电荷为 $q(q<0)$ 的一个电子, 囚禁于一个彭宁离子阱中. 这个陷阱由一个匀强磁场 $\boldsymbol{B}=B\boldsymbol{e}_z(B>0)$ 和一个从势 $\Phi(\boldsymbol{r})$ 导出的电场叠加构成, $\Phi(\boldsymbol{r})$ 在原点附近的幂级数展开为

$$\Phi(\boldsymbol{r}) = \frac{M\omega_z^2}{4q}(2z^2 - x^2 - y^2). \tag{17.1}$$

正的量 ω_z 具有角频率量纲. 在这一章中, 设 $\omega_c = |q|B/M$ (ω_c 称为回旋加速角频率) 并假设 $\omega_z \ll \omega_c$.

有用的常数: $M = 9.1 \times 10^{-31}$ kg; $q = -1.6 \times 10^{-19}$ C; $h = 6.63 \times 10^{-34}$ J·s; 玻尔兹曼常数 $k_B = 1.38 \times 10^{-23}$ J·K^{-1}.

17.1 经典力学中的彭宁离子阱

我们回顾在电磁场中运动的带电粒子受到的洛伦兹力为 $\boldsymbol{F} = q(\boldsymbol{E} + \boldsymbol{v} \times \boldsymbol{B})$.

17.1.1 检验 $\Phi(\boldsymbol{r})$ 满足拉普拉斯方程 $\Delta\Phi = 0$. 常数位势 $\Phi(\boldsymbol{r}) = $ 常数的位势面形状是什么样的?

17.1.2 证明电子在离子阱中的经典运动方程是

$$\ddot{x} + \omega_c \dot{y} - \frac{\omega_z^2}{2} x = 0, \qquad \ddot{y} - \omega_c \dot{x} - \frac{\omega_z^2}{2} y = 0, \qquad \ddot{z} + \omega_z^2 z = 0.$$

17.1.3 沿 z 轴的运动是什么类型的?

17.1.4 为了研究在 xy 平面上该运动的分量,设 $\alpha = x + \mathrm{i}y$.

(a) $\alpha(t)$ 满足的微分方程是什么?

(b) 寻找该方程的一个形如 $\alpha(t) = \alpha_0 \mathrm{e}^{\mathrm{i}\omega t}$ 的解. 证明 ω 是如下方程的一个解:

$$\omega^2 - \omega_c \omega + \frac{\omega_z^2}{2} = 0.$$

(c) 把该方程的两个根记为 ω_r 和 ω_l,且取 $\omega_r > \omega_l$. 证明:

$$\omega_r \approx \omega_c, \qquad \omega_l \approx \frac{\omega_z^2}{2\omega_c}.$$

17.1.5 考虑数值 $B = 5.3 \text{ T}$ 和 $\omega_z/(2\pi) = 64 \text{ MHz}$.

(a) 证明电子在彭宁离子阱中最普遍的运动是三个谐振子运动的叠加.

(b) 计算这些运动的频率.

(c) 画出被俘获的电子的经典轨迹在 xy 平面上的投影,假定 $\alpha_r \ll \alpha_l$ (正的 α_r 和 α_l 分别代表角频率为 ω_r 和 ω_l 的运动的振幅).

17.2 量子力学中的彭宁离子阱

用 $\hat{r}$ 和 $\hat{P}$ 标记电子的坐标和动量算符. 忽略自旋效应,电子在彭宁离子阱中的哈密顿量是

$$\hat{H} = \frac{1}{2M}[\hat{\boldsymbol{p}} - q\boldsymbol{A}(\hat{\boldsymbol{r}})]^2 + q\Phi(\hat{\boldsymbol{r}}),$$

其中的静电势 $\Phi(r)$ 由 (17.1) 式给出. 对于磁矢势,选择 $\boldsymbol{A}(\boldsymbol{r}) = \boldsymbol{B} \times \boldsymbol{r}/2$ 的形式.

17.2.1 展开哈密顿量,并且证明它可被写成 $\hat{H} = \hat{H}_{xy} + \hat{H}_z$,其中的 $\hat{H}_{xy}$ 只包含算符 $\hat{x}$、$\hat{y}$、$\hat{p}_x$ 和 $\hat{p}_y$,而 $\hat{H}_z$ 只包含算符 $\hat{z}$ 和 $\hat{p}_z$.

$\hat{H}_{xy}$ 和 $\hat{H}_z$ 有共同本征基吗?

17.2.2 现在我们对沿 z 轴的运动感兴趣. 这被称为轴向运动. 不做任何证明,回忆:

(a) 算符 $\hat{a}_z$ 和 $\hat{a}_z^\dagger$ 的表示式，使用它们可将 $\hat{H}_z$ 写成 $\hat{H}_z = \hbar\omega_z(\hat{N}_z + 1/2)$ 的形式，其中 $\hat{N}_z = \hat{a}_z^\dagger \hat{a}_z$ 和 $[\hat{a}_z, \hat{a}_z^\dagger] = 1$；

(b) $\hat{N}_z$ 和 $\hat{H}_z$ 的本征值.

17.2.3 现在我们来考虑在哈密顿量 $\hat{H}_{xy}$ 的影响下 xy 平面中的运动. 设 $\Omega = \sqrt{\omega_c^2 - 2\omega_z^2}/2$. 引入右和左湮灭算符 $\hat{a}_r$ 和 $\hat{a}_l$：

$$\hat{a}_r = \sqrt{\frac{M\Omega}{4\hbar}}(\hat{x} - i\hat{y}) + \frac{i}{\sqrt{4\hbar M\Omega}}(\hat{p}_x - i\hat{p}_y),$$

$$\hat{a}_l = \sqrt{\frac{M\Omega}{4\hbar}}(\hat{x} + i\hat{y}) + \frac{i}{\sqrt{4\hbar M\Omega}}(\hat{p}_x + i\hat{p}_y).$$

(a) 证明 $[\hat{a}_r, \hat{a}_r^\dagger] = [\hat{a}_l, \hat{a}_l^\dagger] = 1$.

(b) 证明任意一个左算符与任意一个右算符对易，即

$$[\hat{a}_r, \hat{a}_l] = 0, \qquad [\hat{a}_r, \hat{a}_l^\dagger] = 0, \qquad [\hat{a}_r^\dagger, \hat{a}_l] = 0, \qquad [\hat{a}_r^\dagger, \hat{a}_l^\dagger] = 0.$$

(c) 回忆 $\hat{n}_r = \hat{a}_r^\dagger \hat{a}_r$ 和 $\hat{n}_l = \hat{a}_l^\dagger \hat{a}_l$ 的本征值（无须证明），$\hat{n}_r$ 和 $\hat{n}_l$ 有共同本征基吗？

(d) 证明哈密顿量 $\hat{H}_{xy}$ 可以写成

$$\hat{H}_{xy} = \hbar\omega_r(\hat{n}_r + 1/2) - \hbar\omega_l(\hat{n}_l + 1/2),$$

其中角频率 $\hat{\omega}_r$ 和 $\hat{\omega}_l$ 已在 17.1 节引入.

(e) 从上式导出哈密顿量 $\hat{H}_{xy}$ 的本征值.

17.2.4 我们用 $|\psi(t)\rangle$ 标记系统在 t 时刻的态，并定义 $a_r(t) = \langle\psi(t)|\hat{a}_r|\psi(t)\rangle$ 和 $a_l(t) = \langle\psi(t)|\hat{a}_l|\psi(t)\rangle$. 利用埃伦费斯特定理计算 da_r/dt 和 da_l/dt.

积分这些方程并计算电子位置在 xy 平面上的期待值 $(\langle x\rangle(t), \langle y\rangle(t))$. 设 $a_r(0) = \rho_r e^{-i\phi_r}$ 和 $a_l(0) = \rho_l e^{-i\phi_l}$，其中的 ρ_r 和 ρ_l 都是正的实量.

证明电子位置期待值 $\langle\boldsymbol{r}\rangle(t)$ 的时间演化类似于在 17.1 节找到的经典演化.

17.2.5 我们把相应算符 $\hat{n}_r$、$\hat{n}_l$ 和 $\hat{N}_z$ 的本征值均为 0 的 $\hat{H}$ 的本征态记为 $|\phi_0\rangle$.

(a) 确定相应的波函数 $\phi_0(\boldsymbol{r})$（不必把结果归一化）.

(b) 利用习题 17.1.5 中同样的数值，求 $\phi_0(\boldsymbol{r})$ 的空间延展范围.

17.2.6 在温度 T 从 0.1 K 到 4 K 的范围内做实验. 将特征热能 $k_B T$ 与"回旋"、"轴向"和"磁控"运动（分别与 $\hat{n}_r$、$\hat{N}_z$ 和 $\hat{n}_l$ 相联系）的每一种能量量子相比较. 能谱的分立特性在哪一种运动中起重要作用？

17.3 回旋与轴向运动的耦合

现在我们研究探测回旋运动的方法. 该方法利用这种运动与轴向运动的微小耦合. 这种耦合是由非均匀磁场产生的, 它可以用哈密顿量中的附加项描写:

$$\hat{W} = \frac{\epsilon}{2} M \omega_z^2 \hat{n}_r \hat{z}^2.$$

选择实验条件, 如 $\epsilon = 4 \times 10^{-7}$.

17.3.1 用算符 $\hat{n}_r$、$\hat{n}_l$、$\hat{p}_z$ 和 $\hat{z}$ 写出总哈密顿量 $\hat{H}_c = \hat{H} + \hat{W}$.

17.3.2 证明回旋运动的激发数 ($\hat{n}_r$) 和磁控运动的激发数 ($\hat{n}_l$) 都是运动常数.

17.3.3 考虑对应着本征值 n_r 和 n_l 的 $\hat{n}_r$ 和 $\hat{n}_l$ 的本征子空间 ε_{n_r, n_l}:

(a) 在这个子空间中写出 $\hat{H}_c$ 的形式.

(b) 如果系统被制备在属于 ε_{n_r, n_l} 的一个本征态上, 证明轴向运动是简谐的. 用 n_r 和 n_l 给出它的频率.

(c) 给出在 ε_{n_r, n_l} 内 $\hat{H}_c$ 的本征值和本征态.

17.3.4 从上题导出, $\hat{H}_c$ 的本征态可以用 3 个量子数 n_r、n_l 和 n_z 来标记. 我们可以把这些态写为 $|n_r, n_l, n_z\rangle$. 用这些量子数和 ω_r、ω_l、ω_z 以及 ϵ 给出能量的本征值.

17.3.5 测量一个频率为 $\omega_z/(2\pi)$ 的高度稳定振子 (传送一个正比于 $\sin(\omega_z t)$ 的信号) 和在一个电路中由轴向运动诱导出的电流之间的拍. 后面的这个电流正比于 $\langle p_z \rangle(t)$.

(a) 假定把电子的态限制在子空间 ε_{n_r, n_l} 内 (译者注: 这里更正了原文的一个明显的印刷错误), 计算位置和动量算符 $\hat{z}$ 和 $\hat{p}_z$ 期待值的时间演化. 初始条件选为 $\langle \hat{z} \rangle(t=0) = z_0$ 和 $\langle \hat{p}_z \rangle(t=0) = 0$.

(b) 到 ϵ 的一级近似, 在一段时间 τ 之后, 探测到的电流与稳定的振子之间的相位差 φ 是多大? 证明这个相位差的测量提供了回旋运动的激发数的测量.

17.3.6 现在, 假定电子处于一个任意的态上:

$$|\Psi\rangle = \sum_{n_r, n_l, n_z} c_{n_r, n_l, n_z} |n_r, n_l, n_z\rangle.$$

(a) 测量在 $t = 0$ 到 $t = \tau$ 的时间间隔内的相位差 φ. 测量的可能结果 φ_k 是

多大？证明它提供了一种确定回旋运动激发数的方法.

(b) 在给出结果 φ_k 的一次测量之后，电子的态是什么？

(c) 我们选择 $\tau = 0.1$ s，而且假定以 $\pi/10$ 的精度测量 φ. 利用前面给出的物理参量的数值证明这个精度可清晰地确定回旋激发数.

(d) 在给出结果 φ_k 的一次测量之后，我们让这个系统在哈密顿量 $\hat{H}_c$ 的作用下演化一段时间 T. 然后，对 φ 做一次新的测量. 我们预期的结果是什么？

17.4 量子温度计

实际上，回旋运动是处在与一个温度为 T 的恒温器的热平衡状态中. 回想一下，在那种情况中，热涨落可以以某种概率 p_n 使处于 E_n 能级的系统激发.

我们相继在 $[0, \tau], [\tau, 2t], \cdots, [(N-1)\tau, N\tau]$ 的时间间隔内测量位相差 φ. 对于一个给定的温度 T，这一系列测量的总持续时间 $N\tau = 3\,000$ s，即对于 $\tau = 0.1$ s，总的结果数为 $N = 3 \times 10^4$. 通过这个过程，人们可以在 $N\tau$ 时间间隔内以时间分辨率 τ 追踪 n_r 的变化.

17.4.1 对两个不同的温度，这种测量的两个记录展示在图 17.1 中. 评论这些结果，特别是解释：

(a) 与信号的突然变化相联系的是什么现象？

(b) 电子处在能级 $n_r = 0, 1, 2, \cdots$ 的持续时间的比例是多少？（通常刻度尺的精度就足够了.）

17.4.2 一个系统处在能级 E_n 的概率 p_n 由玻尔兹曼因子给出：$p_n = \mathcal{N} \exp(-E_n/k_B T)$，其中的 $\mathcal{N}$ 是归一化因子. 证明：对于一个一维谐振子，p_{n+1}/p_n 的比值与 n 无关.

17.4.3 估算与图 17.1 的两个记录相对应的两个温度.

17.4.4 对包含彭宁离子阱在内的低温恒温器的几个温度，图 17.2 给出了各种回旋能级占据概率的更精确的测量结果.

(a) 对于一个在温度为 T 的恒温器处于热平衡状态的、角频率为 ω 的一维谐振子，确定其概率 p_n 的归一化因子 $\mathcal{N}$，并计算平均激发数 $\bar{n}$. 方便的做法是设 $\gamma = \hbar\omega/(k_B T)$.

(b) 证明图 17.2 所示曲线的形状是合理的，并计算相应测量的温度值.

(c) 利用这样的设备人们可测量的最低温度的数量级是多大？

第 17 章 量子温度计

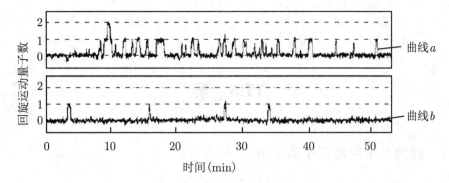

图 17.1 对应着 T_a 和 T_b 两个温度的回旋运动量子数 n_r 的时间演化

(d) 如何提高这个"量子温度计"的灵敏度?

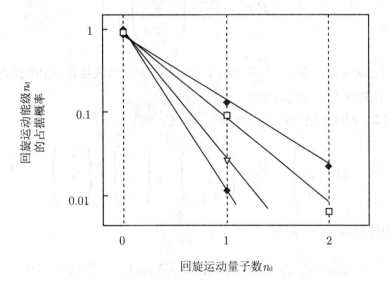

图 17.2 回旋运动能级的占据概率. 每一条直线对应于一个给定的温度(竖直标度是对数的)

17.5 解

17.1 经典力学中的彭宁离子阱

17.1.1 电场 $\boldsymbol{E} = -\nabla\Phi$ 为

$$\boldsymbol{E}(\boldsymbol{r}) = \frac{M\omega_z^2}{2q}\begin{pmatrix} x \\ y \\ -2z \end{pmatrix}. \tag{17.2}$$

因此，有 $\triangle\Phi = -\nabla\cdot\boldsymbol{E} = -\frac{M\omega_z^2}{2q}(1+1-2) = 0$. 这个势满足真空中的拉普拉斯方程. 常数位势面为 z 轴的双曲面.

17.1.2 利用电场的表示式 (17.2)，运动方程为

$$M\begin{pmatrix} \ddot{x} \\ \ddot{y} \\ \ddot{z} \end{pmatrix} = \frac{M\omega_z^2}{2}\begin{pmatrix} x \\ y \\ -2z \end{pmatrix} + q\begin{pmatrix} \dot{x} \\ \dot{y} \\ \dot{z} \end{pmatrix} \times \begin{pmatrix} 0 \\ 0 \\ B \end{pmatrix},$$

或者，通过令 $\omega_c = -qB/M$：

$$\ddot{x} + \omega_c\dot{y} - \frac{\omega_z^2}{2}x = 0, \qquad \ddot{y} - \omega_c\dot{x} - \frac{\omega_z^2}{2}y = 0, \qquad \ddot{z} + \omega_z^2 z = 0.$$

17.1.3 沿 z 轴的运动是简谐的，其角频率为 ω_z.

17.1.4 (a) $\alpha(t)$ 满足的微分方程为

$$\ddot{\alpha} - i\omega_c\dot{\alpha} - \frac{\omega_z^2}{2}\alpha = 0.$$

(b) 如果寻找一个形式为 $\alpha_0 e^{i\omega t}$ 的解，我们发现 ω 由以下方程给出：

$$-\omega^2 + \omega_c\omega - \frac{\omega_z^2}{2} = 0.$$

(c) 这个方程的根是

$$\omega_r = \frac{1}{2}\left(\omega_c + \sqrt{\omega_c^2 - 2\omega_z^2}\right), \qquad \omega_l = \frac{1}{2}\left(\omega_c - \sqrt{\omega_c^2 - 2\omega_z^2}\right).$$

假定 $\omega_z \ll \omega_c$，也就是说，$\sqrt{\omega_c^2 - 2\omega_z^2} \approx \omega_c(1 - \omega_z^2/\omega_c^2)$. 两个根 ω_r 和 ω_l 近似地由下式给出：

$$\omega_r \approx \omega_c, \qquad \omega_l \approx \frac{\omega_z^2}{2\omega_c}.$$

17.1.5 (a) 前面已经看到沿 z 轴的运动是角频率为 ω_z 的简谐运动. 为了得到在 xy 平面上的运动，积分 α 的运动方程：

$$\alpha(t) = \alpha_l e^{i(\omega_l t + \phi_l)} + \alpha_r e^{i(\omega_r t + \phi_r)},$$

其中 α_l 和 α_r 是两个正实数，而 ϕ_l 和 ϕ_r 是两个事先选定的任意相位. 取这个表示式的实部和虚部，给出 $x(t)$ 和 $y(t)$ 的形式：

$$x(t) = \alpha_l \cos(\omega_l t + \phi_l) + \alpha_r \cos(\omega_r t + \phi_r),$$
$$y(t) = \alpha_l \sin(\omega_l t + \phi_l) + \alpha_r \sin(\omega_r t + \phi_r).$$

在 xy 平面上的运动是角频率为 ω_r 和 ω_l 的两个简谐运动的叠加.

(b) 人们发现 $\omega_c/2\pi = 1.48 \times 10^{11}$ Hz. 因此三种运动的频率为

$$\omega_l/2\pi \approx 14 \text{ kHz}, \qquad \omega_z/2\pi \approx 64 \text{ MHz}, \qquad \omega_r/2\pi \approx 150 \text{ GHz}.$$

(c) 在 xy 平面上的运动是两个圆运动的叠加，其中一个半径为 α_r 且具有较高的频率（ω_r），而另一个半径为 α_l 且具有低得多的频率（ω_l）. 假定 $\alpha_r \ll \alpha_l$，这将导致下图所示的轨迹.

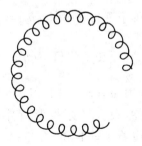

17.2 量子力学中的彭宁离子阱

17.2.1 哈密顿量的展开式给出 $\hat{H} = \hat{H}_{xy} + \hat{H}_z$，其中

$$\hat{H}_{xy} = \frac{\hat{p}_x^2}{2M} + \frac{\hat{p}_y^2}{2M} + \frac{M}{8}(\omega_c^2 - 2\omega_z^2)(\hat{x}^2 + \hat{y}^2) + \frac{\omega_c}{2}\hat{L}_z,$$

$$\hat{H}_z = \frac{\hat{p}_z^2}{2M} + \frac{1}{2}M\omega_z^2 \hat{z}^2.$$

在该式中,引入了角动量的 z 分量 $\hat{L}_z = \hat{x}\hat{p}_y - \hat{y}\hat{p}_x$. 因为 $\hat{H}_{xy}$ 只包含算符 $\hat{x}$、$\hat{y}$ 和 $\hat{p}_x$、$\hat{p}_y$,且因为 $\hat{H}_z$ 只包含 $\hat{z}$ 和 $\hat{p}_z$,故 $\hat{H}_{xy}$ 和 $\hat{H}_z$ 这两个算符对易,而且它们中的每一个都与总哈密顿量 $\hat{H}$ 对易:

$$[\hat{H}_{xy}, \hat{H}_z] = 0, \qquad [\hat{H}_{xy}, \hat{H}] = 0, \qquad [\hat{H}_z, \hat{H}] = 0.$$

因此,可以用 $\hat{H}_{xy}$ 和 $\hat{H}_z$ 共同本征基的形式寻求 $\hat{H}$ 的本征基.

17.2.2 (a) 哈密顿量 $\hat{H}_z$ 对应着一个频率为 ω_z 的简谐运动. 设

$$\hat{a}_z = \sqrt{\frac{M\omega_z}{2\hbar}}\hat{x} + \mathrm{i}\frac{\hat{p}}{\sqrt{2M\hbar\omega_z}} \qquad \text{和} \qquad \hat{N}_z = \hat{a}_z^\dagger \hat{a}_z,$$

人们很容易找到它的能谱,因为这个哈密顿量可以写成 $\hat{H}_z = \hbar\omega_z(\hat{N}_z + 1/2)$.

(b) 从对易关系 $[\hat{a}_z, \hat{a}_z^\dagger] = 1$,我们导出 $\hat{N}_z$ 的本征值是非负的整数 n_z. 于是,$\hat{H}_z$ 的本征值的形式为 $\hbar\omega_z(n_z + 1/2)$.

17.2.3 先来计算普遍的对易子:

$$\mathcal{C} = \Big[\sqrt{\frac{M\Omega}{4\hbar}}(\hat{x} - \mathrm{i}\eta\hat{y}) + \xi\frac{\mathrm{i}}{\sqrt{4\hbar M\Omega}}(\hat{p}_x - \mathrm{i}\eta\hat{p}_y),$$

$$\sqrt{\frac{M\Omega}{4\hbar}}(\hat{x} + \mathrm{i}\eta'\hat{y}) - \xi'\frac{\mathrm{i}}{\sqrt{4\hbar M\Omega}}(\hat{p}_x + \mathrm{i}\eta'\hat{p}_y)\Big],$$

其中 η、ξ、η' 和 ξ' 四个数都等于 ± 1. 利用 $[\hat{x}, \hat{p}_x] = [\hat{y}, \hat{p}_y] = \mathrm{i}\hbar$,得到

$$\mathcal{C} = \frac{1}{4}(\xi + \xi')(1 + \eta\eta').$$

(a) 对易关系 $[\hat{a}_r, \hat{a}_r^\dagger]$ 对应着 $\eta = \eta' = +1$ 和 $\xi = \xi' = 1$,因此 $[\hat{a}_r, \hat{a}_r^\dagger] = 1$. 类似地,人们从 $\eta = \eta' = -1$ 和 $\xi = \xi' = 1$ 求得 $[\hat{a}_l, \hat{a}_l^\dagger] = 1$.

(b) 对易关系 $[\hat{a}_r, \hat{a}_l]$ 对应着 $\xi = 1$ 和 $\xi' = -1$,因此 $[\hat{a}_r, \hat{a}_l] = 0$. 类似地,$[\hat{a}_r, \hat{a}_l^\dagger]$ 等于 0,因为它对应着 $\eta = -\eta' = 1$. 于是,如果取前面的那些对易子的厄米共轭,其他的一些对易关系($[\hat{a}_r^\dagger, \hat{a}_l]$ 和 $[\hat{a}_r^\dagger, \hat{a}_l^\dagger]$)也都为 0.

(c) 对易关系 $[\hat{a}_r, \hat{a}_r^\dagger] = 1$ 导致了 $\hat{n}_r$ 的本征值都是非负整数,而且这个结果对于 $\hat{n}_l$ 也成立.

(d) 算符 $\hat{n}_r$ 和 $\hat{n}_l$ 被展开成:

$$\hat{n}_{r,l} = \frac{\hat{p}_x^2 + \hat{p}_y^2}{4\hbar M\Omega} + \frac{M\Omega}{4\hbar}(\hat{x}^2 + \hat{y}^2) - \frac{1}{2} \pm \frac{\hat{L}_z}{2\hbar}$$

其中 "+"（相应的 "−"）对应着 $\hat{n}_r$（相应的 $\hat{n}_l$）. 方程 $\omega^2 - \omega_c\omega + \omega_z^2/2 = 0$ 的两个根的和与差分别为

$$\omega_r + \omega_l = \omega_c, \qquad \omega_r - \omega_l = \sqrt{\omega_c^2 - 2\omega_z^2} = 2\Omega.$$

求得预期的结果：

$$\hat{H}_{xy} = \hbar\omega_r(\hat{n}_r + 1/2) - \hbar\omega_l(\hat{n}_l + 1/2).$$

(e) 因此，$\hat{H}_{xy}$ 的本征矢可以用对应着 $\hat{n}_r$ 和 $\hat{n}_l$ 本征值的两个（非负的）整数量子数 n_r 和 n_l 来标记. 对应的本征态记为 $|n_r, n_l\rangle$，与矢量 $|n_r, n_l\rangle$ 相联系的 $\hat{H}_{xy}$ 的本征值为 $\hbar\omega_r(n_r + 1/2) - \hbar\omega_l(n_l + 1/2)$.

17.2.4 我们有

$$[\hat{a}_r, \hat{H}] = \hbar\omega_r[\hat{a}_r, \hat{a}_r^\dagger \hat{a}_r] = \hbar\omega_r \hat{a}_r.$$

由埃伦费斯特定理，求得 $\dot{a}_r = -i\omega_r a_r$ 和 $\dot{a}_l = +i\omega_l a_l$. 这两个方程的解是

$$a_r(t) = a_r(0)e^{-i\omega_r t}, \qquad a_l(t) = a_l(0)e^{+i\omega_l t}.$$

在 xy 平面上，位置的期待值可以用下式计算：

$$a_r + a_l = \sqrt{\frac{M\Omega}{\hbar}}\langle x\rangle + \frac{i}{\sqrt{\hbar\omega\Omega}}\langle p_x\rangle, \qquad i(a_r - a_l) = \sqrt{\frac{M\Omega}{\hbar}}\langle y\rangle + \frac{i}{\sqrt{\hbar\omega\Omega}}\langle p_y\rangle.$$

换句话说：

$$\langle x\rangle(t) = \sqrt{\frac{\hbar}{M\Omega}}\mathrm{Re}(a_r(t) + a_l(t)), \qquad \langle y\rangle(t) = \sqrt{\frac{\hbar}{M\Omega}}\mathrm{Re}(ia_r(t) - ia_l(t)).$$

设 $a_r(0) = \rho_r e^{-i\phi_r}$ 和 $a_l(0) = \rho_l e^{i\phi_l}$，得到：

$$\langle x\rangle(t) = \sqrt{\frac{\hbar}{M\Omega}}[\rho_r\cos(\omega_r t + \phi_r) + \rho_l\cos(\omega_l t + \phi_l)],$$

$$\langle y\rangle(t) = \sqrt{\frac{\hbar}{M\Omega}}[\rho_r\sin(\omega_r t + \phi_r) + \rho_l\sin(\omega_l t + \phi_l)].$$

正如经典运动一样，坐标 $\langle x\rangle$ 和 $\langle y\rangle$ 都是角频率 ω_r 和 ω_l 的两个正弦函数之和. x 和 y 分量有相等的振幅但相位相对移动了 $\pi/2$. 因此，在 xy 平面上的平均运动是角频率为 ω_r 和 ω_l 的两个匀速圆周运动的叠加. 轨迹与习题 17.1.5 中的一样.

17.2.5 (a) 对于 $n_r = n_l = n_z = 0$ 的波函数 $\phi_0(\boldsymbol{r})$ 可以写成变量 $x+iy$、$x-iy$ 和 z 的三个函数之积，它一定满足 $\hat{a}_\mu \phi_0(\boldsymbol{r}) = 0$，其中 $\mu = r, l, z$. 因此，对 $\hat{a}_r$ 和 $\hat{a}_l$ 分别设 $\eta = +$ 和 $\eta = -$：

$$\left[\frac{\partial}{\partial x} - i\eta\frac{\partial}{\partial y} + \frac{M\Omega}{\hbar}(x - i\eta y)\right]\phi_0(\boldsymbol{r}) = 0, \qquad \left(\frac{\partial}{\partial z} + \frac{M\omega_z}{\hbar}z\right)\phi_0(\boldsymbol{r}) = 0.$$

通过把 $\eta = \pm$ 的两个方程相加和相减，我们得到：

$$\left(\frac{\partial}{\partial x} + \frac{M\Omega}{\hbar}x\right)\phi_0(\boldsymbol{r}) = 0 \qquad \left(\frac{\partial}{\partial y} + \frac{M\Omega}{\hbar}y\right)\phi_0(\boldsymbol{r}) = 0.$$

因此，函数 $\phi_0(\boldsymbol{r})$ 是变量为 x, y, z 的三个高斯函数的乘积：

$$\phi_0(\boldsymbol{r}) \propto e^{-(x^2+y^2)/4r_0^2} e^{-z^2/4z_0^2},$$

其中

$$r_0 = \sqrt{\frac{\hbar}{2M\Omega}} \qquad \text{和} \qquad z_0 = \sqrt{\frac{\hbar}{2M\omega_z}}.$$

(b) 概率分布 $|\phi_0(\boldsymbol{r})|^2$ 的中心位于 $\boldsymbol{r} = 0$. 它沿 x 轴和 y 轴的扩展为 $\Delta x = \Delta y = r_0 \approx 11$ nm，沿 z 轴为 $\Delta z = z_0 \approx 380$ nm.

17.2.6 在感兴趣的温度范围内，$\mu = r, l, z$ 的比值 $k_B T/\hbar\omega_\mu$ 分别为

$$\frac{k_B T}{\hbar\omega_r} = 0.014 \sim 0.6, \qquad \frac{k_B T}{\hbar\omega_l} = 1.5 \times 10^5 \sim 6 \times 10^6, \qquad \frac{k_B T}{\hbar\omega_z} = 30 \sim 1300.$$

能谱的分立特性将只对回旋运动（对应着 $\hat{a}_r, \hat{a}_r^\dagger$）起决定性作用. 在非常低的温度区域，主要占据的将是该运动的前三个激发能级 $n_r = 0, 1, 2, 3$. 对于比回旋运动频率低得多的该运动的其他分量，人们预期热涨落将占据大量的能级. 运动的"量子"特征将隐藏在热噪声之下.

17.3 回旋运动与轴向运动的耦合

17.3.1 在轴向 − 回旋耦合存在时，哈密顿量为

$$\hat{H}_c = \hbar\omega_r(\hat{n}_r + 1/2) - \hbar\omega_l(\hat{n}_l + 1/2) + \frac{\hat{p}_z^2}{2M} + \frac{M\omega_z^2}{2}(1 + \epsilon\hat{n}_r)\hat{z}^2.$$

17.3.2 检验 $\hat{n}_r$ 和 $\hat{n}_l$ 与 $\hat{H}_c$ 对易是很简单的. 因此，对应的物理量（即回旋和磁控运动的激发数）都是运动常数.

17.3.3 (a) 在子空间 ε_{n_r, n_l} 内部，哈密顿量 $\hat{H}_c$ 仅包含算符 $\hat{z}$ 和 $\hat{p}_z$：

$$\hat{H}_c^{(n_r, n_l)} = \frac{\hat{p}_z^2}{2M} + \frac{M\omega_z^2}{2}(1 + \epsilon n_r)\hat{z}^2 + E_{n_r, n_l},$$

其中 $E_{n_r, n_l} = \hbar\omega_r(n_r + 1/2) - \hbar\omega_l(n_l + 1/2)$.

(b) 若将系统制备成一个属于子空间 ε_{n_r, n_l} 的态，它将保持在这个子空间中，因为 n_r 和 n_l 都是运动常数. 它的运动将由哈密顿量 $\hat{H}_c^{(\hat{n}_r, \hat{n}_l)}$ 描写，它对应于沿 z 轴的一个谐振子，其角频率为 $\omega_z\sqrt{1 + \epsilon n_r}$.

(c) $\hat{H}_c^{(n_r,n_l)}$ 的本征值是 $\hbar\omega_z(n_z+1/2)\sqrt{1+\epsilon n_r}+E_{n_r,n_l}$. 相应的本征态为厄米函数 $\psi_n(Z)$, 其中
$$Z = z\sqrt{M\omega_z(1+\epsilon n_r)^{1/2}/\hbar}.$$

17.3.4 我们可以像上面一样, 在 $\hat{n}_r$ 和 $\hat{n}_l$ 的每个子空间内做同样的操作. 这样得到 $\hat{H}_c$ 本征态的一个基, 记为 $|n_r,n_l,n_z\rangle$. 与每个本征态对应的本征值为
$$E_{n_r,n_1,n_z} = \hbar\omega_r(n_r+1/2) - \hbar\omega_l(n_l+1/2) + \hbar\omega_z(n_z+1/2)\sqrt{1+\epsilon n_r}.$$

与 17.2 节的结果相反, 这个基不再与变量 $x\pm\mathrm{i}y$ 和 z 的因子化的函数相对应. 轴向与回旋运动之间的耦合引起轴向频率与回旋运动态间的关联.

17.3.5 (a) 若系统是在子空间 ε_{n_r,n_l} 内被制备的, 则轴向哈密顿量对应着一个角频率为 $\omega_z\sqrt{1+\epsilon n_r}$ 的谐振子. 此时, 由埃伦费斯特定理给出:
$$\langle z\rangle(t) = z_0\cos(\omega_z t\sqrt{1+\epsilon n_r}),$$
$$\langle p_z\rangle(t) = -M\omega_z z_0\sqrt{1+\epsilon n_r}\sin(\omega_z t\sqrt{1+\epsilon n_r}),$$

因为量子期待值的演化方程与谐振子的经典方程相符.

(b) 在时间间隔 τ 内, 正比于 $\langle p_z\rangle(t)$ 的探测到的电流与外部振子之间的累积相移为
$$\varphi = \omega_z\tau\sqrt{1+\epsilon n_r} - \omega_z\tau \approx \frac{\epsilon}{2}\omega_z\tau n_r.$$

知道了时间 τ、频率 ω_z 和耦合常数 ϵ, 人们可以导出回旋运动的激发数 n_r.

17.3.6 (a) 可能的测量结果
$$\varphi_k = \frac{\epsilon}{2}\omega_z\tau k,$$

其中 $k = n_r$ 是一个非负的整数. 给定的实验结果明确地确定了回旋运动的激发数.

(b) 量子力学的测量假设意味着, 测量之后系统的态 $|\Psi'\rangle$ 对应于测量之前的态矢量 $|\Psi\rangle$ 在测量结果相应的本征子空间上的投影:
$$|\Psi'\rangle \propto \sum_{n_l,n_z} c_{n_r^{(0)},n_l,n_z}|n_r^{(0)},n_l,n_z\rangle,$$

其中整数 $n_r^{(0)}$ 对应着 φ 的测量结果. 人们必须把上式的右边进一步归一化, 以便得到态矢量 $|\Psi'\rangle$.

(c) 对文中给定的参量值, 人们发现 $\phi_1 = \epsilon\omega_z\tau/2 \approx 2\pi\times 1.28$. 与 n_r 和 n_r+1 相对应的相移间的差远大于 $\pi/10$ 的精度, 因而人们的确可以清晰地测量激发数 $n_r = 0,1,2,\cdots$.

(d) n_r 的一次测量把系统制备在 $\hat{n}_r$ 的一个本征子空间中. 因为 $\hat{n}_r$ 与哈密顿量 $\hat{H}_c$ 对易, 所以 n_r 是一个运动常数. 因此, 任何回旋激发数的进一步测量都将给出同样的结果 n_r, 它对应于同样的相移 φ_k. 当然, 如果该系统不是完全孤立的, 并且与它的环境发生相互作用, 则这个结论不再正确. 与环境的耦合会引起 $\hat{H}_c$ 不同本征态之间的跃迁, 在 17.4 节中我们将会看到这一点.

17.4 量子温度计

17.4.1 (a) 信号突然跳变是与俘获的电子和恒温器耦合所产生的回旋激发数的变化相关联的. 我们记得, 与之相反时, n_r 应是一个运动常数.

(b) 在图 17.1 的实验曲线 a 的情况下, 花费在 $n_1 = 0, 1, 2$ 能级上的时间的百分比分别为 $80\%, 19\%, 1\%$. 而在曲线 b 的情况下, 花费在 $n_1 = 0$ 和 $n_1 = 1$ 能级上的时间的百分比分别为 97% 和 3%.

17.4.2 对于频率为 ω 的一维谐振子, 人们发现:

$$\frac{p_{n+1}}{p_n} = \frac{e^{-(n+3/2)\hbar\omega/k_BT}}{e^{-(n+1/2)\hbar\omega/k_BT}} = e^{-\hbar\omega/k_BT},$$

它不依赖于 n.

17.4.3 对于图 17.1 所示的曲线, 我们发现:

- 曲线 a: $p_1/p_0 = 0.24$, 即 $k_B T_a = \hbar\omega_c/|\ln(0.24)| \approx 0.7\hbar\omega_c$. 这对应着 $T_a \approx 5$ K. 原则上, 温度的确定还可以利用 p_2/p_1, 但是其精度与利用 p_1/p_0 得到的相比, 差得太多.

- 曲线 b: $p_1/p_0 = 0.03$, 即 $k_B T_b = \hbar\omega_c/|\ln(0.03)| \approx 0.29\hbar\omega_c$. 这对应着 $T_b \approx 2$ K.

17.4.4 (a) 归一化因子由下式确定:

$$1 = \mathcal{N} \sum_{n=0}^{\infty} e^{-(n+1/2)\hbar\omega/k_BT}.$$

$e^{-\gamma}$ 的一个几何级数为

$$1 = \mathcal{N} \frac{e^{-\gamma/2}}{1 - e^{-\gamma}} \quad \Rightarrow \quad \mathcal{N} = 2\sinh(\gamma/2).$$

平均激发数是

$$\overline{n} = \sum_n n P_n = \frac{\sum_n n e^{-n\gamma}}{\sum_n e^{-n\gamma}} = -\frac{d}{d\gamma} \ln\left(\sum_n e^{-n\gamma}\right)$$

或

$$\bar{n} = \frac{1}{e^\gamma - 1}.$$

(b) 我们可以看到，上式中 $\bar{n}$ 是温度的一个急剧增长的函数. 若温度能使 $\gamma \approx 1$，即 $k_B T \approx \hbar\omega_c$（或对于这个实验 $T \approx 7.1$ K），则平均激发数的量级是 $(e-1)^{-1} \approx 0.6$. 低于这个温度，$n_l = 0$ 能级的填充成为主要的，这一点可以在图 17.1 的曲线上看到. $\ln p_n$ 作为 n 的函数，其变化是线性的：

$$\ln p_n = -n\frac{\hbar\omega_c}{k_B T} + \text{const}.$$

其斜率随着温度的减小而增加. 图 17.2 的曲线清晰地表明这种线性变化，温度为 1.6 K、2 K、3 K、3.9 K 分别对应比例 p/p_0=0.16, 0.092, 0.028, 0.012.

(c) 为了利用这样的一种设备测量温度，人们必须用一种显著填充在 $n_l = 1$ 能级上的统计样品. 实验上很难使 $n_r = 1$ 的能级的概率低于 10^{-2}，它对应于温度 $T \approx 1.5$ K.

(d) 为了改进这一温度计的灵敏度，人们可以：

- 大大增加总的测量时间，以便探测到 $n_r = 1$ 能级的占据概率远低于 10^{-2}；
- 减小磁场 B 的值，以便减小回旋加速频率 ω_c，并（对于一个给定温度）增加 $n_l = 1$ 能级的填充概率.

本章所用的数据取自文章: S. Peil and G. Gabrielse, *Observing the Quantum Limit of an Electron Cyclotron: QND Measurements of Quantum Jumps between Fock States*, Physical Review Letters 83, p. 1287 (1999).

第 3 部分

复杂系统

第 18 章 三体问题的精确结果

三体问题是一个著名的力学问题. 亨利·庞加莱（Henri Poincaré）是证明了它的一些精确性质的第一人，这使他成为一位名人. 本章的目的是导出量子力学三体问题的一些严格结果. 其中，我们感兴趣的是获得三体基态能量的严格下限，上限用变分法较为容易得到. 我们将看到得到的下限实际上相当接近于精确答案，对此它们给出了有用的近似.

18.1 两体问题

考虑一个有相等的质量 m、动量分别为 $\boldsymbol{p}_1$ 和 $\boldsymbol{p}_2$ 的两粒子系统，这两个粒子通过一个位势 $V(r_{12})$ 相互作用，其中 $r_{12} = |\boldsymbol{r}_1 - \boldsymbol{r}_2|$.

18.1.1 写出该系统的哈密顿量 $\hat{H}$. 设 $\boldsymbol{P} = \boldsymbol{p}_1 + \boldsymbol{p}_2$ 和 $\boldsymbol{p} = (\boldsymbol{p}_1 - \boldsymbol{p}_2)/2$ 分别为总动量和相对动量. 通过把 $\hat{H}$ 写成下式，分离成质心哈密顿量 $\hat{H}_{\mathrm{cm}}$ 和相对运动哈密顿量 $\hat{H}_{12}$:

$$\hat{H} = \hat{H}_{\mathrm{cm}} + \hat{H}_{12}, \qquad H_{\mathrm{cm}} = \frac{\hat{\boldsymbol{P}}^2}{2M}, \qquad \hat{H}_{12} = \frac{\hat{\boldsymbol{p}}^2}{2\mu} + V(\hat{r}_{12}), \qquad (18.1)$$

其中 $M = 2m$ 是系统的总质量，用 m 给出约化质量 μ 的值.

18.1.2 用 $E^{(2)}(\mu)$ 表示 $\hat{H}_{12}$ 的基态能量. 对于 $V(r) = -b^2/r$ 和 $V(r) = kr^2/2$ 两种情况，给出 $E^{(2)}(\mu)$ 的表达式.

18.2 变分法

设 $\{|n\rangle\}$ 是哈密顿量 $\hat{H}$ 的正交本征态，$\{E_n\}$ 是相应于本征值 $E_0 < E_1 < E_2 < \cdots$ 的有序序列.

18.2.1 证明 $\langle n|\hat{H}|n\rangle = E_n$.

18.2.2 考虑该系统希尔伯特空间的一个任意矢量 $|\psi\rangle$. 通过用基 $\{|n\rangle\}$ 把 $|\psi\rangle$ 展开，证明不等式

$$\forall \psi, \quad \langle\psi|\hat{H}|\psi\rangle \geqslant E_0 \langle\psi|\psi\rangle. \tag{18.2}$$

18.2.3 证明：若 $\hat{H}$ 是一个两体子系统的哈密顿量，而 $|\psi\rangle$ 是一个三体态，则上述结果仍然适用. 为了做到这一点，用 $\hat{H}_{12}$ 表示在波函数为 $\psi(\boldsymbol{r}_1, \boldsymbol{r}_2, \boldsymbol{r}_3)$ 的三体系统中子系统 (1,2) 的哈密顿量. 可以首先考虑一个给定的 $\boldsymbol{r}_3$ 值，然后将结果对这个变量进行积分.

18.3 三体和两体部分的关系

考虑一个质量均为 m，且具有两两相互作用

$$V = V(r_{12}) + V(r_{13}) + V(r_{23})$$

的三粒子的系统.

18.3.1 检验下列恒等式：

$$3(\boldsymbol{p}_1^2 + \boldsymbol{p}_2^2 + \boldsymbol{p}_3^2) = (\boldsymbol{p}_1 + \boldsymbol{p}_2 + \boldsymbol{p}_3)^2 + (\boldsymbol{p}_1 - \boldsymbol{p}_2)^2 + (\boldsymbol{p}_2 - \boldsymbol{p}_3)^2 + (\boldsymbol{p}_3 - \boldsymbol{p}_1)^2,$$

并证明三体哈密顿量可以写成

$$\hat{H}^{(3)} = \hat{H}_{\text{cm}} + \hat{H}_{\text{rel}}^{(3)}, \quad \hat{H}_{\text{cm}} = \frac{\hat{\boldsymbol{P}}^2}{6m},$$

其中 $\hat{\boldsymbol{P}} = \hat{\boldsymbol{p}}_1 + \hat{\boldsymbol{p}}_2 + \hat{\boldsymbol{p}}_3$ 是三体总动量，而相对哈密顿量 $\hat{H}_{\text{rel}}^{(3)}$ 是（18.1）式所定义的两粒子哈密顿量的和：

$$\hat{H}_{\text{rel}}^{(3)} = \hat{H}_{12} + \hat{H}_{23} + \hat{H}_{31}.$$

它有一个新的约化质量值 μ'. 用 m 把 μ' 表示出来.

18.3.2 一般来说，这些两体哈密顿量 $\hat{H}_{ij}$ 相互对易吗？如果它们对易，结果会怎么样？

18.3.3 我们把 $\hat{H}_{\text{rel}}^{(3)}$ 的归一化的基态称为 $|\Omega\rangle$，相应的能量记为 $E^{(3)}$. 证明该三体基态能量通过不等式

$$E^{(3)} \geqslant 3E^{(2)}(\mu') \tag{18.3}$$

与每一个两体子系统的基态能量相关联.

18.3.4 在 $V(r) = -b^2/r$ 和 $V(r) = kr^2/2$ 的两种情况下，人们求得的三体基态能量 $E^{(3)}$ 下限是什么？

在第一种情况下，可以得到的精确数值结果是 $E^{(3)} \approx 1.067 mb^4/\hbar^2$. 它与（18.3）式的下限相比较结果如何？

18.4 三体谐振子

在谐振子相互作用 $V(r) = kr^2/2$ 的情况下，三体问题可以精确求解. 为了做到这一点，我们引入雅可比（Jacobi）变量：

$\hat{\boldsymbol{R}}_1 = (\hat{\boldsymbol{r}}_1 - \hat{\boldsymbol{r}}_2)/\sqrt{2}, \quad \hat{\boldsymbol{R}}_2 = (2\hat{\boldsymbol{r}}_3 - \hat{\boldsymbol{r}}_1 - \hat{\boldsymbol{r}}_2)/\sqrt{6}, \quad \hat{\boldsymbol{R}}_3 = (\hat{\boldsymbol{r}}_1 + \hat{\boldsymbol{r}}_2 + \hat{\boldsymbol{r}}_3)/\sqrt{3},$

$\hat{\boldsymbol{Q}}_1 = (\hat{\boldsymbol{p}}_1 - \hat{\boldsymbol{p}}_2)/\sqrt{2}, \quad \hat{\boldsymbol{Q}}_2 = (2\hat{\boldsymbol{p}}_3 - \hat{\boldsymbol{p}}_1 - \hat{\boldsymbol{p}}_2)/\sqrt{6}, \quad \hat{\boldsymbol{Q}}_3 = (\hat{\boldsymbol{p}}_1 + \hat{\boldsymbol{p}}_2 + \hat{\boldsymbol{p}}_3)/\sqrt{3}.$

18.4.1 在 $\hat{\boldsymbol{R}}_j$ 和 $\hat{\boldsymbol{Q}}_k$ 的分量 $\hat{R}_j^\alpha$ 和 $\hat{Q}_k^\beta$ 之间 ($\alpha = 1, 2, 3$，$\beta = 1, 2, 3$) 的对易关系是什么？

18.4.2 检验 $Q_1^2 + Q_2^2 + Q_3^2 = p_1^2 + p_2^2 + p_3^2$ 和 $3(R_1^2 + R_2^2) = (\boldsymbol{r}_1 - \boldsymbol{r}_2)^2 + (\boldsymbol{r}_2 - \boldsymbol{r}_3)^2 + (\boldsymbol{r}_3 - \boldsymbol{r}_1)^2$.

18.4.3 使用那些用于谐振子两体相互作用 $V(r) = kr^2/2$ 的变量改写三体哈密顿量. 从这个结果推导出三体的基态能量. 证明不等式（18.3）是饱和的，这就是说，（18.3）式的下确界与这种情况的精确解相符合.

你认为对任意位势都适用的约束（18.3）式能在无须指定位势的情况下进一步改进吗？

18.5 在夸克模型中从介子到重子

在粒子物理中，前面的结果是特别令人感兴趣的，因为介子是两个夸克的束缚态，而重子，比如质子，是三个夸克的束缚态. 此外，实验观测表明，介子和重子的能谱可以用夸克系统的非相对论势模型非常好地解释.

例如，φ 介子是一个奇异夸克 s 和它的反夸克 s̄ 构成的一个束缚态，这两个正反夸克具有相同质量 m_s. 质量 m_ϕ 由 $m_\phi = 2m_s + E^{(2)}(\mu)/c^2$ 给出，其中 $\mu = m_s/2$, c 是光速，而 $E^{(2)}$ 是 s s̄ 系统的基态能量，它们是通过位势 $V_{q\bar{q}}(r)$ 束缚在一起的. Ω^- 重子是由三个奇异夸克组成的. 它的质量由 $M_\Omega = 3m_s + E^{(3)}/c^2$ 给出，其中 $E^{(3)}$ 是三个 s 夸克的基态能量，这些夸克通过两两之间的两体势 $V_{qq}(r)$ 相互作用.

通过

$$V_{qq}(r) = \frac{1}{2} V_{q\bar{q}}(r),$$

这两种位势非常简单地彼此相互关联. 这是一个引人注目的性质，称为味无关性，即这些势对于所有类型的夸克都相同.

18.5.1 遵循与 18.3 节类似的步骤，证明 $E^{(3)} \geqslant (3/2) E^{(2)}(\mu')$. 用 $\mu = m_s/2$ 表示 μ'.

18.5.2 考虑位势 $V_{q\bar{q}}(r) = g \ln(r/r_0)$ 和两体哈密顿量 $\hat{H}^{(2)}(\mu)$ 和 $\hat{H}^{(2)}(\widetilde{\mu})$，这两个哈密顿量中的位势有前述位势相同的形式，但不同的约化质量 μ 和 $\widetilde{\mu}$ 对应着相同的位势. 通过重新标度 r，把 $\hat{H}^{(2)}(\widetilde{\mu})$ 变换成 $\hat{H}^{(2)}(\mu) + C$，其中 C 是一个常数.

计算 C 的值，并证明 $\hat{H}^{(2)}(\mu)$ 的本征值 $E_n^{(2)}(\mu)$ 和 $\hat{H}^{(2)}(\widetilde{\mu})$ 的本征值 $E_n^{(2)}(\widetilde{\mu})$ 通过简单的公式

$$E_n^{(2)}(\widetilde{\mu}) = E_n^{(2)}(\mu) + \frac{g}{2} \ln \frac{\mu}{\widetilde{\mu}}$$

相关联.

18.5.3 在夸克 – 反夸克系统中，能级间距的一个突出的特征是这些间距近似地独立于所考虑的夸克的性质，因此不依赖于夸克质量. 为什么这个特征证明

了上述位势 $V_{q\bar{q}}(r) = g\ln(r/r_0)$ 的形式是正确的？

18.5.4 证明 Ω^- 和 ϕ 介子的质量 M_Ω 和 m_ϕ 之间下列关系成立：

$$M_\Omega \geqslant \frac{3}{2}m_\phi + a.$$

并把常数 a 用耦合常数 g 表示出来.

18.5.5 观测到的质量 $m_\phi = 1\,019 \text{ MeV}/c^2$ 和 $M_\Omega = 1\,672 \text{ MeV}/c^2$. 耦合常数 $g = 650$ MeV. 用这些数据检验上述不等式.

18.6 解

18.1 两体问题

18.1.1 两体哈密顿量是

$$\hat{H} = \frac{\hat{\boldsymbol{p}}_1^2}{2m} + \frac{\hat{\boldsymbol{p}}_2^2}{2m} + \hat{V}(r_{12}).$$

质心运动可以像往常一样分离出来：

$$\hat{H} = \frac{\hat{\boldsymbol{P}}^2}{2M} + \frac{\hat{\boldsymbol{p}}^2}{2\mu} + \hat{V}(r_{12}),$$

其中，$M = 2m$ 和 $\mu = m/2$ 分别为系统的总质量和约化质量.

18.1.2 对于一个库仑型相互作用 $V(r) = -b^2/r$，我们得到

$$E^{(2)}(\mu) = -\frac{\mu b^4}{2\hbar^2}.$$

对于一个谐振子相互作用 $V(r) = kr^2/2$，我们得到

$$E^{(2)}(\mu) = \frac{3}{2}\hbar\sqrt{\frac{k}{\mu}}.$$

18.2 变分法

18.2.1 根据定义，$\langle n|\hat{H}|n\rangle = E_n\langle n|n\rangle = E_n.$

18.2.2 因为 $\{|n\rangle\}$ 是希尔伯特空间的一组基, $|\psi\rangle$ 可以展开成 $|\psi\rangle = \sum c_n |n\rangle$, 而且其模的平方是 $\langle \psi | \psi \rangle = \sum |c_n|^2$. 因此有 $\langle \psi | \hat{H} | \psi \rangle = \sum E_n |c_n|^2$.

如果简单地写成:

$$\langle \psi | \hat{H} | \psi \rangle - E_0 \langle \psi | \psi \rangle = \sum (E_n - E_0) |c_n|^2,$$

因为 $E_n \geqslant E_0$ 和 $|c_n|^2 \geqslant 0$, 我们得到:

$$\langle \psi | \hat{H} | \psi \rangle \geqslant E_0 \langle \psi | \psi \rangle.$$

18.2.3 如果 $\hat{H} = \hat{H}_{12}$, 则对于固定的 $\boldsymbol{r}_3$, $\psi(\boldsymbol{r}_1, \boldsymbol{r}_2, \boldsymbol{r}_3)$ 可以看作一个非归一化的两体波函数. 因此,

$$\int \psi^*(\boldsymbol{r}_1, \boldsymbol{r}_2, \boldsymbol{r}_3) \hat{H}_{12} \psi(\boldsymbol{r}_1, \boldsymbol{r}_2, \boldsymbol{r}_3) \mathrm{d}^3 r_1 \mathrm{d}^3 r_2$$
$$\geqslant E_0 \int |\psi(\boldsymbol{r}_1, \boldsymbol{r}_2, \boldsymbol{r}_3)|^2 \mathrm{d}^3 r_1 \mathrm{d}^3 r_2.$$

将该不等式对 $\boldsymbol{r}_3$ 求积分, 获得欲求的结果.

18.3 三体和两体部分的关系

18.3.1 这个恒等式是显然的, 因为右边的交叉项为零. 因此,

$$\hat{H} = \hat{\boldsymbol{P}}^2 / (6m) + \hat{H}_{12} + \hat{H}_{23} + \hat{H}_{31},$$

其中

$$\hat{H}_{ij} = \frac{(\hat{\boldsymbol{p}}_i - \hat{\boldsymbol{p}}_j)^2}{6m} + \hat{V}(r_{ij}) = \frac{[(\hat{\boldsymbol{p}}_i - \hat{\boldsymbol{p}}_j)/2]^2}{2\mu'} + \hat{V}(r_{ij}). \tag{18.4}$$

其中, 约化质量 $\mu' = 3m/4$.

18.3.2 显然, $\hat{H}_{12}$ 和 $\hat{H}_{23}$ 不对易. 例如, $\hat{\boldsymbol{p}}_1 - \hat{\boldsymbol{p}}_2$ 与 $\hat{V}(r_{23})$ 不对易. 假如它们对易的话, 则三体能量就将仅仅是用约化质量 $\mu' = 3m/4$ 算出来的两体能量之和, 那时三体问题的求解就会很简单.

18.3.3 根据定义, $E^{(3)} = \langle \Omega | \hat{H}_{\mathrm{rel}}^{(3)} | \Omega \rangle = \sum \langle \Omega | \hat{H}_{ij} | \Omega \rangle$. 但根据习题 18.2.2 和 18.2.3 的结果, 有 $\langle \Omega | \hat{H}_{ij} | \Omega \rangle \geqslant E^{(2)}(\mu')$, 所以

$$E^{(3)} \geqslant 3 E^{(2)}(\mu'), \quad \text{其中 } \mu' = 3m/4.$$

18.3.4 对于一个库仑型位势, 我们得到

$$E^{(3)} \geqslant -\frac{3}{2} \frac{\mu' b^4}{\hbar^2} = -\frac{9}{8} \frac{m b^4}{\hbar^2},$$

它与精确结果 $-1.067mb^4/\hbar^2$ 只偏离了 0.6%.

在谐振子情况中，我们求得

$$E^{(3)} \geqslant 3 \cdot \frac{3}{2}\hbar\sqrt{\frac{k}{\mu'}} = 3\sqrt{3}\hbar\sqrt{\frac{k}{m}}.$$

18.4 三体谐振子

18.4.1 人们很容易证明，雅可比变量满足正则对易关系：

$$[\hat{R}_j^\alpha, \hat{Q}_k^\beta] = \mathrm{i}\hbar\delta_{jk}\delta_{\alpha\beta}.$$

18.4.2 这些关系都是简单的代数练习.

18.4.3 我们发现

$$\hat{H} = \frac{\hat{Q}_1^2}{2m} + \frac{3}{2}k\hat{R}_1^2 + \frac{\hat{Q}_2^2}{2m} + \frac{3}{2}k\hat{R}_2^2 + \frac{\hat{Q}_3^2}{2m} = \hat{H}_1 + \hat{H}_2 + \hat{H}_{\mathrm{cm}},$$

其中 $\hat{H}_{\mathrm{cm}} = \hat{Q}_3^2/(2m) = \hat{P}^2/(6m)$ 是质心哈密顿量. 三个哈密顿量 $\hat{H}_1$、$\hat{H}_2$ 和 $\hat{H}_{\mathrm{cm}}$ 相互对易. 因此，（在质心处于静止的情况下）基态能量是

$$E^{(3)} = 2 \cdot \frac{3}{2}\hbar\sqrt{\frac{3k}{m}} = 3\sqrt{3}\hbar\sqrt{\frac{k}{m}},$$

它与习题 18.3.4 得到的下限是一致的. 因此，如果相互作用是简谐的，则该能量等于这个下限.

为了改进这个下限，人们必须进一步规定相互作用. 实际上，当且仅当相互作用势是简谐的，该能量才等于这个下限. 的确，当且仅当波函数与精确的基态波函数相符时我们所用的变分不等式变成一个等式. 由于二次型的特殊对称性，雅可比变量保证了在简谐情况下有这一结果. 对于任何其他的位势，这个性质就不再适用了.

18.5 在夸克模型中从介子到重子

18.5.1 $s\bar{s}$ 的相对运动哈密顿量为

$$\hat{H}^{(2)} = \frac{\hat{p}^2}{m_{\mathrm{s}}} + V_{q\bar{q}}(\hat{r}).$$

的相对运动哈密顿量为（参看 18.3 节）

$$\hat{H}^{(3)} = \sum_{i<j} \left[\frac{(\hat{p}_i - \hat{p}_j)^2}{6m_s} + \frac{1}{2} V_{q\bar{q}}(\hat{r}_{ij}) \right] \tag{18.5}$$

$$= \frac{1}{2} \sum_{i<j} \left[\frac{(\hat{p}_i - \hat{p}_j)^2}{3m_s} + V_{q\bar{q}}(\hat{r}_{ij}) \right]. \tag{18.6}$$

因此，

$$2\hat{H}^{(3)} = \sum_{i<j} \hat{H}_{ij}, \quad \text{其中} \quad \hat{H}_{ij} = \frac{[(\hat{p}_i - \hat{p}_j)/2]^2}{2\mu'} + V_{q\bar{q}}(\hat{r}_{ij}),$$

且 $\mu' = 3m_s/8 = 3\mu/4$. 从这个关系我们导出不等式：

$$2E^{(3)} \geqslant 3E^{(2)}(\mu'), \quad \text{其中} \quad \mu' = 3\mu/4.$$

18.5.2 利用重新标度 $r \to \alpha r$，我们求得

$$\hat{H}^{(2)}(\widetilde{\mu}) = \frac{\hat{p}^2}{2\alpha^2 \widetilde{\mu}} + g \ln \frac{r}{r_0} + g \ln \alpha.$$

若 $\alpha = \sqrt{\mu/\widetilde{\mu}}$，则 $\hat{H}^{(2)}(\widetilde{\mu}) = \hat{H}^{(2)}(\mu) + g \ln \alpha$，所以

$$E_n^{(2)}(\widetilde{\mu}) = E_n^{(2)}(\mu) + \frac{g}{2} \ln \frac{\mu}{\widetilde{\mu}}.$$

18.5.3 在对数势的情况下，能级间距不依赖于质量. 至少对于重夸克，这是观测到的能谱引人注目的特点，因而表明研究对数势是必要的. 足以令人惊讶的是，这一经验规则对于轻夸克也很适用，尽管人们可能预期相对论处理是必要的.

18.5.4 束缚能满足

$$E^{(3)} \geqslant \frac{3}{2} \left(E^{(2)} + \frac{g}{2} \ln \frac{4}{3} \right),$$

其中

$$M_\Omega = 3m_s + \frac{E^{(3)}}{c^2}, \quad m_\Phi = 2m_s + \frac{E^{(2)}}{c^2}.$$

因此，我们得到

$$M_\Omega \geqslant \frac{3}{2} m_\Phi + \frac{3g}{4c^2} \ln \frac{4}{3}.$$

18.5.5 对于 $g = 650$ MeV 和 $a = 140$ MeV/c^2，我们得到

$$M_\Omega c^2 = 1\,672 \text{ MeV} \geqslant 1\,669 \text{ MeV},$$

它是非常精确的.

实际上，夸克－夸克势只在小于 1 fm 的距离上才是对数的，这个距离对应于 φ 介子的均方半径. 在较大距离处，它较迅速地增长（线性地）. 这种不等式在实际选取位势和该位势的适用区域上是非常有用的. 这种不等式的推广可以在 18.7 节的文献中找到，它们在各种各样的物理问题中是有用的.

18.7 参考文献

J.-L. Basdevant, J.-M. Richard, and A. Martin, Nuclear Physics B343, 60, 69(1990).

J.-L. Basdevant, J.-M. Richard, A. Martin, and Tai Tsun Wu, Nuclear Physics B393, 111 (1993).

第 19 章 玻色 – 爱因斯坦凝聚的性质

通过把许多整数自旋的原子冷却到低于 1 微开（micro-Kelvin）的温度，人们就可以观测到玻色 – 爱因斯坦（Bose-Einstein）凝聚现象. 这导致了一种情况：很大一部分的原子都处在相同的量子态. 因此，系统具有了显著的相干性质. 我们在这里研究这种 N 个粒子系统的基态，此后将其称为凝聚. 我们将证明该系统的性质主要取决于原子间的两体相互作用是吸引的还是排斥的.

19.1 谐振势阱中的粒子

我们考虑一个质量为 m 的粒子，将其放到一个频率为 $\omega/(2\pi)$ 的谐振位势中. 系统的哈密顿量为

$$\hat{H} = \frac{\hat{\boldsymbol{p}}^2}{2m} + \frac{1}{2}m\omega^2\hat{\boldsymbol{r}}^2,$$

其中 $\hat{\boldsymbol{r}} = (\hat{x}, \hat{y}, \hat{z})$ 和 $\hat{\boldsymbol{p}} = (\hat{p}_x, \hat{p}_y, \hat{p}_z)$ 分别为该粒子的坐标和动量算符. 设 $a_0 = \sqrt{\hbar/(m\omega)}$.

19.1.1 回顾这个系统的能级和它的基态波函数 $\phi_0(\boldsymbol{r})$.

19.1.2 用变分法求得这个基态能量的上限. 我们利用一个高斯型试探函数：

$$\psi_\sigma(\boldsymbol{r}) = \frac{1}{(\sigma^2\pi)^{3/4}} \exp[-r^2/(2\sigma^2)], \qquad \text{其中 } \sigma > 0. \tag{19.1}$$

下面给出一组相关的有用的积分值.

通过改变 σ 求基态能量的上限. 将该上限与精确结果比较, 并评注这个结果.

公式

$$\int |\psi_\sigma(\boldsymbol{r})|^2 \mathrm{d}x \mathrm{d}y \mathrm{d}z = 1, \qquad \int |\psi_\sigma(\boldsymbol{r})|^4 \mathrm{d}x \mathrm{d}y \mathrm{d}z = \frac{1}{(2\pi)^{3/2}} \frac{1}{\sigma^3},$$

$$\int x^2 |\psi_\sigma(\boldsymbol{r})|^2 \mathrm{d}x \mathrm{d}y \mathrm{d}z = \frac{\sigma^2}{2}, \qquad \int \left|\frac{\partial \psi_\sigma(\boldsymbol{r})}{\partial x}\right|^2 \mathrm{d}x \mathrm{d}y \mathrm{d}z = \frac{1}{2\sigma^2}.$$

19.2 两个禁闭粒子间的相互作用

现在我们考虑两个质量同为 m 的粒子, 它们处于相同的谐振势中. 我们把这两个粒子的位置和动量算符分别记为 $\hat{\boldsymbol{r}}_1$、$\hat{\boldsymbol{r}}_2$ 和 $\hat{\boldsymbol{p}}_1$、$\hat{\boldsymbol{p}}_2$.

19.2.1 在两个粒子之间没有相互作用时, 系统的哈密顿量为

$$\hat{H} = \frac{\hat{\boldsymbol{p}}_1^2}{2m} + \frac{\hat{\boldsymbol{p}}_2^2}{2m} + \frac{1}{2}m\omega^2 \hat{\boldsymbol{r}}_1^2 + \frac{1}{2}m\omega^2 \hat{\boldsymbol{r}}_2^2.$$

(a) 这个哈密顿量的能级是什么?

(b) 基态波函数 $\Phi_0(\boldsymbol{r}_1, \boldsymbol{r}_2)$ 是什么?

19.2.2 现在假设这两个粒子通过一个位势 $v(\boldsymbol{r}_1 - \boldsymbol{r}_2)$ 相互作用. 假定在 a_0 标度上, 这个势是非常短程的, 其峰在原点附近. 因此, 对于两个只在比 a_0 大的区域内有明显变化的函数 $f(\boldsymbol{r})$ 和 $g(\boldsymbol{r})$, 我们有

$$\iint f(\boldsymbol{r}_1) g(\boldsymbol{r}_2) v(\boldsymbol{r}_1 - \boldsymbol{r}_2) \mathrm{d}^3 r_1 \mathrm{d}^3 r_2 \approx \frac{4\pi \hbar^2 a}{m} \int f(\boldsymbol{r}) g(\boldsymbol{r}) \mathrm{d}^3 r. \tag{19.2}$$

称为散射长度的量 a 是所考虑的原子本身的一个特征. 它可能为正 (排斥相互作用) 也可能为负 (吸引相互作用). 例如, 人们可以测量到, 对于钠原子 (同位素 ^{23}Na) $a = 3.4$ nm, 而对于锂原子 (同位素 ^{7}Li) $a = -1.5$ nm.

(a) 使用微扰论, 计算由两个原子间相互作用引起的 $\hat{H}$ 基态能量的移动, 计算到 a 的第一级. 评注这个能移的符号.

(b) 在关于 a 和 a_0 的什么条件下, 这个微扰方法可适用?

19.3 玻色 – 爱因斯坦凝聚的能量

我们现在考虑 N 个粒子被囚禁在相同角频率 ω 的谐振势阱内. 粒子通过由（19.2）式定义的 $v(\boldsymbol{r})$ 两两相互作用. 系统的哈密顿量为

$$\hat{H} = \sum_{i=1}^{N} \left(\frac{\hat{\boldsymbol{p}}_i^2}{2m} + \frac{1}{2} m\omega^2 \hat{\boldsymbol{r}}_i^2 \right) + \frac{1}{2} \sum_{i=1}^{N} \sum_{\substack{j=1 \\ j \neq i}}^{N} v(\hat{\boldsymbol{r}}_i - \hat{\boldsymbol{r}}_j).$$

为了找到系统基态能量（的上限）的估算值，我们使用变分法，此时试探波函数具有下列因子化的形式：

$$\Psi_\sigma(\boldsymbol{r}_1, \boldsymbol{r}_2, \cdots, \boldsymbol{r}_N) = \psi_\sigma(\boldsymbol{r}_1) \psi_\sigma(\boldsymbol{r}_2) \cdots \psi_\sigma(\boldsymbol{r}_N),$$

其中，$\psi_\sigma(\boldsymbol{r})$ 由（19.1）式定义.

19.3.1 如果 N 个粒子系统处在 $|\Psi_\sigma\rangle$ 态，计算动能、势能和相互作用能的期待值：

$$E_{\mathrm{k}}(\sigma) = \langle \Psi_\sigma | \sum_{i=1}^{N} \frac{\hat{\boldsymbol{p}}_i^2}{2m} | \Psi_\sigma \rangle, \qquad E_{\mathrm{p}}(\sigma) = \langle \Psi_\sigma | \sum_{i=1}^{N} \frac{1}{2} m\omega^2 \hat{\boldsymbol{r}}_i^2 | \Psi_\sigma \rangle,$$

$$E_{\mathrm{int}}(\sigma) = \langle \Psi_\sigma | \frac{1}{2} \sum_{i=1}^{N} \sum_{\substack{j=1 \\ j \neq i}}^{N} v(\hat{\boldsymbol{r}}_i - \hat{\boldsymbol{r}}_j) | \Psi_\sigma \rangle.$$

令 $E(\sigma) = \langle \Psi_\sigma | \hat{H} | \Psi_\sigma \rangle$.

19.3.2 我们引入无量纲量 $\widetilde{E}(\sigma) = E(\sigma)/(N\hbar\omega)$ 和 $\tilde{\sigma} = \sigma/a_0$. 给出 $\widetilde{E}$ 用 $\tilde{\sigma}$ 表示的表达式，把结果整理成下列形式：

$$\widetilde{E}(\sigma) = \frac{3}{4} \left(\frac{1}{\tilde{\sigma}^2} + \tilde{\sigma}^2 \right) + \frac{\eta}{\tilde{\sigma}^3},$$

并把量 η 表示成 N、a 和 a_0 的一个函数. 在下文中，假设 $N \gg 1$.

19.3.3 对于 $a = 0$，回忆 $\hat{H}$ 的基态能量.

19.4 具有相互排斥作用的凝聚

在这一部分，假设原子之间的两体相互作用是排斥力，即 $a > 0$.

19.4.1 定性地画出作为 $\tilde{\sigma}$ 函数的 $\tilde{E}$ 值. 讨论它的最小值 $\tilde{E}_{\min}$ 的位置随 η 的变化.

19.4.2 考虑 $\eta \gg 1$ 的情况，证明动能对 $\tilde{E}$ 的贡献是可以忽略的. 在这种近似下，计算 $\tilde{E}_{\min}$ 的近似值.

19.4.3 在这种变分计算中，凝聚能量如何随着原子数 N 变化？把这个预言与图 19.1 所示的实验结果比较.

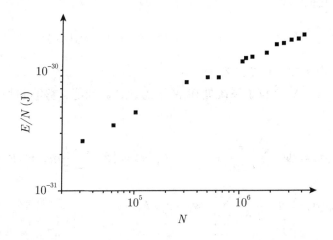

图 19.1 在 Na 凝聚中每个原子的能量 E/N 作为凝聚中原子数 N 的函数

19.4.4 图 19.1 是在频率为 $\omega/(2\pi) = 142$ Hz 的谐振势阱中用钠原子（质量为 $m = 3.8 \times 10^{-26}$ kg）凝聚得到的.

(a) 对于这个势，计算 a_0 和 $\hbar\omega$.

(b) N 在大于什么值时，$\eta \gg 1$ 的近似成立？

(c) 在前述模型的范畴内，计算钠原子的散射长度值，它可以从图 19.1 的数据中推断出来. 把这个结果与散射实验中得到的值 $a = 3.4$ nm 比较. 事先改进变分法的精度可能吗？

19.5 具有相互吸引作用的凝聚

现在假设散射长度 a 是负的.

19.5.1 定性地画出 $\widetilde{E}$ 作为 $\widetilde{\sigma}$ 的函数.

19.5.2 评论一下在 $\sigma \to 0$ 的区域中的近似式（19.2）.

19.5.3 证明存在 $|\eta|$ 的一个临界值 η_c, 当大于这个值时, 对于 $\widetilde{\sigma} \neq 0$ 的值 $\widetilde{E}$ 不再具有一个定域极小值. 计算相应的作为 a_0 函数的 σ_c 的大小.

19.5.4 在用锂原子（$m = 1.17 \times 10^{-26}$ kg）做的实验中, 人们已经注意到对频率为 $\omega/(2\pi) = 145$ Hz 的势阱, 凝聚中原子的数目绝不会超过 1 200 个. 如何解释这个结果?

19.6 解

19.1 谐振势阱中的粒子

19.1.1 一个三维谐振子的哈密顿量可以写成

$$\hat{H} = \hat{H}_x + \hat{H}_y + \hat{H}_z,$$

其中 $\hat{H}_i$ 表示沿着 $i = x, y, z$ 轴的, 频率相同的一维谐振子. 因此, 我们使用一组 $\hat{H}$ 的本征函数基, 其形式为 $\phi(x, y, z) = \chi_{n_x}(x)\chi_{n_y}(y)\chi_{n_z}(z)$, 即 $\hat{H}_x$、$\hat{H}_y$、$\hat{H}_z$ 的本征函数之积, 其中 $\chi_{n_x}(x)$ 是第 n 个厄米函数. $\hat{H}$ 的本征值可以写成 $E_n = (n + 3/2)\hbar\omega$, 其中 $n = n_x + n_y + n_z$ 是一个非负的整数.

能量为 $(3/2)\hbar\omega$ 的基态波函数对应着 $n_x = n_y = n_z = 0$, 即

$$\phi_0(\boldsymbol{r}) = \frac{1}{(a_0^2\pi)^{3/4}} \exp[-r^2/(2a_0^2)].$$

19.1.2 试探波函数 ψ_σ 是归一化的. 为了求得 $\hat{H}$ 的基态能量上限, 必须计

算 $E(\sigma) = \langle \psi_\sigma | \hat{H} | \psi_\sigma \rangle$，并对 σ 取极小值. 利用文中给出的公式，我们得到

$$\langle \psi_\sigma | \frac{\hat{p}^2}{2m} | \psi_\sigma \rangle = 3 \frac{\hbar^2}{2m} \frac{1}{2\sigma^2}, \qquad \langle \psi_\sigma | \frac{1}{2} m\omega^2 r^2 | \psi_\sigma \rangle = 3 \frac{m\omega^2}{2} \frac{\sigma^2}{2}$$

和

$$E(\sigma) = \frac{3}{4} \hbar\omega \left(\frac{a_0^2}{\sigma^2} + \frac{\sigma^2}{a_0^2} \right).$$

在 $\sigma = a_0$ 处，这个量取极小值，而且我们发现 $E_{\min}(\sigma) = (3/2)\hbar\omega$. 在这个特定的情况下，上限与精确解一致. 其原因归结于试探波函数集合包含了 $\hat{H}$ 的基态波函数这一事实.

19.2 两个禁闭粒子间的相互作用

19.2.1 (a) 哈密顿量 $\hat{H}$ 可以写成 $\hat{H} = \hat{H}_1 + \hat{H}_2$，其中 $\hat{H}_1$ 和 $\hat{H}_2$ 分别为粒子 1 和粒子 2 的哈密顿量. $\hat{H}$ 的本征函数的基可通过取 $\hat{H}_1$ 的本征函数（变量 r_1 的函数）与 $\hat{H}_2$ 的本征函数（变量 r_2 的函数）的乘积构成. 能量的本征值是 $E_n = (n+3)\hbar\omega$，其中 n 是非负整数.

(b) $\hat{H}$ 的基态是

$$\Phi_0(\boldsymbol{r}_1, \boldsymbol{r}_2) = \phi_0(\boldsymbol{r}_1)\phi_0(\boldsymbol{r}_2) = \frac{1}{a_0^3 \pi^{3/2}} \exp[-(r_1^2 + r_2^2)/(2a_0^2)].$$

19.2.2 (a) 因为 $\hat{H}$ 的基态是非简并的，它的能移到 a 的第一阶可以写成

$$\Delta E = \langle \Phi_0 | \widetilde{v} | \Phi_0 \rangle = \iint |\Phi_0(\boldsymbol{r}_1, \boldsymbol{r}_2)|^2 v(\boldsymbol{r}_1 - \boldsymbol{r}_2) \mathrm{d}^3 r_1 \mathrm{d}^3 r_2$$

$$\approx \frac{4\pi\hbar^2 a}{m} \int |\phi_0(\boldsymbol{r})|^4 \mathrm{d}^3 r = \frac{4\pi\hbar^2 a}{m} \frac{1}{(2\pi)^{3/2}} \frac{1}{a_0^3},$$

因此

$$\frac{\Delta E}{\hbar\omega} = \sqrt{\frac{2}{\pi}} \frac{a}{a_0}.$$

对于相互排斥作用（$a > 0$），系统的能量增加；相反，在相互吸引作用（$a < 0$）的情况下，基态能量降低.

(b) 只要能移 ΔE 比 $\hat{H}$ 的能级间距 $\hbar\omega$ 小，则微扰方法给出一个很好的近似. 因此，一定会有 $|a| \ll a_0$，也就是说，散射长度一定小于基态波函数延伸的范围.

19.3 玻色 – 爱因斯坦凝聚的能量

19.3.1 利用文中提供的公式，我们求得

$$E_k(\sigma) = N\frac{3}{4}\frac{\hbar^2}{m\sigma^2}, \qquad E_p(\sigma) = N\frac{3}{4}m\omega^2\sigma^2,$$

$$E_{\text{int}}(\sigma) = \frac{N(N-1)}{2}\sqrt{\frac{2}{\pi}}\hbar\omega\frac{aa_0^2}{\sigma^3}.$$

的确，有 N 个动能项和势能项，以及 $N(N-1)/2$ 对贡献给相互作用能的项.

19.3.2 利用文中引入的变量变换，发现

$$\widetilde{E}(\sigma) = \frac{3}{4}\left(\frac{1}{\widetilde{\sigma}^2} + \widetilde{\sigma}^2\right) + \frac{N-1}{\sqrt{2\pi}}\frac{a}{a_0}\frac{1}{\widetilde{\sigma}^3},$$

使得

$$\eta = \frac{N-1}{\sqrt{2\pi}}\frac{a}{a_0}.$$

19.3.3 若散射长度为零，则粒子之间不存在相互作用. 系统的基态是 N 个函数 $\phi_0(\boldsymbol{r}_i)$ 的乘积，而基态能量是 $E = (3/2)N\hbar\omega$.

19.4 具有相互排斥作用的凝聚

19.4.1 对于增长的 η 值，图 19.2 给出了 $\widetilde{E}(\widetilde{\sigma})$ 的变化与 $\widetilde{\sigma}$ 的函数关系. 对于一个给定的 $\widetilde{\sigma}$ 值，这个函数值随 η 值的增大而增大. 对于较大的 $\widetilde{\sigma}$ 值，$\widetilde{E}$ 的行为不依赖于 η. 它由势能项 $3\widetilde{\sigma}^2/4$ 支配.

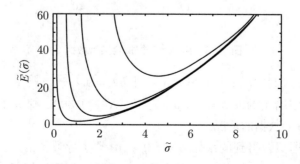

图 19.2 对 $\eta = 0, 10, 100, 1000$（从下到上），$\widetilde{E}(\widetilde{\sigma})$ 随 $\widetilde{\sigma}$ 的变化

最小值 $\widetilde{E}_{\min}$ 随 η 的增大而增大. 这个最小值对应着这样的点：趋于偏爱小

σ 值的势能项匹配了与之相反趋于偏爱大 σ 值的动能项和相互作用项. 因为相互作用是排斥的,所以系统的尺度比没有相互作用时要大,对应的能量也要增大.

19.4.2 假定 η 比 1 大得多,并总是事先就忽略掉动能项 $1/\widetilde{\sigma}^2$. 当 $\widetilde{\sigma}_{\min} = (2\eta)^{1/5}$ 时,函数 $(3/4)\widetilde{\sigma}^2 + \eta/\widetilde{\sigma}^3$ 有极小值,它等于

$$\widetilde{E}_{\min} = \frac{5}{4}(2\eta)^{2/5}.$$

事后人们可以检验忽略掉动能项 $1/\widetilde{\sigma}^2$ 是合理的. 事实上,它总是小于对 $\widetilde{E}$ 有贡献的另两项中的一项:

- 对于 $\widetilde{\sigma} < \widetilde{\sigma}_{\min}$,有 $1/\widetilde{\sigma}^2 \ll \eta/\widetilde{\sigma}^3$;
- 对于 $\widetilde{\sigma} > \widetilde{\sigma}_{\min}$,有 $1/\widetilde{\sigma}^2 \ll \widetilde{\sigma}^2$.

19.4.3 对原子数 $N \gg 1$,用变分法计算得到的系统能量为

$$\frac{E}{N} = \frac{5}{4}\hbar\omega\left(\sqrt{\frac{2}{\pi}}N\frac{a}{a_0}\right)^{2/5}. \tag{19.3}$$

实验数据很好地重现了 E/N 按 $N^{2/5}$ 规律的变化. 在图 19.3 中我们画出了数据与这一规律的拟合. 人们发现 $E/N \approx \alpha N^{2/5}$,其中 $\alpha = 8.2 \times 10^{-33}$ J.

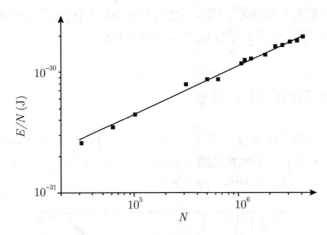

图 19.3 用 $N^{2/5}$ 律拟合实验数据

19.4.4 (a) 人们发现 $a = 1.76$ μm 并且 $\hbar\omega = 9.4 \times 10^{-32}$ J.

(b) 考虑文中给出的值 $a = 3.4$ nm. 如果 $N \gg 1\,300$,则 $\eta \gg 1$ 的近似将适用. 这正是图 19.1 数据的情况.

(c) 通过数据拟合得到的系数 $\alpha = 8.2 \times 10^{-33}$ J 导致了 $a = 2.8$ nm. 这个值比预期值 $a = 3.4$ nm 略小一些. 这是由于用简单的高斯型试探函数做变分,计算得到的结果(19.3)式给出 $E/(N\hbar\omega) \approx 1.142(Na/a_0)^{2/5}$,没能产生足够精确的基态能量值. 使用更合适的试探波函数,在平均场近似和在 $\eta \gg 1$ 的极限下,人

们可以求得 $E/(N\hbar\omega) \approx 1.055(Na/a_0)^{2/5}$. 此时，与数据的拟合就与散射长度的实验值相符了.

19.5 具有相互吸引作用的凝聚

19.5.1 函数 $\widetilde{E}(\widetilde{\sigma})$ 展示在图 19.4 中. 我们注意到，只有在 η 值足够小时，$\widetilde{E}(\widetilde{\sigma})$ 才有一个定域极小值. 对于 $\eta < 0$，在 0 处总有一个极小值，此时函数趋于 $-\infty$.

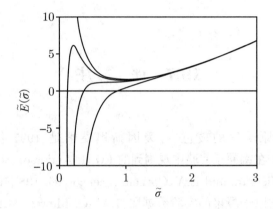

图 19.4 $\eta = 0, \eta = -0.1, \eta = -0.27, \eta = -1$（从上到下）的 $\widetilde{E}(\widetilde{\sigma})$ 图

19.5.2 $\sigma = 0$ 处的绝对最小值对应着一个高度压缩的原子云. 对于这样小的尺度，"短程"势的（19.2）式几乎失去了它的意义. 从物理上讲，人们必须考虑这里还没有考虑过的分子和 / 或原子集聚体的形成.

19.5.3 当 $\widetilde{E}(\widetilde{\sigma})$ 有一个导数为零的拐点时，$\widetilde{\sigma} \neq 0$ 处的局域极小值消失了. 它发生在由两个条件

$$\frac{\mathrm{d}\widetilde{E}}{\mathrm{d}\widetilde{\sigma}} = 0, \qquad \frac{\mathrm{d}^2\widetilde{E}}{\mathrm{d}\widetilde{\sigma}^2} = 0$$

确定的 η 的一个临界值处. 这产生了方程组

$$0 = -\frac{1}{\widetilde{\sigma}^4} + 1 - \frac{2\eta}{\widetilde{\sigma}^5},$$

$$0 = \frac{3}{\widetilde{\sigma}^4} + 1 + \frac{8\eta}{\widetilde{\sigma}^5},$$

从它们可求得

$$|\eta_\mathrm{c}| = \frac{2}{5^{5/4}} \approx 0.27, \qquad \widetilde{\sigma}_\mathrm{c} = \frac{1}{5^{1/4}} \approx 0.67.$$

或 $\sigma_c \approx 0.67 a_0$. 如果定域极小值存在, 即对 $|\eta| < |\eta_c|$, 人们期望可以得到一个亚稳的凝聚, 它的尺度将是在这种变分法近似中找到极小值的量级. 另一方面, 如果从一个太大的 $|\eta|$ 开始, 例如我们试图聚集太多的原子, 则凝聚将会坍缩, 且分子将会形成.

19.5.4 对于这些给定的实验数据, 人们发现 $a_0 = 3.1\ \mu\text{m}$, 原子的临界数为

$$N_c = \sqrt{2\pi}\eta_c \frac{a_0}{|a|} \sim 1\,400,$$

它与实验观测符合得很好.

19.7 评 注

第一例稀薄原子气的玻色 – 爱因斯坦凝聚是 1995 年在美国波尔德 (Boulder, USA) 在铷原子实验中观测到的 (M.H. Anderson, J.R. Ensher, M.R. Matthews, C.E.Wieman, and E.A. Cornell, Science 269, 198 (1995)).

本章展示的钠原子凝聚的实验数据取自 M.-O. Mewes, M.R. Andrews, N.J. van Druten, D.M. Kurn, D.S. Durfee, and W. Ketterle, Phys. Rev. Lett. 77, 416 (1996). 能量 E/N 的测量是突然关闭禁闭势, 并测量导致的弹道膨胀的方法进行的. 在这种膨胀中, 原子的运动基本上源自于势阱中原子的势能到动能的转化.

关于锂原子的实验结果已发表在 C. Bradley, C.A. Sackett, and R.G. Hulet, Phys. Rev. Lett. 78, 985 (1997).

由于在碱金属原子稀薄气体中的玻色 – 爱因斯坦凝聚和对凝聚性质的早期基础研究取得的成就, E. Cornell、W. Ketterle 和 C. Wieman 被授予了 2001 年的诺贝尔奖.

第 20 章 磁 激 子

量子场论处理的是具有大量自由度的系统. 这一章展示了一个简单模型, 在这里我们研究一个耦合自旋长链的磁激发. 我们证明可以将系统的激发态与沿着自旋链传播的准粒子联系起来.

回忆对任何整数 k 有

$$\sum_{n=1}^{N} e^{2i\pi kn/N} = \begin{cases} N, & k = pN, \text{其中 } p \text{ 为整数}, \\ 0, & k \text{ 为其他情况}. \end{cases}$$

20.1 $CsFeBr_3$ 分子

在 $\hat{J}^2$ 和 $\hat{J}_z$ 的共同基 $|j,m\rangle$ 中, 考虑具有角动量为 1 (即 $j=1$) 的系统.

20.1.1 $\hat{J}^2$ 和 $\hat{J}_z$ 的本征值是什么?

20.1.2 为简单起见, 我们将记 $|j,m\rangle = |\sigma\rangle$, 其中 $\sigma = m = 1, 0, -1$. 写出算符 $\hat{J}_\pm = \hat{J}_x \pm i\hat{J}_y$ 对 $|\sigma\rangle$ 态的作用.

20.1.3 在 $CsFeBr_3$ 分子中, Fe^{2+} 离子具有一个等于 1 的内禀角动量, 或自旋. 我们把对应的可观测量记为 $\hat{\boldsymbol{J}}$, 并且把 $\hat{J}_z$ 的本征态标记为 $|\sigma\rangle$. 该分子具有一个对称平面, Fe^{2+} 离子与该分子其余部分的磁相互作用哈密顿量为

$$\hat{H}_r = \frac{D}{\hbar^2} \hat{J}_z^2, \quad D > 0.$$

$\hat{H}_r$ 的本征态和相应的能量值是什么? 存在简并吗?

20.2 在一个分子链中的自旋 – 自旋相互作用

我们考虑一个由偶数 N 个 $CsFeBr_3$ 分子构成的一维闭合链. 由于 N 个自旋均为 1 的 Fe^{2+} 离子的磁相互作用，我们只对该链的磁能态感兴趣.

我们取 $\{|\sigma_1, \sigma_2, \cdots, \sigma_N\rangle\}, \sigma_n = 1, 0, -1$ 为系统态的正交基；它是算符 $\{\hat{J}_z^n\}$ 的一组本征基，其中 $\hat{J}^n$ 是第 n 个离子的自旋算符（$n = 1, \cdots, N$）.

系统的磁哈密顿量为两项之和 $\hat{H} = \hat{H}_0 + \hat{H}_1$，其中

$$\hat{H}_0 = \frac{D}{\hbar^2} \sum_{n=1}^{N} (\hat{J}_z^n)^2$$

曾在习题 20.1.3 中引进，而 $\hat{H}_1$ 是一个最近邻的自旋 – 自旋相互作用项：

$$\hat{H}_1 = \frac{A}{\hbar^2} \sum_{n=1}^{N} \hat{J}^n \cdot \hat{J}^{n+1}, \qquad A > 0.$$

为简化 $\hat{H}_1$ 的记法，我们定义 $\hat{J}^{N+1} \equiv \hat{J}^1$.

我们假定 $\hat{H}_1$ 与 $\hat{H}_0$ 相比是一个小微扰（$A \ll D$），而且我们将用一级微扰论处理它.

20.2.1 证明 $|\sigma_1, \sigma_2, \cdots, \sigma_N\rangle$ 是 $\hat{H}_0$ 的一个本征态，并给出相应的能量值.

20.2.2 $\hat{H}_0$ 的基态是什么？它是一个简并的能级吗？

20.2.3 $\hat{H}_0$ 的第一激发态的能量是什么？这个能级的简并度 d 是什么？我们将用 ε^1 表示相应的 $\hat{H}_0$ d 维本征空间.

20.2.4 证明 $\hat{H}_1$ 可以写成

$$\hat{H}_1 = \frac{A}{\hbar^2} \sum_{n=1}^{N} \left[\frac{1}{2} (\hat{J}_+^n \hat{J}_-^{n+1} + \hat{J}_-^n \hat{J}_+^{n+1}) + \hat{J}_z^n \hat{J}_z^{n+1} \right].$$

20.3 链的能级

现在我们在子空间 ε^1 中讨论. 引入下列记号:

$$|n,\pm\rangle = |\sigma_1=0, \sigma_2=0, \cdots, \sigma_n=\pm 1, \sigma_{n+1}=0, \cdots, \sigma_N=0\rangle.$$

由于链的周期性, 我们定义 $|N+1,\pm\rangle \equiv |1,\pm\rangle$.

20.3.1 证明

$$\hat{H}_1|n,\pm\rangle = A(|n-1,\pm\rangle + |n+1,\pm\rangle) + |\psi_n\rangle,$$

其中 $|\psi_n\rangle$ 与子空间 ε^1 正交.

在不给出 $|\psi_n\rangle$ 完整形式的情况下, 给出其中的一个分量的例子, 并给出 $|\psi_n\rangle$ 所属的 $\hat{H}_0$ 本征空间的能量.

20.3.2 考虑由下式定义的环形置换算符 $\hat{T}$ 和它的伴算符 $\hat{T}^\dagger$:

$$\hat{T}|\sigma_1,\sigma_2,\cdots,\sigma_N\rangle = |\sigma_N,\sigma_1,\cdots,\sigma_{N-1}\rangle,$$
$$\hat{T}^\dagger|\sigma_1,\sigma_2,\cdots,\sigma_N\rangle = |\sigma_2,\sigma_3,\cdots,\sigma_N,\sigma_1\rangle.$$

写出 $\hat{T}$ 和 $\hat{T}^\dagger$ 对于 $|n,\pm\rangle$ 态的作用.

20.3.3 检验一下, 在子空间 ε^1 中, $\hat{H}_1$ 和 $A(\hat{T}+\hat{T}^\dagger)$ 有同样的矩阵元.

20.3.4 证明 $\hat{T}$ 的本征值 λ_k 是单位元素的第 N 个根 (我们之前假定 N 为偶数):

$$\lambda_k = e^{-iq_k}, \qquad q_k = -\pi + \frac{2k\pi}{N}, \qquad k=0,\cdots,N-1.$$

20.3.5 在 ε^1 中, 寻找 $\hat{T}$ 的 $2N$ 个本征矢 $|q_k,\pm\rangle$, 它们中的每一个都对应着一个本征值 λ_k. 每个 $|q_k,\pm\rangle$ 都被写成

$$|q_k,\pm\rangle = \sum_n c_n(k)|n,\pm\rangle. \qquad (20.1)$$

(a) 写出系数 c_n 之间的递推关系.

(b) 证明

$$c_n(k) = \frac{1}{\sqrt{N}} e^{iq_k n} \qquad (20.2)$$

是这个递推关系的一个解.

(c) 证明用（20.1）式和 (20.2) 式定义的态 $|q_k,\pm\rangle$ 都是正交的.

(d) 证明矢量 $|q_k,\pm\rangle$ 也是 $\hat{T}^\dagger$ 和 $\hat{T}+\hat{T}^\dagger$ 的本征矢，并给出相应的本征值.

(e) 计算标量积 $\langle n,\epsilon|q_k,\epsilon'\rangle(\epsilon,\epsilon'=\pm)$，并用 $|q_k,\pm\rangle$ 基写出 $|n,\pm\rangle$ 态的展开式.

20.3.6 我们把 20.2 节的哈密顿量 $\hat{H}_1$ 处理成对 $\hat{H}_0$ 的微扰. 仅限于在 $\hat{H}_0$ 的第一激发态，我们想要计算该微扰如何解除了这个能级的简并. 我们回顾，在简并情况下，一级微扰论就是在主项 $\hat{H}_0$ 的简并子空间中，对角化微扰哈密顿量的约束.

(a) 解释为什么习题 20.3.3 和习题 20.3.5 的结果能够求解这个问题.

(b) 在一级微扰论中给出源于 $\hat{H}_0$ 的第一激发态的新能级和相应的本征态.

(c) 如果 N 非常大，借助可视为连续变量的 q_k，定性地画出能量 $E(q_k)$，其中 $q_k\in[-\pi,+\pi]$. 每一个新能级的简并度是什么？

20.4 链的振动：激子

现在，我们研究自旋链的时间演化.

20.4.1 假定 $t=0$ 时系统处在态

$$|\Psi(0)\rangle = \sum_{\epsilon=\pm}\sum_{k=0}^{N-1}\varphi_k^\epsilon|q_k,\epsilon\rangle, \quad 且有 \sum_{\epsilon=\pm}\sum_{k=0}^{N-1}|\varphi_k^\epsilon|^2 = 1.$$

设 $\omega=2A/\hbar$，写出在稍后 t 时刻的态 $|\Psi(t)\rangle$.

20.4.2 我们假定初态是 $|\Psi(0)\rangle = |q_k,+\rangle$.

(a) 写出在 t 时刻发现第 n 个自旋向上，即对于 $m\ne n$，$\sigma_n=+1$ 和 $\sigma_m=0$ 的概率幅 $\alpha_n(t)$ 和概率 $P_n(t)$. 证明链上的所有位置的 $P_n(t)$ 都是相同的.

(b) 链上的分子位于 $x_n=na$ 处，其中 a 是格距. 证明概率幅 $\alpha_n(t)$ 等于一个单色平面波

$$\Psi_k(x,t) = Ce^{i[p(q)x-E(q)t]/\hbar}$$

在 $x=x_n$ 处的值，其中 C 是一个常数，$q=q_k$，x 是沿着链的横坐标. 用 q 表示 $p(q)$.

(c) 证明 $\Psi_k(x,t)$ 是沿着链的动量算符 $\hat{p}_x=(\hbar/i)\partial/\partial x$ 的一个本征态. 证明

$p(q)$ 的值确保了 $\Psi_k(x,t)$ 的周期性, 即 $\Psi_k(x+L,t) = \Psi_k(x,t)$, 其中 $L = Na$ 是链的长度.

(d) 对 $|q_k| \ll 1$, 证明 $\Psi_k(x,t)$ 满足一个粒子的薛定谔方程, 该粒子具有负质量 m 并被放置在一个常数势场中, 求 m 的值.

20.4.3 在一个更完整的分析中, 人们可以把准粒子与链的磁激发联系起来. 这些我们称之为"磁激子"的准粒子具有能量 $E(q_k)$ 和动量 $p(q_k)$.

在非常低的温度下, $T \approx 1.4$ K, 链处于 $\hat{H}_0$ 的基态. 如果低能中子与其碰撞, 它们能够产生激子, 其能量和动量可以通过测量中子的反冲来确定. 图 20.1 给出了 $E(q)$ ($q \in [-\pi, 0]$) 的实验结果.

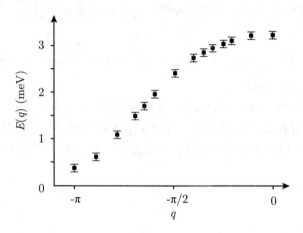

图 20.1 实验测量的激发能 $E(q)$ 作为 $-\pi$ 到 0 之间 q 的函数. 能量标度是 $\text{meV}(10^{-3}\text{eV})$

(a) 从数据导出 D 和 A 的近似值.

(b) 你对 $D \gg A$ 的近似以及理论与实验之间的比较如何看? 人们怎样才能改善理论与实验之间的符合程度?

(c) 当链处在 1.4 K 的热平衡时, 能证明链处在基态的假定是合理的吗? 我们回顾, 玻尔兹曼因子 $N(E_2)/N(E_1) = \exp[-(E_2 - E_1)/kT]$, 其中 $k = 8.6 \times 10^{-5}$ eV·K^{-1}.

20.4.4 在 $t = 0$ 时刻, 考虑态

$$|\Psi(0)\rangle = \sum_{k=0}^{N-1} \varphi_k |q_k, +\rangle, \qquad 且满足 \sum_{k=0}^{N-1} |\varphi_k|^2 = 1.$$

我们假定 $N \gg 1$, 系数 φ_k 只在某些 $k = k_0$ 值近邻, 或等价地说 $q \approx q_0$ 处有明显的值, 并且在一个很好的近似下, 有

$$E(q) = E(q_0) + (q - q_0)u_0, \qquad u_0 = \left.\frac{dE}{dq}\right|_{q=q_0}.$$

证明在 t 时刻找到 $\sigma_n = +1$ 的概率 $P_n(t)$ 与在另一 t' 时刻找到 $\sigma_{n'} = +1$ 的概率 $P_{n'}(t')$ 是一样的,后者的值能用 t 和 n 与 n' 之间的距离表示出来.

把这个结果解释成一个自旋激波沿着链的传播. 计算这个波传播的速度并给出它在 $a = 0.7$ 和 $q_0 = -\pi/2$ 时的数值.

20.4.5 我们现在假定初态是 $|\Psi(0)\rangle = |n=1, +\rangle$.

(a) 写出在之后的 t 时刻找到 $\sigma_m = +1$ 的概率 $P_m(t)$.

(b) 计算 $N = 2$ 时的概率 $P_1(t)$ 和 $P_2(t)$,并解释所得的结果.

(c) 计算 $N = 8$ 时的 $P_1(t)$. $P_1(t)$ 的演化是周期性的吗?

(d) 对于 $N \gg 1$,人们可以把上面的求和转化为积分. 那时,概率为 $P_m(t) \approx |J_{m-1}(\omega t)|^2$,其中 $J_n(x)$ 是贝塞尔函数. 这些函数满足 $\sum |J_n(x)|^2 = 1$ 和 $J_n = (-1)^n J_{-n}$.

对 $x \gg 1$,若 $x > 2|n|/\pi$,我们有 $J_n(x) \approx \sqrt{\dfrac{2}{\pi x}} \cos(x - n\pi/2 - \pi/4)$;若 $x < 2|n|/\pi$,则 $J_n(x) \approx 0$.

在使 $\omega t \gg 1$ 的时刻 t,概率波可明显地到达哪些节点?

(e) 把结果解释成一个概率幅(或波)沿着链的传播. 计算传播速度并将其与习题 20.4.4 中得到的结果相比较. (译者注: 此处有一明显印刷错误,已改正.)

20.5 解

20.1 CsFeBr$_3$ 分子

20.1.1 结果: $\hat{J}^2 : 2\hbar^2$, $\hat{J}_z : m\hbar$; $m = 1, 0, -1$.

20.1.2 有

$$J_+|1\rangle = 0, \qquad J_-|1\rangle = \hbar\sqrt{2}|0\rangle,$$
$$J_+|0\rangle = \hbar\sqrt{2}|1\rangle, \qquad J_-|0\rangle = \hbar\sqrt{2}|-1\rangle,$$
$$J_+|-1\rangle = \hbar\sqrt{2}|0\rangle, \qquad J_-|-1\rangle = 0.$$

20.1.3 本征态是 $|\sigma\rangle$ 态. $|0\rangle$ 态对应着本征值 $E = 0$,而简并的 $|+\rangle$ 和 $|-\rangle$ 态对应着 $E = D$.

20.2 在一个分子链中的自旋 – 自旋相互作用

20.2.1 很容易看到:

$$\hat{H}_0|\sigma_1,\sigma_2,\cdots,\sigma_N\rangle = D\sum_{n=1}^{N}(\sigma_n)^2|\sigma_1,\sigma_2,\cdots,\sigma_N\rangle,$$

相应的本征值为 $E = D\sum \sigma_n^2$.

20.2.2 $\hat{H}_0$ 的基态对应着所有的 σ_n 都等于零, 于是 $E = 0$. 这个基态是非简并的.

20.2.3 第一激发态对应于除了一个 σ_n 等于 $\pm$ 之外, 所有其他的 σ 都等于零. 其能量为 D, 简并度为 $2N$, 这是因为非零 σ_n 和值为 ± 1 的 σ_n 各有 N 种可能的选择.

20.2.4 $J_{\pm} = J_x \pm \mathrm{i} J_y$. 直接计算可给出该结果.

20.3 链的能级

20.3.1 设 $\epsilon = \pm$, 则微扰哈密顿量对基矢的作用是

$$\begin{aligned}\hat{H}_1|n,\epsilon\rangle =\ & A(|n-1,\epsilon\rangle + |n+1,\epsilon\rangle) \\ & + A\sum_{n'\neq n}(|0,\cdots,0,\sigma_n=\epsilon,0,\cdots,0,\sigma_{n'}=-1,\sigma_{n'+1}=+1,0,\cdots,0\rangle \\ & + |0,\cdots,0,\sigma_n=\epsilon,0,\cdots,0,\sigma_{n'}=+1,\sigma_{n'+1}=-1,0,\cdots,0\rangle).\end{aligned}$$

矢量 $|\psi\rangle = |\sigma_1=1,\sigma_2=-1,0,\cdots,0,\sigma_n=\epsilon,0,\cdots,0\rangle$ 属于后面的一组; 它是 $\hat{H}_0$ 的一个本征矢, 其能量为 $3D$.

20.3.2 $\hat{T}, \hat{T}^\dagger$ 和 $|n,\pm\rangle$ 的定义意味着:

$$\hat{T}|n,\pm\rangle = |n+1,\pm\rangle, \qquad \hat{T}^\dagger|n,\pm\rangle = |n-1,\pm\rangle.$$

20.3.3 因此, 我们得到

$$A(\hat{T}+\hat{T}^\dagger)|n,\pm\rangle = A(|n-1,\pm\rangle + |n+1,\pm\rangle).$$

因为

$$\hat{H}_1|n,\pm\rangle = A(|n-1,\pm\rangle + |n+1,\pm\rangle) + |\psi_n\rangle,$$

其中 $\langle n', \pm|\psi_n\rangle = 0$. $\hat{H}_1$ 和 $A(\hat{T}+\hat{T}^\dagger)$ 显然在子空间 ε^1 中具有相同的矩阵元.

20.3.4 因为 $\hat{T}^N = \hat{I}$, 本征值 λ_k 满足 $\lambda_k^N = 1$, 它证明了每个本征值都是 1 的第 N 个根. 反之, 我们将在下面看到, 1 的每个第 N 个根都是一个本征值.

20.3.5 (a) 相应的本征矢满足
$$|q_k, \pm\rangle = \sum_n c_n|n, \pm\rangle, \qquad \hat{T}|q_k, \pm\rangle = \lambda_k|q_k, \pm\rangle.$$

因此, 人们有
$$\sum_n c_n|n+1, \pm\rangle = \lambda_k \sum_n c_n|n, \pm\rangle.$$

于是, 递推关系及其解是
$$\lambda_k c_n = c_{n-1}, \qquad c_n = \frac{1}{\lambda_k^{n-1}}c_1 = \mathrm{e}^{\mathrm{i}q_k(n-1)}c_1.$$

(b) 归一条件 $\sum_n |c_n|^2 = 1$ 给出 $N|c_1|^2 = 1$. 如果我们取 $c_1 = \mathrm{e}^{\mathrm{i}q_k}/\sqrt{N}$, 则本征矢的模为 1, 于是我们重新得到问题正文中给出的解.

(c) $|q_k, \epsilon\rangle$ 和 $|q_{k'}, \epsilon'\rangle$ 的标量积很容易计算:
$$\langle q_{k'}, \epsilon'|q_k, \epsilon\rangle = \delta_{\epsilon,\epsilon'}\frac{1}{N}\sum_n \mathrm{e}^{2\mathrm{i}\pi n(k-k')/N} = \delta_{\epsilon,\epsilon'}\delta_{k,k'}.$$

(d) 矢量 $|q_k, \pm\rangle$ 是 $\hat{T}^\dagger$ 的具有复共轭本征值 λ_k^* 的本征矢. 因此它们也是 $\hat{T}+\hat{T}^\dagger$ 的本征矢, 其本征值是 $\lambda + \lambda_k^* = 2\cos q_k = -2\cos(2k\pi/N)$.

(e) 由该矢量的定义得
$$\langle n, \epsilon|q_k, \epsilon'\rangle = \frac{1}{\sqrt{N}}\mathrm{e}^{\mathrm{i}q_k n}\delta_{\epsilon,\epsilon'}$$

和（直接或者利用封闭性关系）
$$|n, \pm\rangle = \frac{1}{\sqrt{N}}\sum_{k=0}^{N-1}\mathrm{e}^{-\mathrm{i}q_k n}|q_k, \pm\rangle.$$

20.3.6 $\hat{H}_1$ 对子空间 ε^1 的限制与 $A(\hat{T}+\hat{T}^\dagger)$ 的限制完全相同（习题 20.3.3）. 在 ε^1 内, 算符 $A(\hat{T}+\hat{T}^\dagger)$ 在 $|q_k, \pm\rangle$ 基上是对角的. 因此在此基上, $\hat{H}_1$ 的限制也是对角的. 对应于 $|q_k, \pm\rangle$ 态的能级是

$$E(q_k) = D + 2A\cos(q_k). \tag{20.3}$$

就简并性而言, 所有的能级都有二重简并（自旋值可以取 $+1$ 或 -1）. 此外, 对于所有的除去 $q = -\pi$ 和 $q = 0$ 以外能级, 都存在着 $q_k \leftrightarrow -q_k$ 的简并（余弦对称性）. 因此一般来说, 简并度为 4.

20.4 链的振动：激子

20.4.1 在 t 时刻，链的状态是（参见 (20.3) 式）

$$|\Psi(t)\rangle = e^{-iDt/\hbar} \sum_{\epsilon} \sum_{k} \varphi_k^{\epsilon} e^{-i\omega t \cos q_k} |q_k, \epsilon\rangle.$$

20.4.2 我们现在考虑一个按照 $e^{-iE(q)t/\hbar}|q_k, \pm\rangle$ 演化的初态 $|q_k, \pm\rangle$.
(a) 因此我们得到振幅为

$$\alpha_n(t) = \frac{1}{\sqrt{N}} e^{i(q_k n - E(q_k)t/\hbar)}$$

和概率 $P_n(t) = |\alpha_n|^2 = \dfrac{1}{N}$，它在每个节点上都是一样的.
(b) 在表达式

$$\alpha_n(t) = \frac{1}{\sqrt{N}} e^{i[q_k x_n/a - E(q_k)t/\hbar]}$$

中，我们看到 $\alpha_n(t)$ 是函数 $\Psi_k(x,t) = \dfrac{1}{\sqrt{N}} \exp[i(px - Et)/\hbar]$ 在 $x = x_n$ 处的值. 其中 $E(q) = D + \hbar\omega \cos q$ 和 $p(q) = \hbar q/a$.
(c) 函数 $\Psi_k(x)$ 是 $\hat{p}_k$ 的一个本征态，本征值为 $\hbar q_k/a$. 因为 N 是偶数，我们得到

$$e^{iq_k L/a} = e^{iNq_k} = e^{2\pi i k} = 1,$$

它证明了 Ψ_k 的周期性.
(d) 对于 $|q_k| \ll 1$, $\cos q_k = 1 - q_k^2/2$. 因此 $E = E_0 + p^2/2m$，其中

$$E_0 = D + 2A \quad \text{和} \quad m = -\frac{\hbar^2}{2Aa^2} = -\frac{\hbar}{\omega a^2}.$$

于是 Ψ_k 满足波动方程

$$i\hbar \frac{\partial \psi}{\partial t} = -\frac{\hbar^2}{2m} \frac{\partial^2 \psi}{\partial x^2} + E_0 \psi,$$

它是一个负质量粒子的薛定谔方程（在固体物理中，这对应着空穴的传播，而在场论中，对应于反粒子的传播）.

20.4.3 (a) 利用图 20.2 中大体上类似于 $E(q)$ 的图形数据，人们发现 $D + 2A \approx 3.2 \times 10^{-3}$ eV 和 $D - 2A \approx 0.4 \times 10^{-3}$ eV. 因此：

$$D \approx 1.8 \times 10^{-3} \text{ eV}, \quad A \approx 0.7 \times 10^{-3} \text{ eV}.$$

(b) 近似 $D \gg A$ 很差. 这个理论只在 $(A/D)^2 \sim 10\%$ 量级上有意义. 为了定量解释在 $q = -\pi$ 的邻域实验曲线比正弦曲线形状更陡, 二级微扰论肯定是必需的.

(c) 对于 $T = 1.4$ K, $kT \approx 1.2 \times 10^{-4}$ eV, $\exp[-(D-2A)/kT] \approx 0.04$. 在百分之几的范围内, 系统处在其基态.

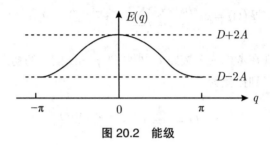

图 20.2 能级

20.4.4 在 q_0 邻域取 $E(q) = E(q_0) + (q-q_0)u_0$ 的近似, 我们得到

$$\alpha_n(t) = \frac{1}{\sqrt{N}} e^{i(q_0 n - \omega_0 t)} \sum_k \varphi_k e^{i(q_k - q_0)(n - u_0 t/\hbar)}.$$

由于整体相因子对于概率没有贡献, 人们有 $P_n(t) = P_{n'}(t')$, 其中

$$t' = t + (n' - n)\frac{\hbar}{u_0}.$$

这对应着一个群速度为

$$v_g = \frac{u_0 a}{\hbar} = \frac{a}{\hbar}\frac{dE}{dq}\bigg|_{q=q_0} = -\frac{2aA}{\hbar}\sin q_0$$

的沿着链传播的波. 对于 $q_0 = -\pi/2$ 和 $a = 0.7$ nm, 我们发现 $v_g \approx 1\,500$ m·s^{-1}. 人们还可以直接从实验曲线上计算出 $u_0 \approx 1.2$ meV, 它导致了 $v_g \approx 1\,300$ m·s^{-1}.

20.4.5 如果 $|\Psi(0)\rangle = |n=1, \pm\rangle$, 则 $\varphi_k^+ = e^{-iq_k}/\sqrt{N}$ 和 $\varphi_k^- = 0$.

(a) 概率为 $P_m(t) = |\langle m, +|\Psi(t)\rangle|^2$, 其中

$$\langle m, +|\Psi(t)\rangle = \frac{e^{-iDt/\hbar}}{N} \sum_k e^{iq_k(m-1)} e^{-i\omega t \cos q_k}.$$

(b) $N = 2$:

q_k 有两个可能值: $q_0 = -\pi$ 和 $q_1 = 0$. 这导致 $P_1(t) = \cos^2 \omega t$, $P_2(t) = \sin^2 \omega t$. 它们是双态系统通常的振荡, 如氨分子的反演.

(c) $N = 8$:

第 20 章 磁激子

q_k	$-\pi$	$-\dfrac{3\pi}{4}$	$-\dfrac{\pi}{2}$	$-\dfrac{\pi}{4}$	0	$\dfrac{\pi}{4}$	$\dfrac{\pi}{2}$	$\dfrac{3\pi}{4}$
$\cos(q_k)$	-1	$-\dfrac{1}{\sqrt{2}}$	0	$\dfrac{1}{\sqrt{2}}$	1	$\dfrac{1}{\sqrt{2}}$	0	$-\dfrac{1}{\sqrt{2}}$

发现初态上激发的概率 P_1 为

$$P_1(t) = \frac{1}{4}\Big[\cos^2(\omega t/2) + \cos(\omega t/\sqrt{2})\Big]^2.$$

系统不再随时间周期变化. 不可能存在 $P_1(t)=1$ 的 $t\neq 0$ 的时刻, 否则就会存在 n 和 n', 使得 $\sqrt{2} = n'/n$.

(d) 由于对 $\omega t < 2|n|/\pi$ 有 $J_n(\omega t) \approx 0$, 在 t 时刻, 只有 $|m-1| < \pi\omega t/2$ 的节点可到达. 对于较大的 ωt, 所有相同宇称节点的振幅都是相同的:

$$P_m(t) = \frac{2}{\pi\omega t}\cos^2\Big[\omega t - (m-1)\frac{\pi}{2} - \frac{\pi}{4}\Big].$$

我们特别注意到, $P_m(t) + P_{m+1}(t) = 2/(\pi\omega t)$ 与 m 无关, 并随 t 缓慢地变化.

(e) 概率波在链上很快变成退定域的 (ωt 大于几个 π). 概率非零区域的边缘沿着与速度 $v = \pi\omega a/2$ 相反的方向传播. 这个结果可以与我们在习题 20.4.4 中得到的 $q = \pi/2$ 附近波包的结果相比较.

这一章所展示的数据是由 B.Dorner et al., Z. Phys. B 72, 487 (1988) 求得的.

第21章 量 子 箱

近年来,设计纳米尺度的量子箱(也称量子点)已成为可能,在量子箱的内部,固体的传导电子在低温下是被禁闭的.控制这种设备能级的可能性导致了在微电子学和光电子学中非常有趣的应用.

一个量子箱是把一种材料 B 沉积在一块材料 A 上构成的.一组量子箱如图 21.1 所示.砷化铟(InAs)(材料 B)的一些点被沉积在砷化镓(GaAs)(材料 A)的一个亚态上.

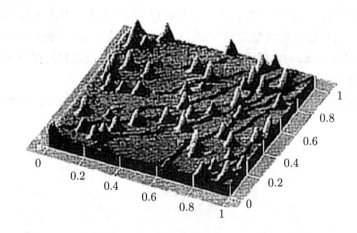

图 21.1 用隧道显微镜得到的一组量子箱的图.正方形的边长为 1μm,而竖直尺度将在下面研究

在这一章,我们感兴趣的是一个电子在二维箱中的运动.我们把电子的电荷记为 $-q$,并忽略自旋效应.我们将假定,在固体中,电子的动力学由通常的薛定谔方程描述,其中:

(i) 用有效质量 μ 替换电子的质量;

(ii) 材料 A 和 B 的原子产生了一个在原子尺度上缓慢变化的有效势

$V(x,y)$.

21.1 一维谐振子的结果

考虑一个质量为 μ、放置在一维势 $V(x) = \mu\omega^2 x^2/2$ 中的粒子. 我们回顾使用坐标和动量算符 $\hat{x}$ 与 $\hat{p}_x$ 所定义的谐振子湮灭算符和产生算符 $\hat{a}_x$ 与 $\hat{a}_x^\dagger$:

$$\hat{a}_x = \frac{1}{\sqrt{2}}\left(\hat{x}\sqrt{\frac{\mu\omega}{\hbar}} + \mathrm{i}\frac{\hat{p}_x}{\sqrt{\hbar\mu\omega}}\right), \qquad \hat{a}_x^\dagger = \frac{1}{\sqrt{2}}\left(\hat{x}\sqrt{\frac{\mu\omega}{\hbar}} - \mathrm{i}\frac{\hat{p}_x}{\sqrt{\hbar\mu\omega}}\right). \tag{21.1}$$

系统的哈密顿量可以写成

$$\hat{H}_x = \frac{\hat{p}_x^2}{2\mu} + \frac{1}{2}\mu\omega^2\hat{x}^2 = \hbar\omega\left(\hat{n}_x + \frac{1}{2}\right), \qquad \text{其中 } \hat{n}_x = \hat{a}_x^\dagger \hat{a}_x. \tag{21.2}$$

此外,粒子数算符 $\hat{n}_x$ 的本征值是非负的整数. 把对应本征值 n_x 的本征矢记为 $|n_x\rangle$,我们有

$$\hat{a}_x^\dagger|n_x\rangle = \sqrt{n_x+1}|n_x+1\rangle, \qquad \hat{a}_x|\hat{n}_x\rangle = \sqrt{n_x}|n_x-1\rangle. \tag{21.3}$$

21.1.1 回顾基态的波函数为

$$\psi_0(x) = \left(\frac{\mu\omega}{\pi\hbar}\right)^{1/4} \exp\left(-\frac{\mu\omega x^2}{2\hbar}\right),$$

在这个态上电子位置分布的特征延展范围 l_0 是什么?

21.1.2 在量子箱中电子的有效质量是 $\mu = 0.07 m_0$,其中 m_0 是真空中电子的质量. 我们假定,$\hbar\omega = 0.060$ eV,即 $\omega/(2\pi) = 1.45 \times 10^{13}$ Hz.

(a) 求 l_0 的值.
(b) 在 10 K 温度下,振子的多少能级被显著占据?
(c) 在两个相邻能级间的跃迁中,辐射的吸收波长是多少?

21.2 量 子 箱

假定在量子箱中一个电子受到的二维有效势为

$$V(x,y) = \frac{1}{2}\mu\omega^2(x^2+y^2). \tag{21.4}$$

用 $\hat{H}_0 = (\hat{p}_x^2 + \hat{p}_y^2)/2\mu + V(x,y)$ 标记该电子的哈密顿量.

21.2.1 用类似于（21.1）式和（21.2）式的方式定义算符 $\hat{a}_y$、$\hat{a}_y^\dagger$ 和 $\hat{n}_y$. 对下述事实给出一个合理的解释：$\hat{n}_x$ 和 $\hat{n}_y$ 具有整数本征值 n_x 和 n_y 的本征矢 $|n_x, n_y\rangle$ 构成 $\hat{H}_0$ 的一组本征基. 利用 n_x 和 n_y 给出 $\hat{H}_0$ 的能级 E_N.

21.2.2 每一个能级 E_N 的简并度 g_N（$N = 0, 1, 2, \cdots$）是多少？

21.2.3 把算符 $\hat{L}_z = \hat{x}\hat{p}_y - \hat{y}\hat{p}_x$ 表示为算符 $\hat{a}_x$、$\hat{a}_x^\dagger$、$\hat{a}_y$、$\hat{a}_y^\dagger$ 的函数.

21.2.4 写出 $\hat{L}_z$ 对 $\hat{H}_0$ 的本征态 $|n_x, n_y\rangle$ 的作用. $|n_x, n_y\rangle$ 态有严格确定的角动量 L_z 吗？

21.2.5 现在我们对寻找 $\hat{H}_0$ 的另外一组本征基感兴趣.

(a) 证明 $\hat{H}_0$ 和 $\hat{L}_z$ 对易. 从物理上解释这个结果.

(b) 引入"左"和"右"湮灭算符：

$$\hat{a}_l = \frac{1}{\sqrt{2}}(\hat{a}_x + i\hat{a}_y), \qquad \hat{a}_r = \frac{1}{\sqrt{2}}(\hat{a}_x - i\hat{a}_y), \tag{21.5}$$

以及相应的产生算符 $\hat{a}_l^\dagger, \hat{a}_r^\dagger$. 写出这四个算符的对易关系.

(c) 证明 $\hat{n}_l = \hat{a}_l^\dagger \hat{a}_l$ 和 $\hat{n}_r = \hat{a}_r^\dagger \hat{a}_r$ 对易. 利用对易关系 $[\hat{a}_l, \hat{a}_l^\dagger]$ 和 $[\hat{a}_r, \hat{a}_r^\dagger]$ 的值，并遵照通常谐振子量子化的相同做法，证明 $\hat{n}_l$ 和 $\hat{n}_r$ 的本征值 n_l 和 n_r 都是整数.

假定 $\{\hat{n}_l, \hat{n}_r\}$ 构成所考虑问题中的一个对易可观测量完全集，并将其相应的本征基记为 $\{|n_l, n_r\rangle\}$.

(d) 用 $\hat{a}_x, \hat{a}_x^\dagger, \hat{a}_y, \hat{a}_y^\dagger$ 写出 $\hat{n}_l$ 和 $\hat{n}_r$ 的表达式. 由它们推导出基于 $\hat{n}_l$ 和 $\hat{n}_r$ 的算符 $\hat{H}_0$ 和 $\hat{L}_z$ 的表达式. 证明 $\{|n_l, n_r\rangle\}$ 构成一组 $\hat{H}_0$ 和 $\hat{L}_z$ 的共同本征基.

(e) 把 $\hat{L}_z$ 和 $\hat{H}_0$ 的本征值记为 $m\hbar$ 和 E_N. 在一个给定的能级 E_N 上，量子数 m 允许的值是什么？

(f) 用 (L_z, E_N) 平面上的点表示所允许的量子数对 (m, N). 证明：可以重新得到 $\hat{H}_0$ 能级的简并度.

21.2.6 考虑 $\hat{H}_0$ 的本征子空间,它是由前面 2.1 节定义的 $|n_x=1,n_y=0\rangle$ 和 $|n_x=0,n_y=1\rangle$ 生成的. 写出 $\hat{L}_z$ 在该基上的本征态,并给出相应的本征值.

21.3 磁场中的量子箱

把一个平行于 z 轴的匀强磁场 $\boldsymbol{B}$ 作用在量子箱上. 这个场是从矢量势 $\boldsymbol{A}(\boldsymbol{r}) = -(yB/2)\boldsymbol{u}_x + (xB/2)\boldsymbol{u}_y$ 导出的,其中 $\boldsymbol{u}_x$ 和 $\boldsymbol{u}_y$ 是沿 x 轴和 y 轴方向的单位矢量. 假定在存在该场的量子箱中,电子的哈密顿量由下式给出:

$$\hat{H}_{\mathrm{B}} = \frac{1}{2\mu}[\hat{p}_x + qA_x(\hat{\boldsymbol{r}})]^2 + \frac{1}{2\mu}[\hat{p}_y + qA_y(\boldsymbol{r})]^2 + \frac{1}{2}\mu\omega^2(\hat{\boldsymbol{x}}^2 + \hat{\boldsymbol{y}}^2),$$

且有通常的正则对易关系 $[\hat{\boldsymbol{x}}, \hat{p}_x] = [\hat{\boldsymbol{y}}, \hat{p}_y] = \mathrm{i}\hbar$ 和 $[\hat{\boldsymbol{x}}, \hat{p}_y] = [\hat{\boldsymbol{y}}, \hat{p}_x] = 0$. 我们还引入了回旋角频率 $\omega_{\mathrm{c}} = qB/\mu (\omega_{\mathrm{c}} > 0)$.

21.3.1 把 $\hat{H}_{\mathrm{B}}$ 展开,并证明总可以找到该系统的一组基,在它上面总能量和沿 z 轴方向的轨道角动量是同时被严格地定义的.

21.3.2 我们定义 $\Omega = \sqrt{\omega^2 + \omega_{\mathrm{c}}^2/4}$. 通过用简单方式重新定义 21.2 节中的算符,用两个整数 n_{l} 和 n_{r} 给出系统的能级 $E_{n_{\mathrm{l}},n_{\mathrm{r}}}$.

21.3.3 为简单起见,我们从能量 $E_{n_{\mathrm{l}},n_{\mathrm{r}}}$ 中减去零点能 $\hbar\Omega$,并设 $\widetilde{E}_{n_{\mathrm{l}},n_{\mathrm{r}}} = E_{n_{\mathrm{l}},n_{\mathrm{r}}} - \hbar\Omega$.

(a) 给出能级 $\widetilde{E}_{n_{\mathrm{l}},n_{\mathrm{r}}}$ 在弱场和强场的两种极限下的近似表示式,并给出这两种情况的定义.

(b) 画出作为磁场函数的、来源于无磁场的 $N = 0, 1, 2$ 能级的能级位置图.

(c) 证明对 $\omega_{\mathrm{c}} = \omega/\sqrt{2}$ 的 B 值,两个能级会交叉,并确定它们对应着什么样的态.

21.3.4 在下面假定 $\omega_{\mathrm{c}} = \omega/\sqrt{2}$. 用本习题第一部分给出的 ω 和有效质量 μ 的值,确定什么样的磁场值对应着这个不等式.

21.3.5 证明 $\hat{H}_{\mathrm{B}}$ 的前三个本征态分别具有能量

$$E_0 = \hbar\Omega, \qquad E_- = 2\hbar\Omega - \frac{\hbar\omega_{\mathrm{c}}}{2}, \qquad E_+ = 2\hbar\Omega + \frac{\hbar\omega_{\mathrm{c}}}{2}.$$

用 $|u_0\rangle, |u_-\rangle, |u_+\rangle$ 标记三个相应的本征态. 在这三个本征态上,轨道角动量 L_z 的值是什么?

21.4 实验验证

通过测量一个光束的吸收谱，人们可以研究量子箱中一个电子的能级。吸收的峰值出现在量子箱的玻尔频率 $(E_f - E_i)/\hbar$ 处，它对应于该电子从一个初态 $|u_i\rangle$ 激发到一个终态 $|u_f\rangle$。

21.4.1 在 10 K 的温度，人们观测到只有 $|u_i\rangle = |u_0\rangle$ 的能级对吸收信号有重要的贡献。用习题 21.1.2 的结果验证这一事实。

21.4.2 按照所施加磁场的值，图 21.2 中给出了一个量子箱的前两个吸收峰频率的实验值。验证上面提出的模型解释了足够大 B 值处的曲线斜率，但是不能描述 $B = 0$ 附近的行为。

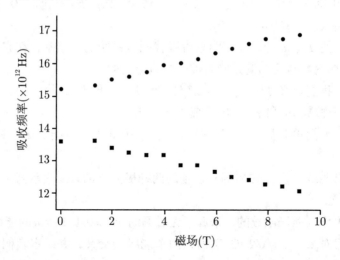

图 21.2 量子箱的前两个吸收峰的频率 $\nu = \omega/2\pi$ 与磁场 B 的函数关系

21.4.3 维度 z 的作用

沿 z 轴方向的禁闭可以用一个在该方向上的宽度为 D 的一维无穷深方势阱来模拟。

(a) 回忆一下一个质量为 μ 的粒子在一个宽度为 D 的一维无穷深方势阱中的能级。两个最低态之间的能量差是多少？

(b) 当 D 和 ω 之间满足什么样的条件时，可合理地认为：沿 z 轴的运动是被"冻结"的，并可把简谐运动的最低能级限制在 xy 平面？

(c) 在图 21.1 上, 竖直 (z) 和水平 (xy) 的标度是不同的. 为了忽略沿 z 轴方向的运动, 这两个标度中的哪一个必须缩小? 可以利用习题 21.1.2 中算出的 l_0 值.

21.5 量子箱的各向异性

为了重新产生弱场时吸收峰的位置 (见图 21.2), 我们假定量子箱中的禁闭势是稍稍各向异性的. 因此我们把禁闭势的表示式 (21.4) 替换成

$$V(x,y) = \frac{1}{2}\mu\omega^2(1+\epsilon)x^2 + \frac{1}{2}\mu\omega^2(1-\epsilon)y^2, \quad \text{其中 } \epsilon \ll 1. \tag{21.6}$$

我们用微扰论来处理这个问题. 在下面, 我们假定磁场很弱 ($\omega_c \ll \omega$). 因此, 哈密顿量 $\hat{H}_{B,\epsilon}$ 可以写成:

$$\hat{H}_{B,\epsilon} = \hat{H}_0 + \hat{W},$$

其中

$$\hat{H}_0 = \frac{\hat{\boldsymbol{p}}^2}{2\mu} + \frac{1}{2}\mu\omega^2(\hat{x}^2+\hat{y}^2) \quad \text{和} \quad \hat{W} = \frac{\omega_c}{2}\hat{L}_z + \epsilon\frac{\mu\omega^2}{2}(\hat{x}^2-\hat{y}^2).$$

在该式中, $\hat{W}$ 是微扰, 并且忽略了 B^2 量级的项. 我们用 $\{|n_x,n_y\rangle\}$ 基来计算.

21.5.1 利用 (21.6) 式给出的势, 确定 $B=0$ 的电子能级.

21.5.2 用微扰论计算该量子箱的基态相对于 21.2 节得到的值的能移, 至 B 和 ϵ 的第一阶.

21.5.3 我们现在感兴趣的是在 21.2 节中找到的 $\hat{H}_0$ 第一激发能级的两个能态的位置.

(a) 写出在相应子空间的基 $\{|n_x=1, n_y=0\rangle, |n_x=0, n_y=1\rangle\}$ 上, 对哈密顿量 $H_{B,\epsilon}$ 的限制.

(b) 导出感兴趣的能量 $E_-(B,\epsilon)$ 和 $E_+(B,\epsilon)$ 的近似值 (其中 $E_- < E_+$).

(c) 给出相应的本征态 $|u_-(B,\epsilon)\rangle$ 和 $|u_+(B,\epsilon)\rangle$ 的表达式. 人们可以引入一个使 $\tan(2\alpha) = \omega_c/(\epsilon\omega)$ 的混合角 α.

21.5.4 我们现在返回到图 21.2 的实验数据.

(a) 在大 B 和 $B=0$ 之间的转换区的实验数据能用各向异性的量子箱模型正确地描述吗?

(b) 从不存在磁场时的前两个吸收峰的位置能够导出什么样的各向异性 ϵ 值？

21.6 解

21.1 一维谐振子的结果

21.1.1 位置分布的特征延展范围是 $l_0 = \sqrt{\hbar/(\mu\omega)}$. 更确切地讲，$l_0/\sqrt{2}$ 是位置分布概率规律 $|\psi_0(x)|^2$ 的均方根偏差.

21.1.2 (a) $l_0 = 4.3$ nm.

(b) 处于第一激发能级 $n = 1$ 和基态 $n = 0$ 的布居（population）之比 r 由玻尔兹曼定律给出：

$$r = \exp(-\hbar\omega/(k_{\mathrm{B}}T)) = \exp(-70) = 5 \times 10^{-31},$$

它是可以忽略的. 其他激发能级的布居甚至更小. 因此，在 $T = 10$ K 时，只有基态被布居.

(c) $\lambda = 2\pi c/\omega = 21$ μm，它对应于红外辐射.

21.2 量子箱

21.2.1 哈密顿量是 $\hat{H}_0 = \hbar\omega(\hat{n}_x + \hat{n}_y + 1)$，且算符 $\hat{n}_x$ 和 $\hat{n}_y$ 对易. 我们可以找到这两个算符的一组共同本征基. 如果函数 $\Psi(x,y)$ 是 $\hat{n}_x$ 的一个本征函数，它对 x 的依赖关系是完全确定的（变量 $x\sqrt{\mu\omega/\hbar}$ 的厄米函数，对应于 $|n_x\rangle$）. 类似地有对 y 的依赖关系. 因此，集合 $\{\hat{n}_x, \hat{n}_y\}$ 是一个具有本征基 $|n_x, n_y\rangle$ 的对易可观测量完全集（CSCO）. 这个基也是 $\hat{H}_0$ 的一个本征基，与 $|n_x, n_y\rangle$ 对应的本征值是 $E_N = \hbar\omega(N+1)$，其中 $N = n_x + n_y$.

21.2.2 能级 $E_N = \hbar\omega(N+1)$ 对应 $N+1$ 个可能的 (n_x, n_y) 对： $(N, 0)$, $(N-1, 1), \cdots, (0, N)$. 因此，简并度为 $g_N = N+1$.

21.2.3 把 $\hat{x}, \hat{p}_x, \hat{y}, \hat{p}_y$ 替换成

$$\hat{x} = \sqrt{\frac{\hbar}{2\mu\omega}}(\hat{a}_x^\dagger + \hat{a}_x), \qquad \hat{p}_x = \mathrm{i}\sqrt{\frac{\hbar\mu\omega}{2}}(\hat{a}_x^\dagger - \hat{a}_x), \qquad \cdots,$$

它们导致

$$\hat{L}_z = \frac{\mathrm{i}\hbar}{2}[(\hat{a}_x^\dagger + \hat{a}_x)(\hat{a}_y^\dagger - \hat{a}_y) - (\hat{a}_y^\dagger + \hat{a}_y)(\hat{a}_x^\dagger - \hat{a}_x)] = \mathrm{i}\hbar(\hat{a}_x \hat{a}_y^\dagger - \hat{a}_x^\dagger \hat{a}_y).$$

21.2.4 利用产生算符和湮灭算符的作用，人们发现

$$\hat{L}_z |n_x, n_y\rangle = \mathrm{i}\hbar\left[\sqrt{n_x(n_y+1)}|n_x-1, n_y+1\rangle - \sqrt{(n_x+1)n_y}|n_x+1, n_y-1\rangle\right].$$

一般而言，$|n_x, n_y\rangle$ 态不是 $\hat{L}_z$ 的本征态，因而没有严格确定的角动量. 唯一的例外是 $n_x = n_y = 0$ 的态，因而 $\hat{L}_z|0,0\rangle = 0$. 它是一个 $L_z = 0$ 的态.

21.2.5 我们现在感兴趣的是找到 $\hat{H}_0$ 的另一组本征基.

(a) $\hat{H}_0$ 和 $\hat{L}_z$ 的对易关系可用它们的基于产生算符和湮灭算符的表示式来计算. 我们首先计算 $[\hat{n}_x, \hat{a}_x^\dagger] = \hat{a}_x^\dagger$ 和 $[\hat{n}_x, \hat{a}_x] = -\hat{a}_x$，以及类似的对 y 的关系. 人们求得

$$\begin{aligned}[][\hat{H}_0, \hat{L}_z] &= \mathrm{i}\hbar^2\omega[\hat{n}_x + \hat{n}_y, \hat{a}_x \hat{a}_y^\dagger - \hat{a}_x^\dagger \hat{a}_y] \\
&= \mathrm{i}\hbar^2\omega([\hat{n}_x, \hat{a}_x]\hat{a}_y^\dagger - [\hat{n}_x, \hat{a}_x^\dagger]\hat{a}_y + \hat{a}_x[\hat{n}_y, \hat{a}_y^\dagger] - \hat{a}_x^\dagger[\hat{n}_y, \hat{a}_y]) \\
&= \mathrm{i}\hbar^2\omega(-\hat{a}_x \hat{a}_y^\dagger - \hat{a}_x^\dagger \hat{a}_y + \hat{a}_x \hat{a}_y^\dagger + \hat{a}_x^\dagger \hat{a}_y) \\
&= 0.\end{aligned}$$

这个结果是位势 $V(x,y)$ 绕 z 轴转动不变的后果. 它也可以用极坐标表示式 $\hat{L}_z = -\mathrm{i}\hbar\dfrac{\partial}{\partial\phi}$ 来证明，它与对 $\hat{H}_0$ 有贡献的两项（动能与势能）都对易.

(b) 有 4 个算符，因此有 6 个对易关系要计算. 首先注意到两个产生算符对易，两个湮灭算符也对易. 因此，

$$[\hat{a}_\mathrm{l}^\dagger, \hat{a}_\mathrm{r}^\dagger] = 0, \qquad [\hat{a}_\mathrm{l}, \hat{a}_\mathrm{r}] = 0.$$

简单的计算导致

$$\begin{aligned}[][\hat{a}_\mathrm{l}, \hat{a}_\mathrm{l}^\dagger] &= \frac{1}{2}[\hat{a}_x + \mathrm{i}\hat{a}_y, \hat{a}_x^\dagger - \mathrm{i}\hat{a}_y^\dagger] = \frac{1}{2}[\hat{a}_x, \hat{a}_x^\dagger] + \frac{1}{2}[\hat{a}_y, \hat{a}_y^\dagger] = 1, \\
[\hat{a}_\mathrm{r}, \hat{a}_\mathrm{r}^\dagger] &= \frac{1}{2}[\hat{a}_x - \mathrm{i}\hat{a}_y, \hat{a}_x^\dagger + \mathrm{i}\hat{a}_y^\dagger] = \frac{1}{2}[\hat{a}_x, \hat{a}_x^\dagger] + \frac{1}{2}[\hat{a}_y, \hat{a}_y^\dagger] = 1.\end{aligned}$$

最后得到

$$[\hat{a}_\mathrm{l}, \hat{a}_\mathrm{r}^\dagger] = \frac{1}{2}[\hat{a}_x + \mathrm{i}\hat{a}_y, \hat{a}_x^\dagger + \mathrm{i}\hat{a}_y^\dagger] = \frac{1}{2}[\hat{a}_x, \hat{a}_x^\dagger] - \frac{1}{2}[\hat{a}_y, \hat{a}_y^\dagger] = 0,$$

$$[\hat{a}_\mathrm{r}, \hat{a}_\mathrm{l}^\dagger] = \frac{1}{2}[\hat{a}_x - \mathrm{i}\hat{a}_y, \hat{a}_x^\dagger - \mathrm{i}\hat{a}_y^\dagger] = \frac{1}{2}[\hat{a}_x, \hat{a}_x^\dagger] - \frac{1}{2}[\hat{a}_y, \hat{a}_y^\dagger] = 0.$$

于是，任何"右"算符与"左"算符都对易. 右（或左）产生算符和湮灭算符间的对易关系与通常的一维产生算符和湮灭算符的对易关系是相同的.

(c) 在厄米算符 $\hat{n}_\mathrm{l}$ 和 $\hat{n}_\mathrm{r}$ 之间的对易是显然的，因为任何左算符与任何右算符都对易. 一维谐振子的量子化完全基于对易关系 $[\hat{a}, \hat{a}^\dagger] = 1$，它导致 $\hat{a}^\dagger \hat{a}$ 的本征值为非负整数. 这一点对算符 $\hat{n}_\mathrm{l}$ 和 $\hat{n}_\mathrm{r}$ 同样成立，相应的本征值是整数对 $(n_\mathrm{l}, n_\mathrm{r})$. 正如文中所建议的，我们此时假定 $\hat{n}_\mathrm{l}$ 和 $\hat{n}_\mathrm{r}$ 共同本征基是唯一的，并且把对应本征值对 $(n_\mathrm{l}, n_\mathrm{r})$ 的本征矢标记为 $|n_\mathrm{l}, n_\mathrm{r}\rangle$.

(d) 人们发现：
$$\hat{n}_\mathrm{l} = \frac{1}{2}(\hat{a}_x^\dagger - \mathrm{i}\hat{a}_y^\dagger)(\hat{a}_x + \mathrm{i}\hat{a}_y) = \frac{1}{2}[\hat{n}_x + \hat{n}_y + \mathrm{i}(\hat{a}_x^\dagger \hat{a}_y - \hat{a}_x \hat{a}_y^\dagger)]$$
$$= \frac{1}{2}\left(\frac{\hat{H}_0}{\hbar\omega} - 1 - \frac{\hat{L}_z}{\hbar}\right),$$
$$\hat{n}_\mathrm{r} = \frac{1}{2}(\hat{a}_x^\dagger + \mathrm{i}\hat{a}_y^\dagger)(\hat{a}_x - \mathrm{i}\hat{a}_y) = \frac{1}{2}(\hat{n}_x + \hat{n}_y - \mathrm{i}(\hat{a}_x^\dagger \hat{a}_y - \hat{a}_x \hat{a}_y^\dagger))$$
$$= \frac{1}{2}\left(\frac{\hat{H}_0}{\hbar\omega} - 1 + \frac{\hat{L}_z}{\hbar}\right),$$

因此
$$\hat{H}_0 = \hbar\omega(\hat{n}_\mathrm{l} + \hat{n}_\mathrm{r} + 1), \qquad \hat{L}_z = \hbar(\hat{n}_\mathrm{r} - \hat{n}_\mathrm{l}).$$

算符 $\hat{H}_0$ 和 $\hat{L}_z$ 可以只用算符 $\hat{n}_\mathrm{l}$ 和 $\hat{n}_\mathrm{r}$ 表示. 因此 $\hat{n}_\mathrm{l}$ 和 $\hat{n}_\mathrm{r}$ 的共同本征基也是 $\hat{H}_0$ 和 $\hat{L}_z$ 的共同本征基.

(e) 矢量 $|n_\mathrm{l}, n_\mathrm{r}\rangle$ 是 $\hat{H}_0$ 和 $\hat{L}_z$ 的本征态，其本征值为 $E = \hbar\omega(n_\mathrm{l} + n_\mathrm{r} + 1)$ 和 $L_z = \hbar(n_\mathrm{r} - n_\mathrm{l})$. 因此我们有 $N = n_\mathrm{r} + n_\mathrm{l}$ 和 $m = n_\mathrm{r} - n_\mathrm{l}$. 和预期的一样，我们重新得到了轨道角动量的整数值. 对于一个给定的 N, m 的值属于集合 $\{-N, -N+2, \cdots, N-2, N\}$，因此有 $N+1$ 个可能值. 我们注意到，在一个能级 E_N, m 具有与 N 相同的宇称. 这来自于所考虑问题的宇称不变性.

(f) 图形表示如图 21.3 所示. 在对应给定能量的一条给定的水平线上，人们得到 $N+1$ 个点，它们对应着前面得到的 $\hat{H}_0$ 能级的简并度. 这证实了 $(n_\mathrm{l}, n_\mathrm{r})$ 形成一个 CSCO 的正确性. 假如两个不同的态对应着同样的一对本征值 $(n_\mathrm{l}, n_\mathrm{r})$, 则图上相应的点就会是二重简并的，而能级 E_N 的简并度将会大于 $N+1$.

21.2.6 在这个子空间中，我们必须找到对应于两个本征值 $\pm\hbar$ 的 $\hat{L}_z$ 两个本征矢. 第一种寻找这两个本征矢的方法就是计算 $\hat{L}_z$ 对基 $\{|n_x, n_y\rangle\}$ 的矢量的作用. 利用基于 $\hat{a}_x, \hat{a}_y, \cdots$ 的 $\hat{L}_z$ 的表达式，人们发现：

$$\hat{L}_z |n_x = 1, n_y = 0\rangle = \mathrm{i}\hbar |n_x = 0, n_y = 1\rangle,$$

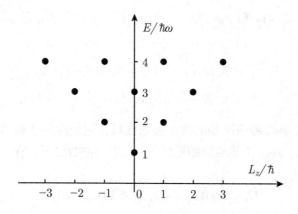

图 21.3 L_z, E 对所允许的量子数

$$\hat{L}_z|n_x=0, n_y=1\rangle = -\mathrm{i}\hbar|n_x=1, n_y=0\rangle.$$

或对角化的 2×2 矩阵 $\begin{pmatrix} 0 & -\mathrm{i}\hbar \\ \mathrm{i}\hbar & 0 \end{pmatrix}$. 因此，与本征值 $\pm\hbar$ 关联的本征态为

$$(|n_x=1, n_y=0\rangle \pm \mathrm{i}|n_x=0, n_y=1\rangle)/\sqrt{2}.$$

另一种方法是从基态 $|n_l=0, n_r=0\rangle$ 出发，让下述算符作用在这个态上：(i) 算符 $\hat{a}_r^\dagger$，以便得到能量为 $2\hbar\omega$ 和角动量为 $+\hbar$ 的本征矢；(ii) 算符 $\hat{a}_l^\dagger$，以便得到能量为 $2\hbar\omega$ 和角动量为 $-\hbar$ 的本征矢. 当然，我们重新得到了前面的结果.

21.3 磁场中的量子箱

21.3.1 通过展开 $\hat{H}_B$，人们发现：

$$\hat{H}_B = \frac{\hat{p}_x^2+\hat{p}_y^2}{2\mu} + \left(\frac{\mu\omega^2}{2} + \frac{q^2B^2}{8}\right)(\hat{x}^2+\hat{y}^2) + \frac{\omega_c \hat{L}_z}{2}.$$

21.3.2 如果设 $\Omega = \sqrt{\omega^2+\omega_c^2/4}$，就可以重新写出 $\hat{H}_B = \hat{H}_0^{(\Omega)} + \omega_c \hat{L}_z/2$，其中 $\hat{H}_0^{(\Omega)}$ 是一个频率为 Ω 的二维谐振子的哈密顿量：

$$\hat{H}_0^{(\Omega)} = \frac{\hat{p}_x^2+\hat{p}_y^2}{2\mu} + \frac{\mu\Omega^2}{2}(\hat{x}^2+\hat{y}^2).$$

于是通过在算符 $\hat{a}_x, \hat{a}_y, \cdots$ 的定义中用 Ω 代替 ω，就可以重复前一节中的方法. 我们构建一个 $\hat{H}_0^{(\Omega)}$ 和 $\hat{L}_z$ 的共同本征基，并仍把它们记为 $\{|n_l, n_r\rangle\}$，其本

征值为 $\hbar\Omega(n_l+n_r+1)$ 和 $m\hbar$. 每一个矢量 $|n_l,n_r\rangle$ 也是 $\hat{H}_B$ 的本征矢，对应的能量

$$E_{n_l,n_r}=\hbar\Omega(n_l+n_r+1)+\hbar\omega_c(n_r-n_l)/2$$
$$=\hbar\left(\Omega+\frac{\omega_c}{2}\right)n_r+\hbar\left(\Omega-\frac{\omega_c}{2}\right)n_l+\hbar\Omega.$$

21.3.3 (a) 可以考虑磁场的两个极限区域，它们对应于极限 $\omega_c\ll\omega$（非常弱的磁场）和 $\omega_c\gg\omega$（非常强的磁场）. 在第一种情况下，在 B 的第一阶，我们有

$$\widetilde{E}_{n_l,n_r}\approx\hbar\omega(n_l+n_r)+\hbar\omega_c(n_r-n_l)/2,$$

它对应于 $N+1$ 条能级随 B 的线性变化，这些能级源于磁场不存在时的能级 E_N. 每个能级的斜率 $(\hbar qB/2\mu)(n_r-n_l)$（译者注：原书此式有小的明显印刷错误，已改正）都不同，它意味着如果 B 不为 0 就没有简并.

对于强场，人们发现

$$\Omega+\frac{\omega_c}{2}\approx\omega_c,\qquad \Omega-\frac{\omega_c}{2}\approx\frac{\omega^2}{\omega_c}\ll\omega.$$

因此，我们有

$$\widetilde{E}_{n_l,n_r}\approx\hbar\omega_c n_r \quad (n_r\neq 0) \quad \text{和} \quad \widetilde{E}_{n_l,0}\approx\frac{\hbar\omega^2}{\omega_c}n_l.$$

对于一个非零的 n_r，能级随 B 线性增长，斜率正比于 n_r. 对于 $n_r=0$，能量 E 随 B 趋于 0.

(b) 对应于 $N=0,1,2$ 的能级 $\widetilde{E}_{n_r,n_l}$ 展示在图 21.4 中.

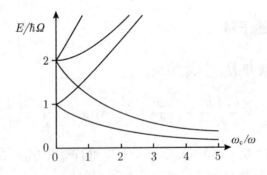

图 21.4 源于 $N=0,1,2$ 的能级 $\widetilde{E}_{n_r,n_l}$ 随磁场 B 变化的函数关系

(c) 我们在图 21.4 上注意到，能级 $n_l=2, n_r=0$ 和 $n_l=0, n_r=1$ 相交叉. 相应场 B 的值由下列方程的解给出：

$$\Omega+\frac{\omega_c}{2}=2\left(\Omega-\frac{\omega_c}{2}\right),$$

或 $3\omega_c = 2\Omega$，即 $\omega_c = \omega/\sqrt{2}$.

21.3.4 对应于 $\omega_c = \omega/\sqrt{2}$ 的磁场 B 的值是 $\mu\omega/(q\sqrt{2}) \approx 26$ T.

21.3.5 假定场 B 小于 21 T，则 $\hat{H}_B$ 的前三个能级对应于 $n_l = n_r = 0$（能量 $\hbar\omega$ 的基态），$n_l = 1, n_r = 0$（能量 $2\hbar\Omega - \hbar\omega_c/2$），$n_l = 0, n_r = 1$（能量 $2\hbar\Omega + \hbar\omega_c/2$）. 这三个态都是 $\hat{L}_z$ 的本征态，其本征值分别为 0、$-\hbar$ 和 $\hbar$.

21.4 实验证实

21.4.1 不存在磁场时，在习题 21.1.2 中看到对 $T=10$ K，只有 $n_x = n_y = 0$ 的能级被明显地填充. 随着磁场的增强，基态和第一激发态间的劈裂缩小，但是如果 ω_c 小于 $\omega/\sqrt{2}$，它会比 $k_B T$ 小得多. 对于 $\omega_c = \omega/\sqrt{2}$，劈裂为 $\hbar\omega/\sqrt{2}$. 对这个值，第一激发态与基态的布居之比为 $r' = \exp(-49) = 3.7 \times 10^{-22}$.

由于只有基态被占据，所有可探测到的吸收谱线都将源自从这个态出发的跃迁.

21.4.2 头两个吸收峰对应跃迁 $|u_0\rangle \leftrightarrow |u_-\rangle$ 和 $|u_0\rangle \leftrightarrow |u_+\rangle$. 相应的频率 $\nu_\pm$ 为

$$\nu_\pm = \frac{\Omega}{2\pi} \pm \frac{\omega_c}{4\pi}.$$

文中实验图上所探查到的 B 的范围对应着比 ω 小的 ω_c 值. 于是我们可以利用习题 21.3.3 中的弱场展开来简化这个表示式：

$$\nu_\pm = \frac{\omega}{2\pi} \pm \frac{\omega_c}{4\pi}.$$

因此预期频率 $\nu_\pm$ 将随 B 线性变化，其斜率为 $\pm q/(4\pi\mu)$，而对于零场强，这两条直线将在频率 $\omega/(2\pi)$ 处交叉.

$\nu_\pm$ 的这种线性变化的确出现在更大 B 值的图上，并且测量到的斜率靠近预期值（2×10^{11} Hz·T^{-1}）. 然而，对一个非常弱的场，实验上观测到的行为并不与理论预言相对应. 对于 $B=0$，存在着一个有限的频率差 $\nu_+ - \nu_-$，而不是两条同频率的线.

21.4.3 维度 z 的作用.

(a) 宽度为 D 的一个无限深方势阱的能级由 $E_n = \pi^2\hbar^2 n^2/(2\mu D^2)$ 给出，其中 n 为正整数，对应的本征态是函数 $\chi_n(z) \propto \sin(n\pi z/D)$. 在基态和第一激发态之间的劈裂是 $\Delta E = 3\pi^2\hbar^2/(2\mu D^2)$.

(b) 考虑沿 z 轴方向的运动被"冻结"，该方势阱头两个能级间的能量劈裂 ΔE 必须比 $\hbar\omega$ 大很多. 如果这个条件被满足，禁闭在量子箱中（在一个合理的

温度与激发频率的范围之内）的电子可达到的态就将是矢量 $|n_x, n_y\rangle \otimes |\chi_0\rangle$ 的组合. 于是, 忽略沿 z 轴方向电子的动力学是合理的. 如果这个条件不被满足, 一些吸收谱线能够出现, 其频率就在实验图上给出的频率附近. 它们将对应着沿 z 轴运动的激发. z 轴运动被"冻结"的条件是

$$\frac{3\pi^2 \hbar^2}{2\mu D^2} \gg \hbar\omega, \quad \text{或等价地} \quad D \ll \pi l_0. \tag{21.7}$$

(c) 为了使横向运动的谐振近似适用, 量子箱的横向延展 ΔL 必须比 l_0 大. 前面习题中求得的条件 $D \ll \pi l_0$, 与 $l_0 \ll \Delta L$ 放在一起, 必须强制箱子具有一个非常扁平的几何形状: 与 x、y 方向的横向尺寸相比, 沿 z 方向的高度 D 必须非常小. 我们的结论是图 21.1 的竖直标度被极大地放大了.

21.5 量子箱的各向异性

21.5.1 当不存在磁场 B 时, 哈密顿量为 $\hat{H}_x + \hat{H}_y$, 其中

$$\hat{H}_x = \frac{\hat{p}_x^2}{2\mu} + \frac{1}{2}\mu\omega^2(1+\epsilon)\hat{x}^2, \quad \hat{H}_y = \frac{\hat{p}_y^2}{2\mu} + \frac{1}{2}\mu\omega^2(1-\epsilon)\hat{x}^2.$$

人们可以找到一组 $\hat{H}_x$ 和 $\hat{H}_y$ 的共同本征基, 它对应着变量为 $x\sqrt{\mu\omega(1+\epsilon)/\hbar}$ 的厄米函数与变量为 $y\sqrt{\mu\omega(1-\epsilon)/\hbar}$ 的厄米函数的乘积. 相应的本征值为

$$\hbar\omega\sqrt{1+\epsilon}(n_x+1/2) + \hbar\omega\sqrt{1-\epsilon}(n_y+1/2) \approx \hbar\omega(n_x+n_y+1) + \frac{\epsilon\hbar\omega}{2}(n_x-n_y),$$

其中 n_x, n_y 都是非负整数.

21.5.2 到 B 和 ϵ 的第一阶, 基态能量的移动由下列矩阵元给出:

$$\Delta E_{0,0} = \langle 0,0|\hat{W}|0,0\rangle = \frac{\omega_c}{2}\langle 0,0|\hat{L}_z|0,0\rangle + \frac{\epsilon\mu\omega^2}{2}\langle 0,0|\hat{x}^2 - \hat{y}^2|0,0\rangle.$$

态 $|0,0\rangle$ 是 $\hat{L}_z$ 的一个本征态, 其本征值为 0. 因此, 这个求和中的第一项为零. 根据对称性, 我们有 $\langle 0,0|\hat{x}^2|0,0\rangle = \langle 0,0|\hat{y}^2|0,0\rangle$, 它意味着, 到 ϵ 和 B 的第一阶第二项也为零.

21.5.3 (a) 在习题 21.2.6 考虑的基础上, 我们已经确定了矩阵 $\hat{L}_z$. 我们必须计算 $\hat{x}^2$ 和 $\hat{y}^2$ 的矩阵元. 为了做到这一点, 最简单的是使用基于产生算符和湮灭算符的 $\hat{x}$ 和 $\hat{y}$ 的表达式. 有

$$\hat{x}^2 = \frac{\hbar}{2\mu\omega}(\hat{a}_x + \hat{a}_x^\dagger)(\hat{a}_x + \hat{a}_x^\dagger),$$

它导致

$$\langle 1,0|\hat{x}^2|1,0\rangle = \frac{\hbar}{2\mu\omega}\langle 1,0|\hat{a}_x^\dagger \hat{a}_x + \hat{a}_x \hat{a}_x^\dagger|1,0\rangle$$
$$= \frac{\hbar}{2\mu\omega}(1+2) = \frac{3\hbar}{2\mu\omega},$$
$$\langle 1,0|\hat{x}^2|0,1\rangle = \langle 0,1|\hat{x}^2|1,0\rangle = 0,$$
$$\langle 0,1|\hat{x}^2|0,1\rangle = \frac{\hbar}{2\mu\omega}\langle 0,1|\hat{a}_x \hat{a}_x^\dagger|0,1\rangle$$
$$= \frac{\hbar}{2\mu\omega},$$

其中，为了简单起见，我们设 $|0,1\rangle \equiv |n_x=0, n_y=1\rangle$ 等. 通过交换 x 和 y 的作用，我们得到了类似的结果. 因此，在所感兴趣的子空间中 $\hat{H}_{B,\epsilon}$ 的限制为

$$[\hat{H}_{B,\epsilon}] = 2\hbar\omega + \frac{\hbar}{2}\begin{pmatrix} \epsilon\omega & -i\omega_c \\ i\omega_c & -\epsilon\omega \end{pmatrix}.$$

(b) 通过把这个 2×2 矩阵对角化，得到能量本征值为

$$E_\pm(B,\epsilon) = 2\hbar\omega \pm \frac{\hbar}{2}\sqrt{\epsilon^2\omega^2 + \omega_c^2}.$$

(c) 令 $\tan 2\alpha = \omega_c/(\epsilon\omega)$，上述矩阵被写成

$$[\hat{H}_{B,\epsilon}] = 2\hbar\omega + \frac{\hbar}{2}\sqrt{\epsilon^2\omega^2 + \omega_c^2}\begin{pmatrix} \cos 2\alpha & -i\sin 2\alpha \\ i\sin 2\alpha & -\cos 2\alpha \end{pmatrix},$$

它的本征矢为

$$|u_-(B,\epsilon)\rangle = \begin{pmatrix} i\sin\alpha \\ \cos\alpha \end{pmatrix}, \quad |u_+(B,\epsilon)\rangle = \begin{pmatrix} \cos\alpha \\ i\sin\alpha \end{pmatrix}.$$

21.5.4 (a) $E_\pm(B,\epsilon) - E_{0,0}$ 随 B 的变化很好地重现了实验观测的结果. 对于能使 $\epsilon\omega \ll \omega_c$ 的大 B 值，我们重现了两个跃迁频率随 B 的线性变化. 当 B 趋向于零（$\omega_c \ll \epsilon\omega$）时，人们发现，两个不同的玻尔频率分别对应于两个跃迁: $n_x = n_y = 0 \to n_x = 0, n_y = 1$ 和 $n_x = n_y = 0 \to n_x = 1, n_y = 0$.

(b) 当 B 趋于零时，人们在实验中发现，$(\nu_+ - \nu_-)/(\nu_+ + \nu_-)$ 的极限是在 0.06 的量级. 这个比值的理论预言是 $\epsilon/2$. 因此我们得到 $\epsilon \approx 0.12$.

21.7 评　　注

半导体量子箱，在这里已经仔细地研究过了它的一个简单模型，是很多学术（库仑关联）和应用方面（光电子学）研究的项目. 我们仅考虑了电子的激发，但是在量子箱动力学中，晶格中的集体模式（声子）同样起到重要的作用. 最近人们证明这两类激发是强耦合的. 这与通常在半导体中遇到的情况相反，在半导体中，电子与声子之间的耦合很弱.

这里展示的数据取自 S. Hameau et al., Phys. Rev. Lett. 83, 4152 (1999).

第 22 章 彩色分子离子

有些颜料（pigments）是由线性分子离子构成的，电子沿着这些离子附近自由运动．在这里我们导出这样一种电子系统的能级，并展示如何用这种能量方案解释观测到的颜料的彩色．

考虑化学式为 $(C_nH_{n+2})^-$ 的分子离子，它可被视为从具有偶数个碳原子的聚乙烯（polyethylene）分子（如己三烯 $CH_2{=}CH{-}CH{=}CH{-}CH{=}CH_2$）上拿掉一个 CH^+ 基团得到的．在这类离子中，化学键本身的重排导致以下类型的线性结构：

$$(CH_2\cdots CH\cdots CH\cdots CH\cdots CH_2)^-, \tag{22.1}$$

它们具有奇数 n 个、间距均为 $d=1.4\,\text{Å}$ 的碳原子．在这种结构中，人们可以考虑在原始的聚乙烯分子中，$n+1$ 个双键的电子在一个宽度为 $L_n=nd$ 的一维无穷深势阱中相互独立地运动：

$$V_{(x)} = \begin{cases} +\infty, & \text{对于 } x<0 \text{ 或 } x>L_n, \\ 0, & \text{对于 } 0 \leqslant x \leqslant L_n. \end{cases} \tag{22.2}$$

实际上，应该写成 $L_n=(n-1)d+2b$，其中 b 代表边缘效应．实验中，选 $b=d/2$ 是恰当的．

22.1 碳氢化合物离子

22.1.1 在这个势中一个电子的能级 ε_k 是什么？

22.1.2 由于泡利原理，至多两个电子能够占据相同的能级．$n+1$ 个电子集合的基态能量 E_0 和第一激发态能量 E_1 是什么？

我们记得 $\sum_{k=1}^{n} k^2 = n(n+1)(2n+1)/6$.

22.1.3 在基态和第一激发态间跃迁时吸收的光的波长 λ_n 是什么？人们可以引用电子的康普顿波长：$\lambda_C = h/(m_e c) - 2.426 \times 10^{-2}$ Å.

22.1.4 实验上人们观测到，$n = 9, n = 11$ 和 $n = 13$ 的离子分别吸收蓝光 ($\lambda_9 \approx 4700$ Å、黄光 ($\lambda_{11} \approx 6000$ Å 和红光 ($\lambda_{13} \approx 7300$ Å). 前面的模型与这一观测相符吗？$n \leqslant 7$ 或 $n \geqslant 15$ 的离子是什么颜色的？

22.2 含氮的离子

人们可以用一个氮原子代换中央的 CH 团，以便形成如下类型的离子：

$$(\text{CH}_2 \cdots \text{CH} \cdots \text{N} \cdots \text{CH} \cdots \text{CH}_2)^-. \tag{22.3}$$

氮原子的存在不改变原子间的距离但是改变上述的方势阱. 其修改是添加了一个吸引的、位于氮原子周围的小微扰 $\delta V(x)$:

$$\delta V(x) = \begin{cases} 0, & \text{对于} |x - \frac{L_n}{2}| > \alpha/2, \\ -V_0, & \text{对于} |x - \frac{L_n}{2}| \leqslant \alpha/2, \end{cases}$$

其中 $\alpha/d \ll 1$ 和 $V_0 > 0$.

22.2.1 利用一级微扰论，给出势阱中一个电子的能级 ε_k 的变化 $\delta \varepsilon_k$. 为方便起见，给出到 α/d 领头阶的结果.

22.2.2 实验上人们观测到，对于相同的 n 值，含氮的离子的光谱类似于碳氢化合物离子的光谱，但是与对应的聚乙烯的波长 λ_n^0 相比，如果 $n = 4p+1$，则波长 λ_n^N 系统地短一些（蓝移），而若 $n = 4p+3$，则波长 λ_n^N 系统地长一些（红移）. 解释这一现象，并证明 λ_n^N 和 λ_n^0 由下式关联起来：

$$\frac{\lambda_n^0}{\lambda_n^N} = 1 - (-1)^{\frac{n+1}{2}} \gamma \frac{n}{n+2},$$

其中 γ 是一个待定的参量.

22.2.3 $n = 11$ 的含氮离子吸收红光 ($\lambda_{11}^N \approx 6700$ Å). 检验一下，$n = 9$ 的离子吸收紫光 ($\lambda_9^N \approx 4300$ Å). $n = 13$ 的含氮的离子的颜色是什么？

第22章 彩色分子离子 221

22.2.4 对于足够大的 n，如果氮原子不是放在中央的节点上，而是放在与链中心相邻的两个节点中的一个上，人们观测到与习题 22.2.2 相反的效应. 对 $n=4p+1$ 有一个红移，而对 $n=4p+3$ 有一个蓝移. 对于这种效应，你能给出一个简单的解释吗？

22.3 解

22.1 碳氢化合物离子

22.1.1 能级是

$$\varepsilon_k = \frac{\pi^2\hbar^2 k^2}{2mL_n^2}, \qquad k=1,2,\cdots.$$

22.1.2 $n+1$ 个电子的基态能量是

$$E_0 = \frac{\pi^2\hbar^2}{mL_n^2}\sum_{k=1}^{(n+1)/2} k^2 = \frac{\pi^2\hbar^2}{24mL_n^2}(n+1)(n+2)(n+3).$$

第一激发态的能量是

$$E_1 = E_0 + \frac{\pi^2\hbar^2}{8mL_n^2}[(n+3)^2-(n+1)^2] = E_0 + \frac{\pi^2\hbar^2}{2mL_n^2}(n+2).$$

22.1.3 有 $h\nu = E_1 - E_0 = \pi^2\hbar^2(n+2)/(2mL_n^2)$. 因为 $\lambda = c/\nu$，得到吸收波长

$$\lambda_n = \frac{8d^2}{\lambda_\mathrm{C}}\frac{n^2}{n+2}.$$

22.1.4 从一般形式 $\lambda_n = 646.33n^2/(n+2)$，我们求得 $\lambda_9 = 4\,760\,\text{Å}$，$\lambda_{11} = 6\,020\,\text{Å}$，$\lambda_{13} = 7\,280\,\text{Å}$，它们与实验符合得很好.

对于较小的 n，波长 $\lambda_7 = 3\,520\,\text{Å}$ 和 $\lambda_5 = 2\,310\,\text{Å}$ 是在光谱的紫外部分. $n\leqslant 7$ 的离子不吸收可见光，因此没有颜色.

对于 $n\geqslant 15$，波长 $\lambda_{15} = 8\,550\,\text{Å}$ 和 $\lambda_{17} = 9\,830\,\text{Å}$ 是在红外区. 这些离子从基态到第一激发态的跃迁时不吸收可见光. 尽管如此，由于有到更高激发态的跃迁，它们还是有颜色的.

22.2 含氮的离子

22.2.1 归一化的波函数是 $\psi_k(x) = \sqrt{2/L_n}\sin(k\pi x/L_n)$. 有

$$\delta\varepsilon_k = \int \delta V(x)|\psi_k(x)|^2 \mathrm{d}x = -V_0 \int_{L_n-\alpha/2}^{L_n+\alpha/2} |\psi_k(x)|^2 \mathrm{d}x.$$

设 $y = x - L_n/2$, 求得

$$\delta\varepsilon_k = -\frac{2V_0}{L_n} \int_{-\alpha/2}^{+\alpha/2} \sin^2\left(\frac{k\pi}{2} + \frac{k\pi y}{nd}\right) \mathrm{d}y.$$

存在以下两种情况:
- k 为偶数:

$$\delta\varepsilon_k = -\frac{2V_0}{L_n} \int_{-\alpha/2}^{+\alpha/2} \sin^2\left(\frac{k\pi y}{nd}\right) \mathrm{d}y, \quad \text{即} \quad \delta\varepsilon_k = O((\alpha/d)^3).$$

微扰是可以忽略的.
- k 为奇数:

$$\delta\varepsilon_k = -\frac{2V_0}{L_n} \int_{-\alpha/2}^{+\alpha/2} \cos^2\left(\frac{k\pi y}{nd}\right) \mathrm{d}y.$$

在 α/d 的第一阶, 我们有 $\delta\varepsilon_k = -2V_0\alpha/nd < 0$.

精确的公式为

$$\delta\varepsilon_k = -\frac{V_0}{L_n}\left[\alpha - (-1)^k \frac{L_n}{k\pi} \sin\left(\frac{k\pi\alpha}{L_n}\right)\right].$$

对应着偶数 k 值的(单粒子)能级实际上不受微扰的影响;只有奇数 k 值的那些能级被移动了. 这是很容易理解的. 对于偶数值的 k, 链的中心是波函数的一个节点, 因而定义 $\delta\varepsilon_k$ 的积分是可以忽略的. 与之相反, 对于奇数值的 k, 中心是一个反节点, 对波函数的一个极大积分, 所以微扰是最大的.

22.2.2 对于习题 22.1.2 中的激发能 $E_1 - E_0$ 的微扰是

$$\delta E = \delta\varepsilon_{(n+3)/2} - \delta\varepsilon_{(n+1)/2}.$$

- $(n+1)/2$ 为偶数时, 即 $n = 4p+3$, $\delta\varepsilon_{(n+1)/2} = 0$,

$$\delta E = \delta\varepsilon_{(n+3)/2} = -\frac{2V_0\alpha}{nd} < 0.$$

- $(n+1)/2$ 为奇数时，即 $n = 4p+1$，$\delta\varepsilon_{(n+3)/2} = 0$，

$$\delta E = -\delta\varepsilon_{(n+1)/2} = \frac{2V_0\alpha}{nd} > 0.$$

我们可以把这些结果概括成一个紧凑的形式：

$$E_1 - E_0 + \delta E = \frac{\pi^2\hbar^2}{2md^2}\frac{n+2}{n^2}\left[1 - (-1)^{\frac{n+1}{2}}\gamma\frac{n}{n+2}\right],$$

其中 $\gamma = 4V_0\alpha md/(\pi\hbar)^2$. 因此得到预期的关系：

$$\frac{\lambda_n^0}{\lambda_n^N} = 1 - (-1)^{\frac{n+1}{2}}\gamma\frac{n}{n+2}.$$

对于 $n = 4p+1$，微扰使激发能增加，并使 λ_n 减小. 对于 $n = 4p+3$，它使激发能减小，并使 λ_n 增加.

22.2.3 对于 $n = 11$ 的离子，得到关系式 $(1 - 11\gamma/13) = 6\,000/6\,700$，因此 $\gamma \approx 0.12$ 和 $\lambda_9^N = 4330$Å，它与实验符合得很好. 还得到 $\lambda_{13}^N = 6600$Å，它吸收红光并给予相应的颜料以绿色. 注意，氮原子的存在产生了 $\lambda_{13}^N \leqslant \lambda_{11}^N$，反之 $\lambda_{13}^0 > \lambda_{11}^0$.

22.2.4 $\psi_k(x)$ 的一个节点和一个反节点之间的距离是 $\delta x = nd/(2k)$.

对感兴趣的 $k = (n+1)/2$ 和 $k = (n+3)/2$ 的态，我们将分别有 $\delta x = nd/(n+1)$ 和 $\delta x = nd/(n+3)$，这就是说，如果 n 很大，则 $\delta x \approx d$. 所以，如果一个波函数在中心处有一个节点，它就会在两个相邻的格点邻域有一个反节点，反之亦然. 因此，这里的论证类似于习题 22.2.1 和习题 22.2.2 的答案，只是效应相反. 如果 $n = 4p+1$，则谱线是红移的；如果 $n = 4p+3$，则它们是蓝移的.

22.4 评 注

许多进一步的细节可在 John R. Platt, *The Chemical Bound and the Distribution of Electrons in Molecules*, D Conjugated Chains, Handbuch Der Physik, Volume XXXVII/2, p. 173, Springer-Verlag (1961) 中找到. 该文是一篇非常完全的关于量子力学在化学中应用的工作.

第 23 章 电子自旋共振中的超精细结构

许多种类的分子，比如自由基，都具有一个未配对的电子. 正如我们将在本章中看到的，这个电子的磁自旋共振不同于核磁共振，被称为电子自旋共振（ESR），它提供了分子的电子结构的有用信息. 这里我们假定下列几点：

(1) 对于电子和原子核，自旋变量与空间变量都是独立的. 我们只对前者感兴趣.

(2) 这个未配对电子的空间基态是非简并的，可以忽略磁场对其波函数的影响.

(3) 我们只考虑下列一些磁自旋相互作用：自旋磁矩与外场 B 的塞曼相互作用；外层电子与原子核间的超精细相互作用.

(4) 对分子中的一个给定的核，超精细相互作用具有 $\hat{H}_{\mathrm{HF}} = (A/\hbar^2)\hat{\boldsymbol{S}}\cdot\hat{\boldsymbol{I}} = (A/4)\hat{\boldsymbol{\sigma}}_{\mathrm{e}}\cdot\hat{\boldsymbol{\sigma}}_{\mathrm{n}}$ 的形式，其中 $\hat{\boldsymbol{S}} = \hbar\hat{\boldsymbol{\sigma}}_{\mathrm{e}}/2$ 是电子自旋，而 $\hat{\boldsymbol{I}} = \hbar\hat{\boldsymbol{\sigma}}_{\mathrm{n}}/2$ 是原子核的自旋；$\hat{\boldsymbol{\sigma}}_{\mathrm{e}}$ 和 $\hat{\boldsymbol{\sigma}}_{\mathrm{n}}$ 是泡利矩阵，它们分别在电子和原子核的希尔伯特空间作用. 常数 A 由下式给出：

$$A = -\frac{2}{3}\mu_0\gamma_{\mathrm{e}}\gamma_{\mathrm{n}}\hbar^2|\psi(\boldsymbol{r}_{\mathrm{n}})|^2,$$

其中 $\mu_0 = 1/\epsilon_0 c^2$ 是真空的磁化率，γ_{e} 和 γ_{n} 是所考虑的电子和原子核的回转磁因子，而 $\psi(\boldsymbol{r}_{\mathrm{n}})$ 是在这个原子核的位置 $\boldsymbol{r}_{\mathrm{n}}$ 处的电子波函数的值.

(5) 在所有的问题中，所考虑的系统是处于沿 z 轴方向的匀强磁场 $\boldsymbol{B}$ 中. 为简单起见，设 $A = \hbar a$，$\omega_{\mathrm{e}} = -\gamma_{\mathrm{e}}B$，$\omega_{\mathrm{n}} = -\gamma_{\mathrm{n}}B$ 和 $\eta = (\omega_{\mathrm{e}} - \omega_{\mathrm{n}})/2$.

回转磁比的数值为

电子：$\gamma_{\mathrm{e}}/(2\pi) = -28.024~\mathrm{GHz\cdot T^{-1}}$,

质子：$\gamma_{\mathrm{p}}/(2\pi) = +42.574~\mathrm{MHz\cdot T^{-1}}$.

23.1 与一个原子核的超精细相互作用

23.1.1 我们首先考虑该原子核为没有磁矩的那一类，因而不存在超精细相互作用.

写出电子与磁场 B 的塞曼相互作用哈密顿量.

该系统的能级是什么？

可以激发该系统的频率值是多少？对于 1 T 的磁场，给出该频率的数值.

23.1.2 现在我们假定，该分子具有一个自旋为 1/2 的原子核. 我们把 $\hat{S}_z$ 和 $\hat{I}_z$ 的（因子化的）共同本征基记为 $\{|\sigma_e; \sigma_n\rangle\}$，其中 $\sigma_e = \pm 1$ 和 $\sigma_n = \pm 1$.

(a) 写出完整的自旋哈密顿量.

(b) 计算 $\boldsymbol{\sigma}_e \cdot \boldsymbol{\sigma}_n$ 对基 $\{|\sigma_e; \sigma_n\rangle\}$ 的矢量的作用.

(c) 写出该哈密顿量在这组基中的矩阵形式，并计算它的本征值.

23.1.3 从现在起我们假定，在 $|\omega_e| \gg |a|$ 的意义上磁场 B 很强.

(a) 给出到 a/η 第一阶的本征值的近似形式.

(b) 首先通过对角化电子的塞曼哈密顿量，然后用一级微扰论处理其他的项，即原子核的塞曼哈密顿量和超精细相互作用，重现这些结果. 相应的本征态（到 a/η 的第零阶）是什么？

(c) 可以证明，一个电磁场能够诱导的跃迁只能发生在单自旋值不同的态之间（例如，跃迁 $|+; \ -\rangle \to |-; \ +\rangle$ 是被禁戒的）. 在这些条件下，若知道所有非禁戒的跃迁实际上都发生了，则可观测到的跃迁频率是多少？把这些跃迁分成两组，它们分别对应原子核和电子的自旋跃迁.

(d) 对于一个在 $B = 1$ T 磁场中的氢原子，数值计算这些频率. 在这种情况下，$A/(2\pi\hbar) \approx 1.420$ GHz.

23.2 几个原子核情况下的超精细结构

我们现在假定，该分子具有 N 个氢原子中的质子，它们定位于格点 $r_1,\cdots,r_N$，它们的自旋用 $\hat{I}_1,\cdots,\hat{I}_N$ 表示.

自旋自由度的希尔伯特空间是 2^{N+1} 维的. 它由下列集合

$$\{|\sigma_e;\sigma_1,\sigma_2,\cdots,\sigma_N\rangle\} \equiv \{|\sigma_e\rangle\otimes|\sigma_1\rangle\otimes|\sigma_2\rangle\otimes\cdots\otimes|\sigma_N\rangle\}$$

所张成，其中 $\sigma_e = \pm 1$ 和 $\sigma_k = \pm 1, k = 1,\cdots,N$. 该集合是这 $N+1$ 个粒子的自旋可观测量的 z 投影 $\hat{S}_z$ 和 $\hat{I}_{kz}(k=1,2,\cdots,N)$ 的一组共同的正交归一本征基.

23.2.1 设 $A_k = \hbar a_k$ 是质子 k 的超精细常数. 写出该系统自旋哈密顿量的表示式（原子核 − 原子核磁相互作用已被忽略）.

23.2.2 证明这个哈密顿量对 $\hat{S}_z$ 的每个本征子空间的限制都是对角的.

23.2.3 像在 23.1.3 中的那样，假定磁场很强，用一级微扰论计算本征值和相应的本征态.

23.2.4 可观测的电子自旋的跃迁频率是多少？原则上光谱应显示出多少条与这些频率对应的谱线？

23.2.5 如果所有的质子都是等价的，也就是说，如果所有的 $|\psi(r_k)|^2$ 都相同，并由此给出系数 a_k 都相等，那么谱线的数目和每条谱线的多重数（即相同频率的跃迁）是多少？

23.2.6 如果存在两组等价的质子，其中 p 个质子的一组对应常数 a_p，而 $q = N - p$ 个质子的另一组对应常数 a_q，则谱线的数目和它们的多重数是多少？

23.3 实 验 结 果

实验上，人们测量在微波区吸收谱线的位置和强度. 在作为频率函数的吸收强度 $\alpha(\nu)$ 中，一条吸收谱线呈现为一个峰，其定性的形状展示在图 23.1 中.

可以证明，在一个给定频率处的吸收峰的强度正比于在该频率处能够发生的跃迁数目（谱线的多重数）. 为了实验上的方便，人们把微波频率固定在一个给定值，然后改变磁场 B 的值. 这给出了一条吸收曲线 $\alpha(B)$.

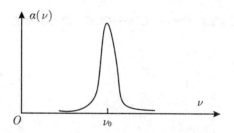

图 23.1 作为频率函数的 ESR 吸收曲线的典型形状

23.3.1 图 23.2 展示了自由原子团 $^{\bullet}\mathrm{CH}_3$（甲基（methyl））的谱（沙扎维尔（Chazalviel），私人通信）. 碳核不具有任何磁矩，只有氢原子的质子引起超精细相互作用.

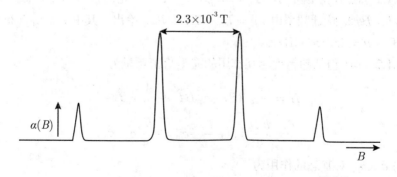

图 23.2 原子团 $^{\bullet}\mathrm{CH}_3$ 的微波谱

(a) 定性地解释这个谱. 解释谱线的数目和它们的相对强度. 有多少不同的系数 a_k?

(b) 给出 $a_k/(2\pi)$ 的值. 对于该分子中的未配对的电子，计算 $|\psi(\mathbf{r}_k)|^2$ 的值. 用 $|\psi(0)|^2_{氢} = 1/(\pi a_1^3)$ 把结果表示出来比较方便，其中 a_1 是氢原子的玻尔半径.

23.3.2 对图 23.3 所示的 CH3—˙COH—COO⁻（乳酸原子团离子）的谱，回答同样的问题. 氧原子核和碳原子核都没有磁矩. 唯一的超精细相互作用是源于氢原子中的质子.

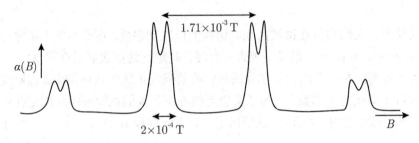

图 23.3 CH3—˙COH—COO⁻ 原子团的微波谱

23.4 解

23.1 与一个原子核的超精细相互作用

23.1.1 磁哈密顿量是 $\hat{H} = -\hbar\gamma_e B \hat{\sigma}_{ez}/2$，因此对应于 $|\pm\rangle$ 态的能级为 $E_{\pm} = \mp\hbar\gamma_e B/2$. 跃迁频率由 $h\nu = E_+ - E_- = \hbar\omega_e$ 给出，其中 $\nu = \omega_e/(2\pi)$. 对于 $B = 1$ T，$\nu = 28.024$ GHz.

23.1.2 (a) 包括超精细相互作用的完整哈密顿量为

$$\hat{H} = -\gamma_e B \hat{S}_z - \gamma_n B \hat{I}_z + \frac{A}{\hbar^2} \hat{\mathbf{S}} \cdot \hat{\mathbf{I}}$$

$$= \frac{\hbar\omega_e}{2}\hat{\sigma}_{ez} + \frac{\hbar\omega_n}{2}\hat{\sigma}_{nz} + \frac{\hbar a}{4}\hat{\boldsymbol{\sigma}}_e \cdot \hat{\boldsymbol{\sigma}}_n.$$

(b) $\hat{\boldsymbol{\sigma}}_e \cdot \hat{\boldsymbol{\sigma}}_n$ 对基态的作用为

$$\hat{\boldsymbol{\sigma}}_e \cdot \hat{\boldsymbol{\sigma}}_n |+;+\rangle = |+;+\rangle,$$

$$\hat{\boldsymbol{\sigma}}_e \cdot \hat{\boldsymbol{\sigma}}_n |+;-\rangle = 2|-;+\rangle - |+;-\rangle,$$

$$\hat{\boldsymbol{\sigma}}_e \cdot \hat{\boldsymbol{\sigma}}_n |-;+\rangle = 2|+;-\rangle - |-;+\rangle,$$

$$\hat{\boldsymbol{\sigma}}_e \cdot \hat{\boldsymbol{\sigma}}_n |-;-\rangle = |-;-\rangle.$$

(c) 所以哈密顿量的 4×4 矩阵表示为

$$\hat{H} = \frac{\hbar}{4}\begin{pmatrix} a+2(\omega_e+\omega_n) & 0 & 0 & 0 \\ 0 & 4\eta-a & 2a & 0 \\ 0 & 2a & -4\eta-a & 0 \\ 0 & 0 & 0 & a-2(\omega_e+\omega_n) \end{pmatrix},$$

其中行和列按照 $|+;+\rangle, |+;-\rangle, |-;+\rangle, |-;-\rangle$ 排序. 因此, 本征态和相应的本征值为

$$|+;+\rangle \to \frac{\hbar}{4}[a+2(\omega_e+\omega_n)],$$
$$|-;-\rangle \to \frac{\hbar}{4}[a-2(\omega_e+\omega_n)],$$

并且由 $|+;-\rangle$ 和 $|-;+\rangle$ 间的 2×2 矩阵的对角化得

$$\cos\phi|+;-\rangle + \sin\phi|-;+\rangle \to \frac{\hbar}{4}(-a+2\sqrt{4\eta^2+a^2}),$$
$$\sin\phi|+;-\rangle - \cos\phi|-;+\rangle \to \frac{\hbar}{4}(-a-2\sqrt{4\eta^2+a^2}),$$

其中

$$\tan\phi = \frac{a}{2\eta+\sqrt{4\eta^2+a^2}}.$$

23.1.3 (a) 如果 $\eta \gg a$, 则到最低阶, 本征矢和本征值是

$$|+;+\rangle \to (\hbar/4)[a+2(\omega_e+\omega_n)],$$
$$|+;-\rangle \to (\hbar/4)(4\eta-a),$$
$$|-;+\rangle \to (\hbar/4)(-4\eta-a),$$
$$|-;-\rangle \to (\hbar/4)[a-2(\omega_e+\omega_n)].$$

(b) 在与 $\sigma_e=1$ 和 $\sigma_e=-1$ 分别对应的每个子空间中, 微扰是对角的 (非对角项耦合了 $\sigma_e=+1$ 和 $\sigma_e=-1$). 所要考虑的 2×2 矩阵为

$$\langle +,\sigma_n|\hat{H}|+,\sigma_n'\rangle \quad \text{和} \quad \langle -,\sigma_n|\hat{H}|-,\sigma_n'\rangle.$$

例如，考虑 $\langle +,\sigma_n|\hat{H}|+,\sigma_n'\rangle$. 因为

$$\langle +,\sigma_n|\hat{S}_x|+,\sigma_n'\rangle = \langle +,\sigma_n|\hat{S}_y|+,\sigma_n'\rangle = 0,$$

只有 $\langle +|\hat{S}_z|+\rangle\langle\sigma_n|\hat{I}_z|\sigma_n'\rangle$ 必须考虑，并且它是对角的. 因此，第零阶的本征态是 $|\sigma_e;\sigma_n\rangle$，于是重现了上述结果.

(c) 跃迁：

(i) 核跃迁：$|\sigma_e;+\rangle \leftrightarrow |\sigma_e;-\rangle$，即

$$|+;+\rangle \leftrightarrow |+;-\rangle, \quad \Delta E = \hbar(\omega_n + a/2), \quad \nu = |\omega_n + a/2|/(2\pi),$$
$$|-;+\rangle \leftrightarrow |-;-\rangle, \quad \Delta E = \hbar(\omega_n - a/2), \quad \nu = |\omega_n - a/2|/(2\pi).$$

(ii) 电子跃迁：$|+;\sigma_n\rangle \leftrightarrow |-;\sigma_n\rangle$，即

$$|+;+\rangle \leftrightarrow |-;+\rangle, \quad \Delta E = \hbar(\omega_e + a/2), \quad \nu = |\omega_e + a/2|/(2\pi),$$
$$|+;-\rangle \leftrightarrow |-;-\rangle, \quad \Delta E = \hbar(\omega_e - a/2), \quad \nu = |\omega_e - a/2|/(2\pi).$$

(d) 当 $B = 1$ T 时，$\nu_n = 42.6$ MHz，$a/(2\pi) = A/(2\pi)\hbar = 1420$ MHz，$\nu_e = 28.024$ GHz. 核跃迁发生在 $\nu_1 = 753$ MHz 和 $\nu_2 = 667$ MHz 处，电子跃迁发生在 $\nu_1 = 28.734$ GHz 和 $\nu_2 = 27.314$ GHz 处.

23.2 几个原子核情况下的超精细结构

23.2.1 总哈密顿量为

$$\hat{H} = \frac{\hbar\omega_e}{2}\hat{\sigma}_{ez} + \sum_{k=1}^{N}\frac{\hbar\omega_n}{2}\hat{\sigma}_{kz} + \sum_{k=1}^{N}\frac{A_k}{4}\hat{\boldsymbol{\sigma}}_e\cdot\hat{\boldsymbol{\sigma}}_k.$$

23.2.2 用习题 23.1.2(b) 或 (c)，$\hat{H}$ 对应 $\hat{S}_{ez}$ 的本征值为 $\hbar\sigma_e/2(\sigma_e = \pm)$ 的子空间的限制可写为

$$\hat{H}_{\sigma_e} = \frac{\hbar\omega_e}{2}\sigma_e + \sum_{k=1}^{N}\left(\frac{\hbar\omega_n}{2} + \frac{A_k\sigma_e}{4}\right)\hat{\sigma}_{kz}.$$

算符 $\hat{H}_+$ 和 $\hat{H}_-$ 在基 $\{|\sigma_1,\sigma_2,\cdots,\sigma_N\rangle\}$ 中都是对角的.

23.2.3 一级微扰论就是要在主导项 $\hbar\omega_e\hat{\sigma}_{ez}/2$ 的每个本征子空间中把微扰哈密顿量 $\sum_{k=1}^{N}(\hbar\omega_n/2)\hat{\sigma}_{kz} + \sum_{k=1}^{N}(A_k/4)\hat{\boldsymbol{\sigma}}_e\cdot\hat{\boldsymbol{\sigma}}_k$ 对角化. 这是自动满足的. 因此，$\sigma_e = \pm 1$：

$$E^+_{\sigma_1,\cdots,\sigma_N} = \frac{\hbar\omega_e}{2} + \sum_k \frac{\hbar(2\omega_n + a_k)}{4}\sigma_k, \qquad 态|+;\sigma_1,\cdots,\sigma_N\rangle,$$

$\sigma_e = -1:$

$$E^-_{\sigma_1,\cdots,\sigma_N} = -\frac{\hbar\omega_e}{2} + \sum_k \frac{\hbar(2\omega_n - a_k)}{4}\sigma_k, \qquad 态|-;\sigma_1,\cdots,\sigma_N\rangle.$$

23.2.4 对应集合 $\{\sigma_k\}2^N$ 个可能的选择，有 2^N 种跃迁 $|+;\sigma_1,\cdots,\sigma_N\rangle \leftrightarrow |-;\sigma_1,\cdots,\sigma_N\rangle$，相应的频率为

$$\Delta\nu_{\sigma_1,\cdots,\sigma_N} = \frac{1}{2\pi}\left|\omega_e + \sum_k a_k\sigma_k/2\right|.$$

23.2.5 如果所有的 a_k 都等于 a，我们有

$$\Delta\nu = \frac{1}{2\pi}\left|\omega_e + a\sum_k \sigma_k/2\right| = \frac{1}{2\pi}|\omega_e + Ma/2|,$$

其中 $M = \sum \sigma_k = N, N-2,\cdots,-N+2,-N$，即 $N+1$ 条吸收谱线. 有 $C_N^{(N-M)/2}$ 种跃迁，它们具有相同频率并对每一条谱线做出贡献. 因此这些谱线的相对强度正比于二项式系数 $C_N^{(N-M)/2}$. 两条相邻谱线之间的劈裂为 a.

23.2.6 如果 p 个等价的质子对应于耦合常数 a_p，而 $q = N - p$ 个质子对应于 a_q，则

$$\Delta\nu = \frac{1}{2\pi}\left|\omega_e + \frac{a_p}{2}\sum_{i=1}^p \sigma_i + \frac{a_q}{2}\sum_{j=1}^q \sigma_j\right| = \frac{1}{2\pi}\left|\omega_e + M_p\frac{a_p}{2} + M_q\frac{a_q}{2}\right|.$$

有 $p+1$ 个 M_p 值 $(p, p-2,\cdots,-p)$ 和 $q+1$ 个 M_q 值 $(q, q-2,\cdots,-q)$. 谱线的总条数为 $(p+1)(q+1)$，对应给定的 (M_p, M_q) 对，谱线的多重数为 $C_p^{(p-M_p)/2}C_q^{(q-M_q)/2}$.

23.3 实验结果

23.3.1 实验结果肯定了上述的分析.

(a) 对于 $\cdot CH_3$，有 4 条等距的相对强度为 $1:3:3:1$ 的谱线. 它与 $\cdot CH_3$ 中的三个质子显然是等价的这一事实完全一致. 所有的系数 A_k 都是相等的.

(b) 对于一个固定的 ω，通过考虑相邻的两条谱线，得到例如中心线：$a/2 - \gamma_e B_1 = -a/2 - \gamma_e B_2$，故 $a = \gamma_e(B_1 - B_2)$. 推导出 $\nu = |a|/2\pi = 65$ MHz $= |A_k|/2\pi\hbar$ 和 $\pi a_1^3|\psi(r_k)|^2 = |\psi(r_k)|^2/|\psi(0)|^2_{氢} = 65/1420 \approx 0.046$. 在原子团 $\cdot CH_3$

中，外层电子处在一个质子上面的概率比其在氢原子中的概率要小一个 $3 \times 0.045 = 0.135$ 的因子.

23.3.2 在 CH_3—$^\cdot COH$—COO^- 的情况下，有 4 条主要的谱线，它们每一条都劈裂成两条. 这与下列事实相符：在 CH_3—$^\cdot COH$—COO^- 分子中，CH_3 基中的三个质子是等价的，并且有同样的超精细常数 a_1，反之，$^\cdot COH$ 基中的质子有一个不同的常数 a_2，它明显小于 a_1.

对于 CH_3 基中的质子，类似于前面的计算给出 $|\psi(r_k)|^2/|\psi(0)|^2_{\text{氢}} \approx 0.034$，而对于 $^\cdot COH$ 基中的质子， $|\psi(r_k)|^2/|\psi(0)|^2_{\text{氢}} \approx 0.004$.

第 24 章　用正 μ 子探测物质

一个非常有效的探测晶体结构的技术是在材料内部形成由一个电子和一个正 μ 子构成的赝氢原子，即所谓的 μ 子偶素，或称 μ 子素（muonium）①. 本章致力于在真空中和在硅晶体中 μ 子素动力学的研究.

正 μ 子是一个自旋为 1/2 的粒子，具有与质子相同的电荷. μ 子质量远大于电子质量：$m_\mu/m_e = 206.77$. μ 子是不稳定的，以 $\tau = 2.2~\mu\text{s}$ 的寿命衰变. 在探测晶体结构中使用的是基于它的自旋转动，一旦一个 μ 子素原子形成，则：

- 在 $t = 0$ 时刻，形成一个处于某个量子态的 μ 子素是可能的，在这个量子态上 μ^+ 自旋态是已知的.
- 利用粒子物理的技术，可以测量它在稍后时刻 t 的自旋态.
- μ 子自旋的转动能与 μ 子素 1s 能级的超精细结构相关联.

因此，可把 μ 子素看作一个对其附近的电场和磁场很敏感的局域探针. 以这种方式，可以通过类似于磁共振实验的方法，得到关于介质结构的信息.

在 24.1 节，我们通过对真空中 μ 子素的研究，概述了该方法的原理. 当这种方法于 1973 年第一次被用于硅晶体时，结果似乎很反常. 在 24.2 节我们将看到，在 1978 年，如何把这些结果理解为是由于晶体媒质的各向异性.

本章自始至终都将把 μ 子看作是稳定的. 为简单起见，我们设

$$\hat{\boldsymbol{\mu}}_{\mu^+} \equiv \hat{\boldsymbol{\mu}}_1 = \mu_1 \hat{\boldsymbol{\sigma}}_1, \qquad \hat{\boldsymbol{\mu}}_e \equiv \hat{\boldsymbol{\mu}}_2 = \mu_2 \hat{\boldsymbol{\sigma}}_2,$$

其中 $\hat{\boldsymbol{\sigma}}_1$ 和 $\hat{\boldsymbol{\sigma}}_2$ 的 (x,y,z) 分量都是泡利矩阵.

---

① 译者注：muonium 原意为 μ 子偶素. 在粒子物理中，常用后缀 onium 表示粒子与反粒子组成的束缚态. 具体的组分由不同的前缀代表. 例如：pionium, positronium, quarkonium, 等等. 但这里的 muonium 不是指 μ^- 轻子与它的反粒子 μ^+ 轻子构成的束缚态，而是 μ^+ 和 e 组成的类氢原子态. 它的名称 "μ 子素" 是由国际理论和应用化学联合会（IUPAC）制定的. 或许称为反 μ 子素更恰当一些. 而 "真正的 μ 子偶素"，即 μ^- 与 μ^+ 的束缚态，有人称之为 muononium，至今仍没有发现.

感兴趣的数值结果是

$$m_\mu c^2 = 105.66 \text{ MeV}, \qquad \mu_1/h = 67.5 \text{ MHz} \cdot \text{T}^{-1},$$
$$m_e c^2 = 0.511 \text{ MeV}, \qquad \mu_2/h = -1.40 \times 10^4 \text{ MHz} \cdot \text{T}^{-1}.$$

24.1 真空中的 μ 子素

μ 子素是通过让一束在给定的自旋态制备的 μ^+ 子在薄金属箔中减速形成的. 一个足够慢的 μ^+ 可以俘获一个电子, 形成一个处在激发态的类氢原子. 该原子非常快地 (在 $\sim 10^{-9}$ s 内) 跳回到它的基态, 在这个过程中, 该 μ 子的自旋态将保持不变. 它一旦形成, 电中性的 μ 子素就能够扩散到金属外面.

我们假定, $t = 0$ 时的 μ 子素原子处在如下的态:
- μ 子自旋处在 $\hat{\sigma}_{1z}$ 的本征态 $|+, z\rangle \equiv |+\rangle$.
- 电子自旋处在一个任意的态 $\alpha|+\rangle + \beta|-\rangle$, 其中 $|\alpha|^2 + |\beta|^2 = 1$.
- 系统的波函数 $\Psi(\boldsymbol{r})$ 是类氢系统的 1 s 波函数 $\psi_{100}(\boldsymbol{r})$.

正如氢原子的超精细结构那样, 我们在对应着电子和 μ 子自旋变量的 4 维希尔伯特空间进行研究. 在这个希尔伯特空间中, 自旋 – 自旋相互作用哈密顿量为

$$\hat{H} = E_0 - \frac{2}{3}\frac{\mu_0}{4\pi}|\psi_{100}(0)|^2 \hat{\boldsymbol{\mu}}_1 \cdot \hat{\boldsymbol{\mu}}_2 = E_0 + \frac{A}{4}\hat{\boldsymbol{\sigma}}_1 \cdot \hat{\boldsymbol{\sigma}}_2.$$

在该式中, 指标 1 和 2 分别表示 μ 子和电子, $E_0 = -m_r c^2 \alpha^2/2$, 其中 m_r 是 (e, μ) 系统的约化质量.

24.1.1 写出哈密顿量 $\hat{H}$ 在基 $\{|\sigma_{1z}, \sigma_{2z}\rangle, \sigma_{iz} = \pm\}$ 上的矩阵表示.

24.1.2 已知氢原子中的 A 值: $A/h = 1\,420$ MHz, 计算 μ 子素中的 A. 我们知道, 对 μ 子有 $\mu_1 = q\hbar/(2m_\mu)$, 对电子有 $\mu_2 = -q\hbar/(2m_e)$, 而对质子有 $\mu_p = 2.79 q\hbar/(2m_p)$, 其中 q 是单位电荷, 而 $m_p = 1\,836.1 m_e$.

24.1.3 在下列情况下, 写出 $\hat{\sigma}_{1z}$ 本征值为 +1 的本征态的一般形式: 在 $\{|\sigma_{1z}, \sigma_{2z}\rangle\}$ 基上; 在 $\hat{H}$ 的本征基上.

24.1.4 假定在 $t = 0$ 时刻, 系统处在上面定义的那类 $|\psi(0)\rangle$ 态上. 计算稍后时刻的 $|\psi(t)\rangle$.

24.1.5 (a) 证明 $\hat{\pi}_\pm = (1 \pm \hat{\sigma}_{1z})/2$ 是投影到本征值为 ± 1 的 $\hat{\sigma}_{1z}$ 本征态的投影算符.

(b) 对于 $|\psi(t)\rangle$ 态，计算在 t 时刻，μ 子自旋处在 $|+\rangle$ 态的概率 $p(t)$. 把结果写成如下形式：

$$p(t) = qp_+(t) + (1-q)p_-(t),$$

其中 p_+（或 p_-）是假设电子最初处于本征值为 $+1$（或 -1）的 $\hat{\sigma}_{2z}$ 的本征态时得到的概率，而 q 是一个尚未定义的概率.

24.1.6 实际上，电子的自旋是非极化的. 于是该问题的严格处理要求有一个基于密度算符的统计描述. 为了用一个更为简单的方式计入这种非极化，我们将试探性地令观测到的概率 $\bar{p}(t)$ 对应着上式中的 $q = 1/2$.

用这种办法给出 $\bar{p}(t)$ 的完整表达式.

24.2 硅中的 μ 子素

现在我们在硅晶体中形成 μ 子素，该晶体应足够厚以使 μ 子素逃逸不出去. μ 子素停在晶格内部的一个间隙位置，最近邻原子在它的周围形成一个平面的六边形网格. 晶体原子和 μ 子素原子间相互作用的整体效应破坏了自旋 – 自旋相互作用的球对称性，但保持着绕垂直于网格平面的 z 轴的转动不变性.

因此我们考虑哈密顿量

$$\hat{H} = E_0 + \frac{A'}{4}\hat{\boldsymbol{\sigma}}_1 \cdot \hat{\boldsymbol{\sigma}}_2 + D\hat{\sigma}_{1z}\hat{\sigma}_{2z},$$

其中常数 A' 可以不同于 A，因为相邻的原子修改了库仑势，于是也修改了原点的波函数. 常数 A' 和 D 将由实验确定，它们的符号是知道的，$A' > 0$，$D < 0$.

24.2.1 计算陷在该硅晶体中的 μ 子素的自旋能级和对应的本征态.

24.2.2 我们重新考虑具有下列修正的自旋转动实验：

- μ_+ 的自旋最初是处在 σ_x 的本征态 $|+x\rangle$ 上.
- 想要知道 t 时刻找到该 μ_+ 的自旋处在相同本征态 $|+x\rangle$ 上的概率.

可以像习题 24.1.5 那样去做：

(a) 在 $\{|\sigma_1, \sigma_2\rangle\}$ 基上计算态 $|\psi_+(t)\rangle$ 和 $|\psi_-(t)\rangle$，它们最初都是 $\hat{\sigma}_{2z}$ 的本征态（$\hat{\sigma}_{2z}$ 是电子自旋沿 z 轴的投影）.

(b) 求 $\langle \psi_\epsilon(t)|\hat{\sigma}_{1x}|\psi_\epsilon(t)\rangle$，其中 $\epsilon = \pm$.

(c) 考虑投影算符 $\hat{\pi}_x = (1+\hat{\sigma}_{1x})/2$，并从 (a) 中推导出概率 $p_\pm(t)$.

(d) 计算测到的概率 $\bar{p}(t) = [p_+(t) + p_-(t)]/2$.

24.2.3 与实验的比较. 当今的数据处理技术允许人们不必确定 $p(t)$ 本身, 而是确定一个更容易处理的量——特征函数 $g(\omega) = \mathrm{Re}(f(\omega))$, 其中

$$f(\omega) = \frac{1}{\tau} \int_0^\infty \bar{p}(t) \mathrm{e}^{-t/\tau} \mathrm{e}^{\mathrm{i}\omega t} \mathrm{d}t$$

是 $\bar{p}(t)\mathrm{e}^{-t/\tau}/\tau$ 的傅里叶变换. 在这个表达式中, 因子 $\mathrm{e}^{-t/\tau}/\tau$ 是由 μ^+ 的有限寿命 ($\tau \sim 2.2\ \mu\mathrm{s}$) 引起的. 我们记得

$$\frac{1}{\tau} \int_0^\infty \mathrm{e}^{-t/\tau} \mathrm{e}^{\mathrm{i}\omega t} \mathrm{d}t = \frac{1}{1 - \mathrm{i}\omega\tau}.$$

(a) 图 24.1 (a) 展示了, 在习题 24.2.2 的条件下测量出的分布 $g(\omega)$. 核对一下, 这个数据与习题 24.2.2 中找到的结果是相容的, 并从该数据导出 A'/h 和 D/h 的值 ($D < 0$).

(b) 将前一个实验稍加修改, 就可得到图 24.1(b). 你能讲出做了什么样的修改吗? 使用该习题的一些常数, 你怎样求出第三个峰的位置?

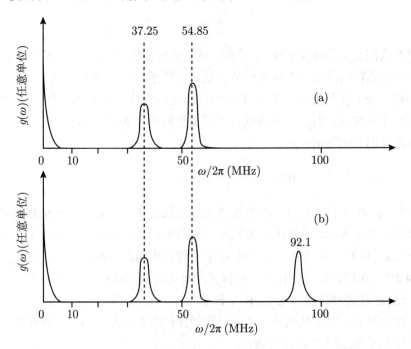

图 24.1 实验得到的、文中定义的量 $g(\omega)$ 随频率 $\nu = \omega/(2\pi)$ 的变化.
(a) 在习题 24.2.2 阐述的条件下; (b) 在另一种实验配置下

24.3 解

24.1 真空中的 μ 子素

24.1.1 哈密顿量为

$$\hat{H} = E_0 + \frac{A}{4}(\hat{\sigma}_{1x}\hat{\sigma}_{2x} + \hat{\sigma}_{1y}\hat{\sigma}_{2y} + \hat{\sigma}_{1z}\hat{\sigma}_{2z}).$$

因此，矩阵表示为

$$\hat{H} = \begin{pmatrix} E_0 + A/4 & 0 & 0 & 0 \\ 0 & E_0 - A/4 & A/2 & 0 \\ 0 & A/2 & E_0 - A/4 & 0 \\ 0 & 0 & 0 & E_0 + A/4 \end{pmatrix},$$

其中矩阵元的排序为

$$|++\rangle, |+-\rangle, |-+\rangle, |--\rangle.$$

24.1.2 常数 A 与其在氢原子中的值是通过下面的公式相关联的：

$$\frac{A}{A_H} = \frac{|\psi(0)|^2}{|\psi(0)|^2_H}\frac{\mu_1}{\mu_p} = \frac{|\psi(0)|^2}{|\psi(0)|^2_H}\frac{m_p}{m_\mu}\frac{1}{2.79}.$$

在一级近似下，μ 子素和氢原子有类似的尺度和波函数，因为 μ 子比电子重得多. 因此我们得到 $A \approx A_H(m_p/2.79 m_\mu)$ 和 $A/h \approx 4\,519$ MHz.

对原点波函数值的约化质量修正可直截了当地计算. 它是在 1% 的量级，因此它导致

$$\frac{A}{h} = 4\,519(1 - 0.012\,6)\text{MHz} = 4\,462 \text{ MHz}.$$

这个数值非常接近观测到的 $4\,363$ MHz，其差别是由于相对论效应.

24.1.3 所考虑的态可写成

$$|\psi\rangle = |+\rangle \otimes (\alpha|+\rangle + \beta|-\rangle), \qquad 其中 |\alpha|^2 + |\beta|^2 = 1.$$

可以把它等价地写成 $|\psi\rangle = \alpha|++\rangle + \beta|+-\rangle$.

$\hat{H}$ 的本征基就是总自旋算符 $\hat{S}^2$ 和 S_z 的共同本征态：

$$\text{三重态} \begin{cases} |++\rangle, \\ (|+-\rangle+|-+\rangle)/\sqrt{2}, \\ |--\rangle, \end{cases}$$

$$\text{单态} \quad (|+-\rangle-|-+\rangle)/\sqrt{2}.$$

因此，还有以下表示：

$$|\psi\rangle = \alpha|1,1\rangle + \frac{\beta}{\sqrt{2}}(|1,0\rangle+|0,0\rangle),$$

其中，对 α 和 β 的唯一约束是 $|\alpha|^2 + |\beta|^2 = 1$.

24.1.4 我们从 $|\psi(0)\rangle = |\psi\rangle$ 出发，$|\psi\rangle$ 的定义已由上面给出. 能级和相应的本征态是已知的：

$$\text{三重态} \quad E_\text{T} = E_0 + A/4, \qquad \text{单态} \quad E_\text{S} = E_0 - 3A/4.$$

t 时刻的态为

$$|\psi(t)\rangle = e^{-iE_0 t/\hbar}\left[e^{-iAt/4\hbar}\left(\alpha|1,1\rangle + \frac{\beta}{\sqrt{2}}|1,0\rangle\right) + \frac{\beta}{\sqrt{2}}e^{i3At/4\hbar}|0,0\rangle\right].$$

24.1.5 (a) 检验 $\hat{\pi}_\pm$ 为投影算符是很简单的：

$$\hat{\pi}_+|+\rangle = |+\rangle, \qquad \hat{\pi}_+|-\rangle = 0,$$
$$\hat{\pi}_-|-\rangle = |-\rangle, \qquad \hat{\pi}_-|+\rangle = 0.$$

(b) 由定义，t 时刻找到 μ 子自旋处于 $|+\rangle$ 态的概率为

$$p(t) = \|\hat{\pi}_+|\psi(t)\rangle\|^2 = \langle\psi(t)|\hat{\pi}_+|\psi(t)\rangle.$$

利用

$$\hat{\pi}_+|1,1\rangle = |1,1\rangle,$$
$$\hat{\pi}_+|1,0\rangle = \hat{\pi}_+|0,0\rangle = \frac{1}{\sqrt{2}}|+-\rangle,$$
$$\hat{\pi}_+|1,-1\rangle = 0,$$

求得

$$\hat{\pi}_+|\psi(t)\rangle = e^{-i(E_0+A/4)t/\hbar}\left[\alpha|++\rangle + \frac{\beta}{2}\left(1+e^{iAt/\hbar}\right)|+-\rangle\right].$$

取 $\hat{\pi}_+|\psi(t)\rangle$ 的模方，得到

$$p(t) = |\alpha|^2 + |\beta|^2 \cos^2(At/(2\hbar)).$$

观测到 μ 子自旋指向正 z 轴方向的概率有一个周期性的调制，它可以解释为 μ 子自旋以频率 $\nu = A/h$ 转动.

- 概率 $p_+(t)$ 对应于初态 $|\psi(0)\rangle = |++\rangle$. 这是一个定态，所以在这种情况下有 $p(t) = p_+(t) = 1$.
- 概率 $p_-(t)$ 对应于初态 $|\psi(0)\rangle = |+-\rangle = (|1,0\rangle + |0,0\rangle)/\sqrt{2}$. 在这种情况下，存在一个在 $|+-\rangle$ 和 $|-+\rangle$ 间 100% 调制的振荡，所以 $p(t) \equiv p_-(t) = \cos^2(At/2\hbar)$. 因此，这个结果可以整理成文中所建议的形式：

$$p(t) = qp_+(t) + (1-q)p_-(t),$$

其中 $q = |\alpha|^2$.

24.1.6 电子自旋是非极化的，得到文中下列的假设：

$$\bar{p}(t) = \frac{3}{4} + \frac{1}{4}\cos(At/\hbar).$$

注 处理部分极化系统的严格方法是基于密度算符的形式. 在目前的情况下，对于无极化电子的密度算符是

$$\rho_2 = \frac{1}{2}(|+\rangle\langle+| + |-\rangle\langle-|),$$

所以，μ 子素的初始密度算符是

$$\rho(0) = \frac{1}{2}|++\rangle\langle++| + \frac{1}{2}|+-\rangle\langle+-|$$
$$= \frac{1}{2}|1,1\rangle\langle1,1|$$
$$+ \frac{1}{4}(|1,0\rangle\langle1,0| + |1,0\rangle\langle0,0| + |0,0\rangle\langle1,0| + |0,0\rangle\langle0,0|).$$

于是，在 t 时刻，密度算符由下式给出：

$$\rho(t) = \frac{1}{2}|1,1\rangle\langle1,1|$$
$$+ \frac{1}{4}\Big(|1,0\rangle\langle1,0| + \mathrm{e}^{-\mathrm{i}At/\hbar}|1,0\rangle\langle0,0|$$
$$+ \mathrm{e}^{-\mathrm{i}At/\hbar}|0,0\rangle\langle1,0| + |0,0\rangle\langle0,0|\Big).$$

因此，概率为

$$\bar{p}(t) = \langle+,+|\rho(t)|+,+\rangle + \langle+,-|\rho(t)|+,-\rangle$$

$$= \frac{1}{2} + \frac{1}{4}\left(\frac{1}{2} + e^{-iAt/\hbar}\frac{1}{2} + e^{iAt/\hbar}\frac{1}{2} + \frac{1}{2}\right)$$
$$= \frac{3}{4} + \frac{1}{4}\cos(At/\hbar).$$

24.2 硅中的 μ 子素

24.2.1 采用因子化的基 $\{|\sigma_1, \sigma_2\rangle\}$，哈密顿量可写成

$$\hat{H} = E_0 + \begin{pmatrix} A'/4+D & 0 & 0 & 0 \\ 0 & -A'/4-D & A'/2 & 0 \\ 0 & A'/2 & -A'/4-D & 0 \\ 0 & 0 & 0 & A'/4+D \end{pmatrix}.$$

这个哈密顿量在总自旋的本征基 $\{|S,m\rangle\}$ 上是对角化的. 简单地计算表明本征值和本征矢为

$$\begin{aligned} E_1 &= E_4 = E_0 + A'/4 + D, & |1,1\rangle \text{和} |1,-1\rangle, \\ E_2 &= E_0 + A'/4 - D, & |1,0\rangle, \\ E_3 &= E_0 - 3A'/4 - D, & |0,0\rangle. \end{aligned}$$

24.2.2 (a) 初态 $|\psi_+(0)\rangle$ 和 $|\psi_-(0)\rangle$ 很容易用因子化基求得

$$|\psi_+(0)\rangle = |+x\rangle \otimes |+\rangle = (|++\rangle + |-+\rangle)/\sqrt{2},$$
$$|\psi_-(0)\rangle = |+x\rangle \otimes |-\rangle = (|+-\rangle + |--\rangle)/\sqrt{2}.$$

采用总自旋基 $\{|S,m\rangle\}$，它们可被写成

$$|\psi_+(0)\rangle = \frac{1}{\sqrt{2}}|1,1\rangle + \frac{1}{2}(|1,0\rangle - |0,0\rangle),$$
$$|\psi_-(0)\rangle = \frac{1}{\sqrt{2}}|1,-1\rangle + \frac{1}{2}(|1,0\rangle + |0,0\rangle).$$

若 $\omega_i = -E_i\hbar$，则在时刻 t 发现（译者注：在原文中，下面的式子中有明显的印刷错误，已纠正）：

$$|\psi_+(t)\rangle = \frac{e^{i\omega_1 t}}{\sqrt{2}}|1,1\rangle + \frac{e^{i\omega_2 t}}{2}|1,0\rangle - \frac{e^{i\omega_3 t}}{2}|0,0\rangle,$$
$$|\psi_-(t)\rangle = \frac{e^{i\omega_4 t}}{\sqrt{2}}|1,-1\rangle + \frac{e^{i\omega_2 t}}{2}|1,0\rangle + \frac{e^{i\omega_3 t}}{2}|0,0\rangle,$$

现在可以将它转换到因子化基上：

$$|\psi_+(t)\rangle = \frac{e^{i\omega_1 t}}{\sqrt{2}}|++\rangle + \frac{e^{i\omega_2 t} - e^{i\omega_3 t}}{2\sqrt{2}}|+-\rangle + \frac{e^{i\omega_2 t} + e^{i\omega_3 t}}{2\sqrt{2}}|-+\rangle,$$

$$|\psi_-(t)\rangle = \frac{e^{i\omega_4 t}}{\sqrt{2}}|--\rangle + \frac{e^{i\omega_2 t} + e^{i\omega_3 t}}{2\sqrt{2}}|+-\rangle + \frac{e^{i\omega_2 t} - e^{i\omega_3 t}}{2\sqrt{2}}|-+\rangle.$$

(b) 因为 $\hat{\sigma}_{1x}|\sigma_1, \sigma_2\rangle = |-\sigma_1, \sigma_2\rangle$，矩阵元 $\langle\psi_\pm(t)|\hat{\sigma}_{1x}|\psi_\pm(t)\rangle$ 等于：

$$\langle\psi_+(t)|\hat{\sigma}_{1x}|\psi_+(t)\rangle = \frac{1}{2}\mathrm{Re}[e^{-i\omega_1 t}(e^{i\omega_2 t} + e^{i\omega_3 t})]$$

$$= \frac{1}{2}\left[\cos\frac{2Dt}{\hbar} + \cos\frac{(A'+2D)t}{\hbar}\right],$$

$$\langle\psi_-(t)|\hat{\sigma}_{1x}|\psi_-(t)\rangle = \frac{1}{2}\mathrm{Re}[e^{-i\omega_4 t}(e^{i\omega_2 t} + e^{i\omega_3 t})].$$

因为 $\omega_1 = \omega_4$，所以这两个量相等.

(c) 欲求的概率是

$$p_\pm(t) = \|\hat{\pi}_{+x}|\psi_\pm(t)\rangle\|^2 = \langle\psi_\pm(t)|\hat{\pi}_{+x}|\psi_\pm(t)\rangle,$$

或等价地写成

$$p_\pm(t) = \langle\psi_\pm(t)|\frac{1}{2}(1+\hat{\sigma}_{1x})|\psi_\pm(t)\rangle = \frac{1}{2} + \frac{1}{2}\langle\psi_\pm(t)|\hat{\sigma}_{1x}|\psi_\pm(t)\rangle.$$

利用上面得到的结果，我们有

$$p_\pm(t) = \frac{1}{2} + \frac{1}{4}\left[\cos\frac{2Dt}{\hbar} + \cos\frac{(A'+2D)t}{\hbar}\right].$$

(d) 因为 $p_+(t) = p_-(t)$，$\bar{p}(t)$ 的结果就可简单地写为

$$\bar{p}(t) = \frac{1}{2} + \frac{1}{4}\left[\cos\frac{2Dt}{\hbar} + \cos\frac{(A'+2D)t}{\hbar}\right].$$

24.2.3 与实验的比较. 实际上，时刻 t 对应着发射一个 e^+ 和两个中微子的 μ^+ 衰变. 正电子有足够高的能量，因而离开了晶体，它优先沿着 μ 子自旋的方向发射. 因此，人们测量作为时间函数的正电子发射的方向. 对于 N_0 个入射的 μ 子，沿 x 轴方向发射的正电子数是 $dN(t) = N_0\bar{p}(t)e^{-t/\tau}dt/\tau$，其中 τ 是 μ 子的寿命.

一种分析信号并且抽取欲求频率的方便方法就是取上述信号的傅里叶变换. 定义

$$f_0(\omega) = \frac{1}{\tau}\int_0^\infty e^{(i\omega-1/\tau)t}dt = \frac{1}{1-i\omega\tau},$$

求得

$$f(\omega) = \frac{1}{2} f_0 \omega + \frac{1}{8}\left[f_0\left(\omega - \frac{2D}{\hbar}\right) + f_0\left(\omega + \frac{2D}{\hbar}\right)\right]$$
$$+ \frac{1}{8}\left[f_0\left(\omega - \frac{A'+2D}{\hbar}\right) + f_0\left(\omega + \frac{A'+2D}{\hbar}\right)\right].$$

函数 $\mathrm{Re}(f_0(\omega))$ 在 $\omega = 0$ 处有一个峰，它的半宽度是 $1/\tau$，对应于 100 kHz.

(a) 图 24.1 的曲线与这一讨论是一致的. 除了 $\omega = 0$ 的峰值之外，我们还找到了两个峰，它们位于 $\omega_1 = -2D/\hbar$ 和 $\omega_2 = (A'+2D)/\hbar$. 假定 D 是负的，这可以通过更全面地分析确认，人们得到

$$2D/h = -37.25 \text{ MHz} \quad \text{和} \quad A'/h = 92.1 \text{ MHz}.$$

(b) 一般来说，人们预期在所有的频率 $\omega_i - \omega_j$，特别是在 $\omega_2 - \omega_3 = -A'/\hbar$ 处看到峰. 为了观测到相应的峰，人们必须测量 μ^+ 自旋在一个与 z 轴不正交的方向上的投影. 这导致在 $\bar{p}(t)$ 中有一个 $\cos(\omega_2 - \omega_3)t$ 的项，它出现在图 24.1 上.

第 25 章 原子自表面的量子反射

这一章处理非常慢的氢原子在一个液氦表面上的反射,特别是估算该原子黏附在表面上的概率. 这种黏附是通过一个被称为涟子的表面波的激发进行的. 我们证明在低温下, 这个概率一定为零, 而且在这个极限下, 原子在表面上的反射是镜面反射.

在整个这一章, 一个粒子的位置用它在水平面上的坐标 $r = (x, y)$ 和它的高度 z 来定义. 高度 $z = 0$ 表示静止的液氦池的表面位置. 氢原子(H)的波函数是在一个体积为 $L_x L_y L_z$ 的方盒中归一化的. 我们把一个氢原子的质量记为 $m(m = 1.67 \times 10^{-27}$ kg).

25.1 氢原子 – 液氦相互作用

考虑一个氢原子(H)在一个静止的液氦(He)池上方(参看图 25.1). 我们构建一个 H– 液 He 相互作用模型, 在该模型中相互作用是位于 $(R, Z)(Z > 0)$ 点的 H 原子和位于 (r, z) 且 $z < 0$ 点的 He 原子间相互作用之和:

$$V_0(Z) = n \int d^2 r \int_{-\infty}^{+\infty} dz\, U(\sqrt{(R-r)^2 + (Z-z)^2})\Theta(-z),$$

其中, n 是单位体积中的 He 原子数, 而 Θ 是亥维塞函数.

25.1.1 我们回忆一下范德瓦尔斯势的形式:

$$U(d) = -\frac{C_6}{d^6}.$$

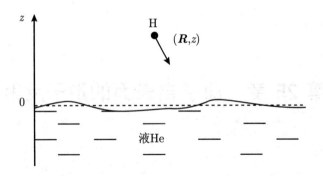

图 25.1　一个氢原子入射到一个液氦池上. 液体表面的振荡在 25.2 节研究

它描写距离为 d 的一个 H 原子和一个 He 原子间的长程相互作用. 证明, 在 H 原子和液 He 池之间的长程势具有如下形式:

$$V_0(Z) = -\frac{\alpha}{Z^3}.$$

用 C_6 和 n 表示 α.

25.1.2　人们在实验中发现 $\alpha = 1.9 \times 10^{-2}$ eV·Å^3. 在距离表面多远处, 重力变得大于范德瓦尔斯力? 在下文中, 我们将忽略重力.

25.1.3　证明描写 H 原子运动的哈密顿量的本征态具有 $|\bm{k}_\perp, \phi_\sigma\rangle$ 的形式, 其中 $\bm{k}_\perp$ 表示一个在 Oxy 平面 (即平行于液 He 的表面) 上传播的平面行波中的波矢量 (译者注: 原文在这里有错误, 已修改), 而 ϕ_σ 是描述沿 z 轴运动的哈密顿量的本征态:

$$\langle \bm{R}, Z | \bm{k}_\perp, \phi_\sigma \rangle = \frac{1}{\sqrt{L_x L_y}} e^{i(k_x X + k_y Y)} \phi_\sigma(Z).$$

25.1.4　我们要计算在位势

$$V_0(Z) = \begin{cases} -\dfrac{\alpha}{Z^3}, & Z > z_{\min}, \\ +\infty, & Z \leqslant z_{\min}. \end{cases}$$

中沿 z 轴运动的束缚态的数目. 我们将利用 WKB 近似.

(a) 证明这个位势的形状是合理的.
(b) 波函数在 $Z = z_{\min}$ 处连续的条件是什么?
(c) 证明具有转折点 $z_{\min}$ 和 b 的运动的量子化条件为

$$\int_{z_{\min}}^{b} k(Z) \mathrm{d}Z = \left(n + \frac{3}{4}\right)\pi,$$

其中 $n \geqslant 0$ 为整数.

(d) 推断出作为 $z_{\min}$ 和 α 函数的束缚态数目的数量级. 该结果适用范围是什么?

(e) 对于液 He 表面, 参量 $z_{\min}$ 是在 2 Å 的数量级. 人们预期沿 z 轴的运动有多少束缚态?

(f) 人们在实验中发现存在一个单一的 H– 液 He 束缚态, 其能量为 $E_0 = -8.6 \times 10^{-5}$ eV. 将此结果与 WKB 的预言相比较. 在本章的其余部分, 将这个沿 z 轴运动的唯一的束缚态记为 ϕ_0.

25.2 液 He 表面上的激发

对于一个在液体表面上传播的波, 一般的色散关系为

$$\omega_q^2 = gq + \frac{A}{\rho_0}q^3, \qquad q = |\boldsymbol{q}|,$$

其中 ω_q 和 $\boldsymbol{q} = (q_x, q_y)$ 分别为这个表面波的频率和波矢量, g 是重力加速度, 而 A 和 ρ_0 表示该液体的表面张力和质量密度.

25.2.1 依据波长值 $\lambda = 2\pi/q$, 讨论表面波的类型 (表面张力波或重力波). 在液 He 的情况下完成相应的数值计算: $\rho_0 = 145$ kg·m^{-3}, $A = 3.5 \times 10^{-4}$ J·m^{-2}.

25.2.2 从此往后, 我们只对 $\hbar\omega_q \approx |E_0|$ 的波感兴趣. 证明这些波始终是表面张力波, 并且给出它们的波长. 在下文中, 我们将使用较为简单的色散关系 $\omega_q^2 = (A/\rho_0)q^3$.

25.2.3 为了量子化这些表面波, 我们引入对应着湮灭和产生一个激发量子的玻色子算符 $r_{\boldsymbol{q}}$ 和 $r_{\boldsymbol{q}}^\dagger$. 这些元激发被称为涟子 (ripplon). 描写这些激发的哈密顿量为

$$H_S = \sum_{\boldsymbol{q}}^{q_{\max}} \hbar\omega_q \hat{r}_{\boldsymbol{q}}^\dagger \hat{r}_{\boldsymbol{q}}.\text{①}$$

在 $\boldsymbol{r} = (x,y)$ 点的液体表面的高度变成了一个二维的标量场算符:

$$\hat{h}(\boldsymbol{r}) = \sum_{\boldsymbol{q}}^{q_{\max}} h_q(r_{\boldsymbol{q}}^\dagger e^{-i\boldsymbol{q}\cdot\boldsymbol{r}} + r_{\boldsymbol{q}} e^{i\boldsymbol{q}\cdot\boldsymbol{r}}), \qquad h_q = \sqrt{\frac{\hbar q}{2\rho_0 \omega_q L_x L_y}}.$$

---

① 对 $\boldsymbol{q}$ 的求和限制在 $q < q_{\max}$, 其中 $q_{\max}$ 是在 1 Å 的倒数的几分之一的量级. 对于更大的 q 值及由此导致的更小的波长, 基于流体的表面附近的描述不再成立.

计算在零温时表面位置的均方根（r.m.s.）高度 Δh. 我们回顾, 在二维时, 通过

$$\sum_q \to \frac{L_x L_y}{4\pi^2} \int d^2 q$$

把分立的求和转换成积分. 要用到数值 $q_{\max} = 0.5 \text{ Å}^{-1}$.

25.3 在 H 与液 He 之间的量子相互作用

我们现在研究源于液 He 池表面可能的运动所引起的 H– 液 He 位势的修正. 为了做到这一点, 我们用下式取代上面考虑的耦合:

$$V(\boldsymbol{R}, Z) = n \int d^2 r \int_{-\infty}^{+\infty} dz \, U(\sqrt{(\boldsymbol{R}-\boldsymbol{r})^2 + (Z-z)^2}) \Theta(\hat{h}(\boldsymbol{r}) - z).$$

25.3.1 把 $V(\boldsymbol{R}, Z)$ 展开到 $\hat{h}$ 的第一级, 并解释其结果.

25.3.2 用基于算符 $\hat{r}_{\boldsymbol{q}}, \hat{r}_{\boldsymbol{q}}^\dagger$ 的 $\hat{h}(\boldsymbol{r})$ 的展开代替 $\hat{h}(\boldsymbol{r})$, 把 $V(\boldsymbol{R}, Z)$ 描绘成下列形式:

$$V(\boldsymbol{R}, Z) = V_0(Z) + \sum_{\boldsymbol{q}} (h_q e^{-i\boldsymbol{q}\cdot\boldsymbol{R}} V_{\boldsymbol{q}}(Z) r_{\boldsymbol{q}}^\dagger + \text{h.c.}),$$

其中

$$V_{\boldsymbol{q}}(Z) = n \int d^2 r \, e^{-i\boldsymbol{q}\cdot\boldsymbol{r}} U(\sqrt{r^2 + Z^2}).$$

25.3.3 引入在势场 $V_0(Z)$ 中运动的本征态上氢原子的产生算符 $\hat{a}_{\boldsymbol{k},\sigma}^\dagger$ 和湮灭算符 $\hat{a}_{\boldsymbol{k},\sigma}$, 写出到 $\hat{h}$ 第一阶的、二次量子化的总氢 – 涟子哈密顿量.

25.4 黏附概率

我们考虑一个在 z 轴方向处于渐近自由态的氢原子（即, 当 $z \to \infty$ 时其行为像是 $e^{\pm i k_\sigma z}$）. 记为 $|\boldsymbol{k}_\perp, \phi_\pi\rangle$ 的态具有能量

$$E_i = \frac{\hbar^2}{2m}(\boldsymbol{k}_\perp^2 + k_\sigma^2).$$

现在我们计算该原子黏附在表面上的概率,在这里假定它们处于零温.

25.4.1 矩阵元 $\langle\phi_0|V_{\boldsymbol{q}}|\phi_\sigma\rangle$ 如何随归一化箱子的尺度改变?下面假定 k_σ 足够小,则矩阵元正比于 k_σ,我们同时引入 $M(\boldsymbol{q})$,使

$$\langle\phi_0|V_{\boldsymbol{q}}|\phi_\sigma\rangle = \frac{\hbar k_\sigma}{\sqrt{2mL_z}}M(\boldsymbol{q}).$$

下面的所有结果都将用 $M(\boldsymbol{q})$ 表示.

25.4.2 利用费米(Fermi)黄金规则,定义一个原子黏附到表面上的单位时间的概率. 为了这样做,要恰当地阐明:

(a) 终态的连续性.

(b) 被能量守恒强加的条件. 为简单起见,我们将假定与束缚态能量 E_0 相比,入射能量 E_{i} 可以忽略. 证明:发射的涟子具有一个这样的波矢量 $\boldsymbol{q}$,它使 $|\boldsymbol{q}| = q_0$ 满足

$$\hbar\sqrt{\frac{A}{\rho_0}}q_0^{3/2} + \frac{\hbar^2 q_0^2}{r2m} = |E_0|.$$

(c) 终态的密度.

25.4.3 用 $\hbar$、k_σ、m 和 L_z 表示入射原子流.

25.4.4 用 $\hbar$、q_0、A、k_σ 和 $M(\boldsymbol{q})$ 写出氢原子黏附在液氦池表面概率的表达式. 检验这个概率不依赖于归一化体积 $L_xL_yL_z$.

25.4.5 这个概率如何随入射氢原子的能量改变?

25.4.6 定性地描述:如果液氦池不是处在零温,则人们应该如何修正上述的处理.

25.5 解

25.1 氢原子 − 液氦相互作用

25.1.1 我们使用柱坐标,并假定 H 原子位于 $\boldsymbol{R} = 0$ 处. 势 $V_0(Z)$ 取如下形式:

$$V_0(Z) = n\int\mathrm{d}^2r\int_{-\infty}^0\mathrm{d}zU(\sqrt{r^2+(Z-z)^2})$$
$$= -nC_6\int_{-\infty}^0\mathrm{d}z\int_0^\infty\mathrm{d}r\frac{2\pi r}{[r^2+(Z-z)^2]^3}$$

$$= -\frac{\pi}{2}nC_6 \int_{-\infty}^{0} \frac{\mathrm{d}z}{(Z-z)^4} = -\frac{\pi nC_6}{6Z^3}.$$

因此
$$V_0(Z) = -\frac{\alpha}{Z^3}, \qquad \alpha = \frac{\pi nC_6}{6}.$$

25.1.2 由 $V_0(Z)$ 导出的力具有模数
$$F(Z) = \frac{3\alpha}{Z^4}.$$

对于 $Z_g = [3\alpha/(Mg)]^{1/4}$,我们有 $3\alpha/Z_g^4 = Mg$. 数值计算得到 $Z_g = 0.86\ \mu\mathrm{m}$,它在原子尺度上是非常大的. 因为所有相关的 H– 液 He 的距离都在 0.1 nm 和 1 nm 之间,所以重力可以忽略.

25.1.3 哈密顿量可以拆分成 $\hat{H} = \hat{H}_\perp + \hat{H}_Z$,其中
$$\hat{H}_\perp = \frac{\hat{p}_x^2}{2m} + \frac{\hat{p}_y^2}{2m} \quad \text{和} \quad \hat{H}_Z = \frac{\hat{p}_z^2}{2m} + V_0(\hat{Z}).$$

这两个哈密顿量对易,因此总哈密顿量的本征基可以因子化为如下两个态的乘积 $|\boldsymbol{k}_\perp, \phi_\sigma\rangle$: $\hat{H}_\perp$ 的本征态,其中的 $\boldsymbol{k}_\perp$ 表示在 (x,y) 平面上传播的一个平面行波的波矢量;描写沿 z 轴运动的 $\hat{H}_Z$ 的本征态 ϕ_σ.

25.1.4 (a) 对于 $Z \leqslant z_{\min}$,H 和 He 原子的电子波函数重叠,它导致了这些原子之间的排斥力,在这里用一个硬芯势把该力模型化. 对于 $Z \gg z_{\min}$,范德瓦尔斯力占支配地位.

(b) 对于 $Z \leqslant z_{\min}$,波函数 $\phi(Z)$ 是这样的,它使 $\phi(Z) = 0$. 因为 $\phi(Z)$ 是连续的,我们有 $\phi(z_{\min}) = 0$.

(c) 对转折点 b,能量为 E 的 WKB 本征函数在允许区 $(E > V_0(Z))$ 具有下列形式:
$$\phi(Z) = \frac{C}{\sqrt{k(Z)}} \cos\left(\int_Z^b k(Z')\mathrm{d}Z' - \frac{\pi}{4}\right),$$

其中 C 是归一化常数,而
$$\hbar k(Z) = \sqrt{2m(E - V_0(Z))}.$$

加上 $\phi(z_{\min}) = 0$ 的条件,得到
$$\int_{z_{\min}}^{b} k(Z')\mathrm{d}Z' - \frac{\pi}{4} = \left(n + \frac{1}{2}\right)\pi, \quad \text{即} \quad \int_{z_{\min}}^{b} k(Z')\mathrm{d}Z' = \left(n + \frac{3}{4}\right)\pi,$$

其中 n 是一个正整数.

(d) 假如 WKB 方法准确,则束缚态的个数就会是
$$n = 1 + \mathrm{Int}\left(\int_{z_{\min}}^{\infty} \frac{k(Z')}{\pi}\mathrm{d}Z' - \frac{3}{4}\right),$$

其中，Int 表示取整数部分，并且 $k(Z)$ 是对零能 E 计算的. 正像通常的 WKB 方法一样，如果束缚态的数目很大，则这个表达式的精度很好. 在这种情况下，我们可以取 $n \approx \pi^{-1} \int_{z_{\min}}^{\infty} k(Z') \mathrm{d}Z'$，其中 $\hbar k(Z) = \sqrt{2m\alpha/Z^3}$，它给出

$$n \approx \frac{2}{\pi\hbar}\sqrt{\frac{2m\alpha}{z_{\min}}}.$$

(e) 上式给出 $n \approx 1.36$. 因此，预期束缚态的个数接近于 1，如在 0 与 2 之间.

(f) 实验结果与 WKB 预言相比非常鼓舞人心，但是要提供一个 $\phi_0(Z)$ 的正确表达式则超出了 WKB 近似的适用性.

25.2 液 He 表面上的激发

25.2.1 如果 $q = \sqrt{g\rho_0/A}$，或等价地说，对于一个波长

$$\lambda = 2\pi\sqrt{\frac{A}{g\rho_0}},$$

则该色散关系中的两项相等. 数值上，人们得到 $\lambda = 3\,\mathrm{mm}$. 因此，对于 $\lambda \ll 3\,\mathrm{mm}$ 观测到表面张力波 ($\omega_q^2 \approx Aq^3/\rho_0$)，而对于 $\lambda \gg 3\,\mathrm{mm}$ 观测到重力波. 对于 $\lambda = 3\,\mathrm{mm}$，相应的能量是 $\hbar\omega_q = 1.3 \times 10^{-13}\,\mathrm{eV}$.

25.2.2 对于一个使 $|E_0| \gg 10^{-13}\,\mathrm{eV}$ 的能量，我们处在波长为

$$\lambda = \frac{2\pi}{q} = 2\pi\left(\frac{A\hbar^2}{\rho_0 E_0^2}\right)^{1/3}$$

的表面张力波区域. 波长的数值是 $\lambda = 33\,\text{Å}$.

25.2.3 我们有

$$\Delta h^2 = \langle \hat{h}^2 \rangle - \langle \hat{h} \rangle^2 = \langle \hat{h}^2 \rangle = \sum_q h_q^2 \langle r_q r_q^\dagger \rangle = \sum_q h_q^2.$$

把上式转换成一个积分，我们得到

$$\Delta h^2 = \frac{L_x L_y}{4\pi^2}\int \frac{\hbar q}{2\rho_0 \omega_q L_x L_y}\mathrm{d}^2 q = \frac{\hbar}{4\pi\sqrt{A\rho_0}}\int_0^{q_{\max}}\sqrt{q}\,\mathrm{d}q$$

$$= \frac{\hbar}{6\pi}\sqrt{\frac{q_{\max}^3}{A\rho_0}} = \frac{\hbar\omega_{\max}}{6\pi A},$$

它给出 $\Delta h = 0.941\,\text{Å}$.

25.3 在 H 和液 He 之间的量子相互作用

25.3.1 利用 $\Theta'(z) = \delta(z)$ 这一事实，又因为 δ 函数是偶函数，所以我们可以写出 $\Theta(-z+\hat{h}(\boldsymbol{r})) \approx \Theta(-z) + \hat{h}(\boldsymbol{r})\delta(z)$. 因此，我们得到

$$V(\boldsymbol{R},Z) \approx V_0(Z) + n\int d^2 r U(\sqrt{(\boldsymbol{R}-\boldsymbol{r})^2 + Z^2})\hat{h}(\boldsymbol{r}).$$

这个表达式中第二项描述的是，和平衡位置 $z=0$ 相比，与表面上"添加的"或"丢失的"原子的相互作用.

25.3.2 用 $\hat{h}(\boldsymbol{r})$ 的展开式代替 $\hat{h}(\boldsymbol{r})$，我们得到

$$V(\boldsymbol{R},Z) \approx V_0(Z) + n\int d^2 r U(\sqrt{(\boldsymbol{R}-\boldsymbol{r})^2 + Z^2})\sum_{\boldsymbol{q}} h_q((\hat{r}_{\boldsymbol{q}}^\dagger e^{-i\boldsymbol{q}\cdot\boldsymbol{r}} + \hat{r}_{\boldsymbol{q}} e^{i\boldsymbol{q}\cdot\boldsymbol{r}}).$$

考虑 $r_{\boldsymbol{q}}^\dagger$ 项，并设 $\boldsymbol{r}' = \boldsymbol{r} - \boldsymbol{R}$，我们直接得到（译者注：h.c 为厄共轭的缩写）

$$V(\boldsymbol{R},Z) = V_0(Z) + \sum_{\boldsymbol{q}} (h_q e^{-i\boldsymbol{q}\cdot\boldsymbol{R}} V_{\boldsymbol{q}}(Z) \hat{r}_{\boldsymbol{q}}^\dagger + \text{h.c.}),$$

其中

$$V_{\boldsymbol{q}}(Z) = n\int d^2 r' e^{-i\boldsymbol{q}\cdot\boldsymbol{r}'} U(\sqrt{\boldsymbol{r}'^2 + Z^2}).$$

25.3.3 哈密顿量是"自由的"哈密顿量 $\hat{H}_{\text{at}} = \dfrac{p^2}{2M} + V_0(Z)$ 与 $\hat{H}_S$ 以及上面找到的耦合项之和. 有

$$\hat{H}_{\text{at}} = \sum_{\boldsymbol{k},\sigma} E_{\boldsymbol{k},\sigma} \hat{a}_{\boldsymbol{k},\sigma}^\dagger \hat{a}_{\boldsymbol{k},\sigma}, \qquad \hat{H}_S = \sum_{\boldsymbol{q}} \hbar\omega_{\boldsymbol{q}} \hat{r}_{\boldsymbol{q}}^\dagger \hat{r}_{\boldsymbol{q}}.$$

耦合项变成

$$\sum_{\boldsymbol{k},\sigma} \sum_{\boldsymbol{k}',\sigma'} \sum_{\boldsymbol{q}} h_q \hat{a}_{\boldsymbol{k},\sigma}^\dagger \hat{a}_{\boldsymbol{k}',\sigma'} \hat{r}_{\boldsymbol{q}}^\dagger \langle \boldsymbol{k},\phi_\sigma | e^{-i\boldsymbol{q}\cdot\boldsymbol{R}} V_{\boldsymbol{q}}(Z) | \boldsymbol{k}',\phi_{\sigma'} \rangle + \text{h.c..}$$

其矩阵元是

$$\langle \boldsymbol{k},\phi_\sigma | e^{-i\boldsymbol{q}\cdot\boldsymbol{R}} V_{\boldsymbol{q}}(Z) | \boldsymbol{k}',\phi_{\sigma'} \rangle = \langle \boldsymbol{k} | e^{-i\boldsymbol{q}\cdot\boldsymbol{R}} | \boldsymbol{k}' \rangle \langle \phi_\sigma | V_{\boldsymbol{q}}(Z) | \phi_{\sigma'} \rangle$$
$$= \delta_{\boldsymbol{k}',\boldsymbol{k}+\boldsymbol{q}} \langle \phi_\sigma | V_{\boldsymbol{q}}(Z) | \phi_{\sigma'} \rangle.$$

我们最终有了到 $\hat{h}$ 的第一阶总的氢 – 涟子哈密顿量：

$$\hat{H} = \sum_{\boldsymbol{k},\sigma} E_{\boldsymbol{k},\sigma} \hat{a}_{\boldsymbol{k},\sigma}^\dagger \hat{a}_{\boldsymbol{k},\sigma} + \sum_{\boldsymbol{q}} \hbar\omega_{\boldsymbol{q}} \hat{r}_{\boldsymbol{q}}^\dagger r_{\boldsymbol{q}}$$

$$+ \sum_{q,k,\sigma,\sigma'} h_q \hat{a}^\dagger_{k,\sigma} \hat{a}_{k+q,\sigma'} \hat{r}^\dagger_q \langle\phi_\sigma|V_q(Z)|\phi_{\sigma'}\rangle + \text{h.c.}.$$

在 xy 平面上，由于该问题的平移不变性，动量守恒. 这可以直接从耦合形式

$$\hat{a}^\dagger_{k,\sigma} \hat{a}_{k+q,\sigma'} \hat{r}^\dagger_q$$

看到，它湮灭了一个动量为 $\hbar(k+q)$ 的 H 原子，并产生了一个动量为 $\hbar k$ 的 H 原子和一个动量为 $\hbar q$ 的涟子.

25.4 黏附概率

25.4.1 根据定义我们有

$$\langle\phi_0|V_q|\phi_\sigma\rangle = \int \phi_0^*(Z) V_q(Z) \phi_\sigma(Z) \mathrm{d}Z.$$

因为 $|\phi_\sigma\rangle$ 是一个渐近自由态，它在一段长度 L_z 上归一化. 因此，它的振幅随着 $L_z^{-1/2}$ 变化. 因为 $|\phi_0\rangle$ 是一个不依赖 L_z 的局域态，我们发现

$$\langle\phi_0|V_q|\phi_\sigma\rangle \propto \frac{1}{\sqrt{L_z}}.$$

在小入射动量的极限下，这个矩阵元正比于 k_σ 的事实更为微妙. 对该矩阵元有贡献的位置 Z 靠近零点，因为束缚态 $\phi_0(Z)$ 局限在 He 表面附近. 因此，只有 $Z=0$ 周围的 $\phi_\sigma(Z)$ 才与积分的计算有关系. 对 H 原子和 He 表面间的 Z^{-3} 势，人们发现在这个区域 ϕ_σ 的振幅正比于 k_σ，因此就有了这个结果. 通过用方势阱代替 Z^{-3} 势，可以解析地重现这样的一种线性依赖性，但达不到 WKB 近似的范围，它将预言 $Z=0$ 周围 ϕ_σ 振幅对 $\sqrt{k_\sigma}$ 的一种依赖. 导致这一偏差的原因是 $-\alpha Z^{-3}$ 的势对 WKB 太陡，以致不能适用于在大于 $m\alpha/\hbar^2$ 距离处的 ϕ_σ 的计算.

25.4.2 从初态 $k_\perp, \phi_\sigma$ 出发. 如果原子黏附到表面上，沿 z 轴的终态就是 $|\phi_0\rangle$. 黏附是通过发射一个动量为 $\hbar q$ 的涟子和横动量的改变 $\hbar k_\perp \to \hbar k_\perp - \hbar q$ 进行的.

(a) 终态的连续性用矢量 q 表征：

$$|k_\perp, \phi_\sigma\rangle \to |k_\perp - q, \phi_0\rangle \otimes |q\rangle.$$

(b) 能量守恒给出 $E_\mathrm{i} = E_\mathrm{f}$，其中：

$$E_\mathrm{i} = \frac{\hbar^2(k_\sigma^2 + k_\perp^2)}{2m}, \qquad E_\mathrm{f} = E_0 + \frac{\hbar^2(k_\perp - q)^2}{2m} + \hbar\omega_q.$$

我们假定与束缚态能量 E_0 相比，E_i 可以忽略. 因此，与束缚态能量 $|E_0|$ 相比，$\hbar^2(\boldsymbol{k}_\perp \cdot \boldsymbol{q})/m \sim \sqrt{|E_0|\hbar^2 k_\perp^2/(2m)}$ 也非常小，从而得到

$$\frac{\hbar^2 q^2}{2m} + \hbar\omega_q \approx |E_0|.$$

除涟子的色散关系之外，这个方程确定了 $\boldsymbol{q}$ 的模 q_0：

$$\hbar\sqrt{\frac{A}{\rho_0}}q_0^{3/2} + \frac{\hbar^2 q_0^2}{2m} = |E_0|.$$

(c) 终态能量的变化 δE 对应着一个 δq 的变化，它使：

$$\left(\frac{\hbar^2 q_0}{m} + \frac{3\hbar}{2}\sqrt{\frac{Aq_0}{\rho_0}}\right)\delta q = \delta E.$$

在区域 $\delta^2 q$ 内，态的数目 $\delta^2 n$ 为

$$\delta^2 n = \frac{L_x L_y}{4\pi^2}\delta^2 q = \frac{L_x L_y}{4\pi^2}q_0\delta q\delta\theta.$$

对 $\delta\theta$ 积分后，我们得到

$$\rho(E_f) = \frac{L_x L_y}{\pi}\frac{mq_0}{2\hbar^2 q_0 + 3m\hbar\sqrt{Aq_0/\rho_0}}.$$

25.4.3 在时间间隔 dt 内，在 $Z<0$ 的方向跨过高度为 Z 的平面的原子数是 $v_z dt/(2L) = \hbar k_\sigma dt/(2mL_z)$. 因此，流量为

$$\Phi_\sigma = \frac{\hbar k_\sigma}{2mL_z}.$$

25.4.4 黏附概率是费米黄金规则给出的单位时间的概率和入射流之比：

$$P = \frac{2\pi}{\hbar}|\langle\boldsymbol{k}_\perp,\phi_\sigma|V|\boldsymbol{k}_\perp - \boldsymbol{q},\phi_0,\boldsymbol{q}\rangle|^2\rho(E_f)\frac{2mL_z}{\hbar k_\sigma}.$$

它约化为

$$P = \frac{mk_\sigma|M(q)|^2}{3Am + 2\hbar\sqrt{A\rho_0 q_0}}.$$

25.4.5 P 随 k_σ 的变化 $\propto \sqrt{E}$. 当能量很小时，黏附概率趋向于零，并且 H 原子在液 He 表面弹性地跳动.

25.4.6 如果液 He 池不处在零温，其他一些过程可能会发生，特别是黏附过程伴随着一个涟子的受激发射. 因此，人们必须考虑热涟子数 n_{q_0}.

25.6 评　注

　　H 原子黏附在液 He 表面的理论可以在下列的参考文献 [1] 中找到. 这个过程详细的实验研究呈现在参考文献 [2] 和 [3] 中.

　　[1] D.S.Zimmerman and A.J. Berlinsky, Can.J.Phys. 61, 508(1983).

　　[2] J.J. Berkhout, O.J. Luiten, J.D. Setija, T.W. Hijmans, T. Mizusaki, and J.T.M. Walraven, Phys. Rev. Lett. 63, 1689(1989).

　　[3] J.M. Doyle, J.C. Sandberg, I.A. Yu, C.L. Cesar, D. Kleppner, and T.J. Greytak, Phys. Rev. Lett. 67, 603(1991).

第 26 章 激光致冷和陷俘

用激光照射中性原子或离子的聚合体，有可能冷却和陷俘这些粒子. 在这一章我们研究一种简单的制冷机制——多普勒制冷，并且推导相应的平衡温度. 然后证明这些冷却后的原子可以被禁闭在由聚焦的激光束产生的势阱中.

我们考虑一个"双态"原子，它的能级用 $|g\rangle$（基态）和 $|e\rangle$（激发态）表示，分别具有能量 0 和 $\hbar\omega_0$. 这个原子与频率为 $\omega_L/(2\pi)$ 的经典电磁波相互作用. 对位于 r 的一个这样的原子，其哈密顿量为

$$\hat{H} = \hbar\omega_0 |e\rangle\langle e| - \boldsymbol{d} \cdot (\boldsymbol{E}(\boldsymbol{r},t)|e\rangle\langle g| + \boldsymbol{E}^*(\boldsymbol{r},t)|g\rangle\langle e|), \tag{26.1}$$

其中的 $\boldsymbol{d}$（假定是实的）表示原子电偶极矩算符在 $|g\rangle$ 和 $|e\rangle$ 态之间的矩阵元（即 $\boldsymbol{d} = \langle e|\hat{\boldsymbol{D}}|g\rangle = \langle g|\hat{\boldsymbol{D}}|e\rangle^*$）. 量 $\boldsymbol{E} + \boldsymbol{E}^*$ 代表电场. 设

$$\boldsymbol{E}(\boldsymbol{r},t) = \boldsymbol{E}_0(\boldsymbol{r})\exp(-\mathrm{i}\omega_L t).$$

在整个这一章中，假定失谐度 $\Delta = \omega_L - \omega_0$ 与 ω_L 和 ω_0 相比很小. 我们经典地处理原子质心的运动 $\boldsymbol{r}(t)$.

26.1 静止原子的光学布洛赫方程

26.1.1 写出原子密度算符的四个分量 ρ_{gg}、ρ_{eg}、ρ_{ge} 和 ρ_{ee} 在哈密顿量 $\hat{H}$ 作用下的演化方程.

26.1.2 我们考虑原子与辐射场真空模式的耦合，特别是当原子处在激发态 $|e\rangle$ 时，它是引起原子自发发射的原因. 我们将假定这归结为要在上述演化方程

中添加一些"弛豫"项：

$$\left(\frac{\mathrm{d}}{\mathrm{d}t}\rho_{ee}\right)_{\text{弛豫}} = -\left(\frac{\mathrm{d}}{\mathrm{d}t}\rho_{gg}\right)_{\text{弛豫}} = -\Gamma\rho_{ee},$$

$$\left(\frac{\mathrm{d}}{\mathrm{d}t}\rho_{eg}\right)_{\text{弛豫}} = -\frac{\Gamma}{2}\rho_{eg}, \qquad \left(\frac{\mathrm{d}}{\mathrm{d}t}\rho_{ge}\right)_{\text{弛豫}} = -\frac{\Gamma}{2}\rho_{ge},$$

其中 Γ^{-1} 是激发态的辐射寿命. 定性地证明这些项是合理的.

26.1.3 检验当时间远大于 Γ^{-1} 时，这些方程有下列稳态解：

$$\rho_{ee} = \frac{s}{2(s+1)}, \qquad \rho_{eg} = -\frac{\boldsymbol{d}\cdot\boldsymbol{E}(\boldsymbol{r},t)/\hbar}{\Delta+\mathrm{i}\Gamma/2}\frac{1}{1+s},$$

$$\rho_{gg} = \frac{2+s}{2(s+1)}, \qquad \rho_{ge} = -\frac{\boldsymbol{d}\cdot\boldsymbol{E}^*(\boldsymbol{r},t)/\hbar}{\Delta-\mathrm{i}\Gamma/2}\frac{1}{1+s}.$$

其中已经令

$$s = \frac{2|\boldsymbol{d}\cdot\boldsymbol{E}_0(\boldsymbol{r})|^2/\hbar^2}{\Delta^2+\Gamma^2/4}.$$

26.1.4 基于自发发射速率，从物理上解释量 $\Gamma\rho_{ee}$ 的稳态值.

26.2 辐射压力

在这一节，我们仅限于电磁场是一个平面行波的情况：

$$\boldsymbol{E}_0(\boldsymbol{r}) = \boldsymbol{E}_0\exp(\mathrm{i}\boldsymbol{k}\cdot\boldsymbol{r}).$$

通过与经典情况类比，可以定义在 $\boldsymbol{r}$ 点的辐射力算符为

$$\hat{\boldsymbol{F}}(\boldsymbol{r}) = -\nabla_{\boldsymbol{r}}\hat{H}.$$

26.2.1 假定原子静止于 $\boldsymbol{r}$ 处，并且它的内部动力学处于稳态，计算 $\hat{\boldsymbol{F}}(\boldsymbol{r})$ 的期待值.

26.2.2 利用原子和辐射场之间的动量交换，从物理上解释这个结果. 人们可以引入反冲速度 $v_{\text{rec}} = \hbar k/m$.

26.2.3 在高辐射强度下，该力的行为如何？对于一个具有共振波长 $\lambda = 0.589\times 10^{-6}$ m 和激发态寿命 $\Gamma^{-1} = 16\times 10^{-9}$ s ($d = 2.1\times 10^{-29}$ C·m) 的钠原子 ^{23}Na，给出可能的加速度大小的量级.（译者注：C·m 是电偶极矩的单位.）

26.2.4 现在我们考虑一个匀速运动的原子：$r = r_0 + v_0 t (v_0 \ll c)$. 给出作用于这个原子的力的表达式.

26.2.5 力对原子的作用将改变原子的速度. 在什么条件下，可以像上面所做的，在辐射压力的计算中把这个速度处理成一个恒定的量是合理的？这个条件对于钠原子适用吗？

26.3　多普勒制冷

现在原子在两个强度相同、方向相反（$+z$ 和 $-z$）的平面行波的场中运动（图 26.1）. 我们限定原子沿着两个波传播的方向运动，并且假定对弱强度（$s \ll 1$），人们可以独立地把两个波施加的力相加.

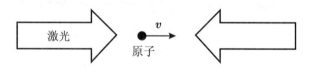

图 26.1　一维的多普勒制冷

26.3.1 证明对足够小的速度，总的力与速度成线性关系，并可以整理成如下形式：
$$f = -\frac{mv}{\tau}.$$

26.3.2 对一个静止原子的单个波的固定饱和参量 s_0，$\tau_{\min}$ 的最小（正）值是多少？假定人们固定 $s_0 = 0.1$，计算钠原子的 $\tau_{\min}$.

26.3.3 这种制冷机制被自发发射的随机性导致的加热所限制. 求速度分布 $P(v,t)$，并找到它的稳态值，我们将按下列方式进行：

(a) 用 $P(v,t)$ 表示 $P(v,t+dt)$. 把原子分成三类：
- 在 t 和 $t+dt$ 之间，原子没有经受光子散射的事例，
- 原子散射了一个来自 $+z$ 波的光子，
- 原子散射了一个来自 $-z$ 波的光子.

我们把 dt 取得足够短，以使第一个选项的概率占优势，而且多重散射事例是可以忽略的. 我们还假定对 $P(v,t)$ 贡献大的那些速度都足够小以致使上面作用的力的线性化是适用的. 为简单起见，我们将假定自发发射的光子仅沿着 z 轴传播，而且沿 $+z$ 和 $-z$ 轴方向发生自发发射的概率相等.

(b) 证明 $P(v,t)$ 遵从福克 – 普朗克（Fokker–Planck）方程

$$\frac{\partial P}{\partial t} = \alpha \frac{\partial}{\partial v}(vP) + \beta \frac{\partial^2 P}{\partial v^2},$$

并用该问题的物理参量表示 α 和 β.

(c) 确定稳态的速度分布. 证明它相应于麦克斯韦分布，并给出等效温度.

(d) 对于什么样的失谐度，有效温度是极小? 对于钠原子，这个最小温度是多少?

26.4 偶极子力

我们现在考虑一个稳定的光波（有恒定的相位）

$$\boldsymbol{E}_0(\boldsymbol{r}) = \boldsymbol{E}_0^*(\boldsymbol{r}).$$

26.4.1 假设位于 $\boldsymbol{r}$ 的原子处于静止，且它的内部动力学已达到它的稳态，计算辐射力算符 $\hat{\boldsymbol{F}}(\boldsymbol{r}) = -\nabla_{\boldsymbol{r}} \hat{H}$ 的期待值.

26.4.2 证明这个力可从一个势推导出来，并计算用一束激光束照射的钠原子能够获得的势阱深度. 该激光束的强度为 $P = 1$ W, 波长为 $\lambda_L = 0.650$ μm, 聚焦在半径为 10 μm 的一个圆斑上.

26.5 解

26.1 静止原子的光学布洛赫方程

26.1.1 密度算符 $\hat{\rho}$ 的演化由下式给出:

$$i\hbar \frac{d\hat{\rho}}{dt} = [\hat{H}, \hat{\rho}].$$

于是

$$\frac{d\rho_{ee}}{dt} = i \frac{\boldsymbol{d} \cdot \boldsymbol{E}(\boldsymbol{r}) e^{-i\omega_L t}}{\hbar} \rho_{ge} - i \frac{\boldsymbol{d} \cdot \boldsymbol{E}^*(\boldsymbol{r}) e^{i\omega_L t}}{\hbar} \rho_{eg},$$

$$\frac{d\rho_{eg}}{dt} = -i\omega_0 \rho_{eg} + i\frac{\boldsymbol{d}\cdot\boldsymbol{E}(\boldsymbol{r})e^{-i\omega_L t}}{\hbar}(\rho_{gg} - \rho_{ee}),$$

$$\frac{d\rho_{gg}}{dt} = -\frac{d\rho_{ee}}{dt}, \qquad \frac{d\rho_{ge}}{dt} = \left(\frac{d\rho_{eg}}{dt}\right)^*.$$

26.1.2 假定原子 – 场系统在 t 时刻被置于态

$$|\psi(0)\rangle = (\alpha|g\rangle + \beta|e\rangle) \otimes |0\rangle$$

上,其中 $|0\rangle$ 代表电磁场的真空态,并在第一步忽略激光的作用. 在时刻 t,系统的态由自发发射的维格纳 – 魏斯科夫(Wigner-Weisskopf)处理导出:

$$|\psi(t)\rangle = (\alpha|g\rangle + \beta e^{-(i\omega_0 + \Gamma/2)t}|e\rangle) \otimes |0\rangle + |g\rangle \otimes |\phi\rangle,$$

其中,场的态 $|\phi\rangle$ 是电磁场各种模式的单光子态的叠加. 所以,密度矩阵元的演化是 $\rho_{ee}(t) = |\beta|^2 e^{-\Gamma t}$, $\rho_{eg}(t) = \alpha^* \beta e^{-(i\omega_0 + \Gamma)t}$,或换句话说(译者注:下标 relax 意为"弛豫"),

$$\left(\frac{d\rho_{ee}}{dt}\right)_{\text{relax}} = -\Gamma \rho_{ee}, \qquad \left(\frac{d\rho_{eg}}{dt}\right)_{\text{relax}} = -\frac{\Gamma}{2}\rho_{eg}.$$

另外两个关系来自密度算符的迹守恒($\rho_{ee} + \rho_{gg} = 1$)以及它的厄米特征 $\rho_{eg} = \rho_{ge}^*$.

下面我们假定,通过加入激光场的作用和自发发射的贡献,可以得到原子密度算符的演化. 因为 Γ 像 ω_0^3 一样变化,只要激光辐照导致的原子跃迁产生的能移比 ω_0 小,这一变化规律就适用. 这要求 $dE \ll \hbar\omega_0$,它对通常的连续激光源来说是能满足的.

26.1.3 密度算符各分量的演化由下式给出:

$$\frac{d\rho_{ee}}{dt} = -\Gamma\rho_{ee} + i\frac{\boldsymbol{d}\cdot\boldsymbol{E}(\boldsymbol{r})e^{-i\omega_L t}}{\hbar}\rho_{ge} - i\frac{\boldsymbol{d}\cdot\boldsymbol{E}^*(\boldsymbol{r})e^{i\omega_L t}}{\hbar}\rho_{eg},$$

$$\frac{d\rho_{eg}}{dt} = \left(-i\omega_0 - \frac{\Gamma}{2}\right)\rho_{eg} + i\frac{\boldsymbol{d}\cdot\boldsymbol{E}(\boldsymbol{r})e^{-i\omega_L t}}{\hbar}(\rho_{gg} - \rho_{ee}).$$

这些方程通常被称为光学布洛赫方程.

在稳态,ρ_{ee} 和 ρ_{gg} 趋于一个恒定值,而 ρ_{eg} 和 ρ_{ge} 分别像 $e^{-i\omega_L t}$ 和 $e^{i\omega_L t}$ 一样振荡. 在一个 Γ^{-1} 量级的特征时间之后,这个稳态就可达到. 由第二个方程,我们抽取出作为 $\rho_{gg} - \rho_{ee} = 1 - 2\rho_{ee}$ 函数的 ρ_{eg} 稳态值:

$$\rho_{eg} = i\frac{\boldsymbol{d}\cdot\boldsymbol{E}(\boldsymbol{r})e^{-i\omega_L t}/\hbar}{i\Delta + \Gamma/2}(1 - 2\rho_{ee}).$$

现在,我们把这个值插入到 ρ_{ee} 的演化中,得到

$$\rho_{ee} = \frac{s}{2(1+s)}, \qquad \text{其中 } s(\boldsymbol{r}) = \frac{2|\boldsymbol{d}\cdot\boldsymbol{E}(\boldsymbol{r})|^2/\hbar^2}{\Delta^2 + \Gamma^2/4}.$$

对 ρ_{gg}、ρ_{eg} 和 ρ_{ge}，可以立即得到文中给出的其他三个值.

26.1.4 ρ_{ee} 的稳态值给出发现原子处于内部态 $|e\rangle$ 的平均概率. 这个值来自于趋向占据能级 $|e\rangle$ 的吸收过程与减少占据 $|e\rangle$ 以有利于 $|g\rangle$ 的受激 + 自发发射过程之间竞争的结果.

量 $\Gamma\rho_{ee}$ 表示当原子受到激光波照射时自发发射的稳态率. 对较小的饱和参量 s，这个比例正比于激光强度 $|E(r)|^2$. 当激光强度增大时，s 远大于 1，因此 ρ_{ee} 的稳态值接近 1/2. 这意味着原子有一半的时间处在能级 $|e\rangle$. 在这种情况下，自发发射速率趋向 $\Gamma/2$.

26.2 辐射压力

26.2.1 对于一个激光平面波，力的算符由下式给出：
$$\hat{F}(r) = i k d \cdot E_0 \left(e^{i(k \cdot r - \omega_L t)} |e\rangle\langle g| - e^{-i(k \cdot r - \omega_L t)} |g\rangle\langle e| \right).$$

在稳态上的期待值是 $\text{tr}(\hat{\rho}\hat{F})$，它给出：
$$f = \langle F \rangle = i k d \cdot E_0 e^{i(k \cdot r - \omega_L t)} \rho_{ge} + \text{c.c.}$$
$$= \hbar k \frac{\Gamma}{2} \frac{s_0}{1 + s_0},$$

其中
$$s_0 = \frac{2|d \cdot E_0|^2/\hbar^2}{\Delta^2 + \Gamma^2/4}.$$

26.2.2 这个结果的解释如下. 原子经历吸收过程，从内部基态跳到内部激发态，并获得动量 $\hbar k$. 通过受激或自发发射过程，它可以从激发态返回基态. 在受激发射中，原子释放掉它在吸收过程中获得的动量，以致在这一循环周期中，动量净的变化为零. 反之，因为自发发射过程以相同概率在两个相反方向上发生，在这个过程中，原子动量的变化具有随机的方向，并且平均到零. 所以，在一次"吸收 − 自发发射"的循环中，原子获得的净动量为 $\hbar k$，它对应着速度的变化 v_rec. 因为这些循环以 $(\Gamma/2)s_0/(1+s_0)$ 的速率发生（正如在 26.1 节末尾得到的），我们重现了上面得到的辐射力表达式.

26.2.3 对于高强度的激光，力达到饱和值 $\hbar k \Gamma/2$. 这对应着加速度 $a_\text{max} = \hbar k \Gamma/(2m) = 9 \times 10^5 \text{ m} \cdot \text{s}^{-2}$，它比重力的加速度大 100 000 倍.

26.2.4 在原子的静止系，激光场仍然对应着一个具有修正频率 $\omega_L - k \cdot v$（一级多普勒效应）的平面波. 对于非相对论的原子速度，光子动量的改变是可

以忽略的. 那时前面的结果变成

$$f = \hbar k \frac{\Gamma}{2} \frac{s(v)}{1+s(v)}, \quad \text{其中} \quad s(v) = \frac{2|\boldsymbol{d}\cdot\boldsymbol{E}_0|^2/\hbar^2}{(\Delta - \boldsymbol{k}\cdot\boldsymbol{v})^2 + \Gamma^2/4}.$$

26.2.5 如果在一次单一的吸收或发射过程中，基本的速度改变（反冲速度 $v_{\text{rec}} = \hbar k/m$）仅稍微修改了一点 f 的值，则上面导出的力的概念是适用的. 多普勒移动的基本改变 $kv_{\text{rec}} = \hbar k^2/m$ 比共振宽度小很多时，

$$\frac{\hbar k^2}{m} \ll \Gamma,$$

就是这种情况. 这就是所谓的宽谱线条件（broad line condition）. 这个条件很适用于钠原子，因为在这种情况下，$\hbar k^2/(m\Gamma) = 5\times 10^{-3}$.

26.3 多普勒制冷

26.3.1 作用在速度为 v 的原子上总的力为

$$f(v) = \hbar k \Gamma \left[\frac{|\boldsymbol{d}\cdot\boldsymbol{E}_0|^2/\hbar^2}{(\Delta - kv)^2 + \Gamma^2/4} - \frac{|\boldsymbol{d}\cdot\boldsymbol{E}_0|^2/\hbar^2}{(\Delta + kv)^2 + \Gamma^2/4} \right],$$

其中我们用到了 $s \ll 1$ 的事实. 对低速（$kv \ll \Gamma$）的情况，在 v 的第一阶，我们得到

$$f(v) = -\frac{mv}{\tau}, \quad \text{其中} \quad \tau = \frac{m}{\hbar k^2 s_0} \frac{\Delta^2 + \Gamma^2/4}{2(-\Delta)\Gamma}.$$

如果失谐度 Δ 为负，则上式对应着阻尼力. 在这种情况下，原子因多普勒效应被冷却. 它就是所谓的多普勒制冷：一个运动着的原子感受到的来自逆向传播波的辐射压力比来自同向传播波的更强. 对一个静止的原子，这两种辐射压力大小相等但方向相反：净的力为零.

26.3.2 对于一个固定的饱和参量 s_0，在 $\Delta = -\Gamma/2$ 时制冷时间最小，它导致

$$\tau_{\min} = \frac{m}{2\hbar k^2 s_0}.$$

注意，当宽谱线条件被满足时，这个时间总是比激发态寿命 Γ^{-1} 大得多. 对钠原子来说，在 $s_0 = 0.1$ 时最小制冷时间是 16 μs.

26.3.3 (a) 以速度 v 运动的一个原子在时间间隔 dt 内散射一个来自 $\pm z$ 波的光子的概率为

$$dP_\pm(v) = \frac{\Gamma s_0}{2}\left(1 \pm \frac{2\Delta kv}{\Delta^2 + \Gamma^2/4}\right)dt.$$

因为我们假定自发发射的光子也沿 z 轴方向传播,有一半的散射事例不改变原子的速度:自发发射光子沿着吸收光子相同的方向传播就是这种情况. 对于另一半的事例,原子速度的改变为 $\pm 2v_{\rm rec}$,它对应于自发发射光子沿着吸收光子相反的方向传播. 所以,在时间间隔 dt 内,原子速度不变的概率是 $1-[dP_+(v)+dP_-(v)]/2$,而原子速度改变 $\pm 2v_{\rm rec}$ 的概率为 $dP_\pm(v)/2$. 因此有

$$P(v,t+dt) = \left[1 - \frac{dP_+(v)+dP_-(v)}{2}\right]P(v,t)$$
$$+ \frac{dP_+(v-2v_{\rm rec})}{2}P(v-2v_{\rm rec},t)$$
$$+ \frac{dP_-(v+2v_{\rm rec})}{2}P(v+2v_{\rm rec},t).$$

(b) 假定在反冲速度的尺度上,$P(v)$ 光滑地改变(在末尾将核对这一点),我们可以把上面得到的有限差分方程变换成一个微分方程:

$$\frac{\partial P}{\partial t} = \alpha \frac{\partial}{\partial v}(vP) + \beta \frac{\partial^2 P}{\partial v^2},$$

其中

$$\alpha = \frac{m}{\tau}, \qquad \beta = \Gamma v_{\rm rec}^2 s_0.$$

正比于 α 的项对应于多普勒制冷. β 中的项解释了由于自发发射过程的随机性导致的加热. 系数 β 是速度空间中的一个扩散常数,正比于随机游走 $v_{\rm rec}$ 元步长的平方和它的速率 Γs_0.

(c) $P(v)$ 的稳态对应于下面方程的解:

$$\alpha v P(v) + \beta \frac{dP}{dv} = 0,$$

它的解(对于 $\alpha > 0$,即 $\Delta < 0$)是一个麦克斯韦分布:

$$P(v) = P_0 \exp\left(-\frac{\alpha v^2}{2\beta}\right).$$

因此,等效温度是

$$k_{\rm B}T = \frac{m\beta}{\alpha} = \frac{\hbar}{2}\frac{\Delta^2 + \Gamma^2/4}{-\Delta}.$$

(d) 对 $\Delta = -\Gamma/2$ 可得到最小温度

$$k_{\rm B}T_{\rm min} = \frac{\hbar\Gamma}{2}.$$

这是多普勒制冷极限,它与激光强度无关. 注意,当宽谱线条件满足时,对应的速度标度 v_0 满足:

$$v_{\rm rec} \ll v_0 = \sqrt{\hbar\Gamma/m} \ll \Gamma/k.$$

因此，作为计算基础的两个假设是适用的：(i) 在 v_{rec} 标度上，$P(v)$ 光滑地变化；(ii) 相关的速度小到足以使散射速率的线性化成为可能.

对于钠原子，最小温度为 $T_{\min} = 240~\mu\text{K}$，它对应于 $v_0 = 40~\text{cm}\cdot\text{s}^{-1}$.

26.4 偶极子力

26.4.1 对光波（驻波）的电场的实振幅 $\boldsymbol{E}_0(\boldsymbol{r})$，力算符 $\hat{\boldsymbol{F}}(\boldsymbol{r})$ 为

$$\hat{\boldsymbol{F}}(\boldsymbol{r}) = \left(\sum_{i=x,y,z} d_i \nabla E_{0i}(\boldsymbol{r})\right)(\mathrm{e}^{-\mathrm{i}\omega_L t}|e\rangle\langle g| + \mathrm{e}^{\mathrm{i}\omega_L t}|g\rangle\langle e|).$$

假定原子内部的动力学已达到了它的稳态值，我们得到 $\hat{\boldsymbol{F}}(\boldsymbol{r})$ 的期待值

$$\boldsymbol{f}(\boldsymbol{r}) = \langle \boldsymbol{F} \rangle = -\nabla(\boldsymbol{d}\cdot\boldsymbol{E}_0(\boldsymbol{r}))\frac{\boldsymbol{d}\cdot\boldsymbol{E}_0(\boldsymbol{r})}{1+s(\boldsymbol{r})}\frac{\Delta}{\Delta^2+\Gamma^2/4}$$

$$= -\frac{\hbar\Delta}{2}\frac{\nabla s(\boldsymbol{r})}{1+s(\boldsymbol{r})}.$$

26.4.2 这个力称为偶极子力. 它由偶极子势 $U(\boldsymbol{r})$ 推导出：

$$\boldsymbol{f}(\boldsymbol{r}) = -\nabla U(\boldsymbol{r}), \quad \text{其中 } U(\boldsymbol{r}) = \frac{\hbar\Delta}{2}\log(1+s(\boldsymbol{r})).$$

对于一个强度 $P = 1~\text{W}$、聚焦在半径为 $r = 10~\mu\text{m}$ 的一个圆斑上的激光场，中心的电场是

$$E_0 = \sqrt{\frac{2P}{\pi\epsilon_0 c r^2}} = 1.6 \times 10^6~\text{V/m}.$$

这里我们假设，这个圆斑是均匀照亮的. 一个更精确的处理应该计入激光束的横向高斯型剖面，但是这不会显著地改变下面的结果. E_0 的值导致了 $dE_0/\hbar = 3.1 \times 10^{11}~\text{s}^{-1}$ 以及失谐度 $\Delta = 3 \times 10^{14}~\text{s}^{-1}$. 此时，发现势的深度等于 2.4 mK，比多普勒制冷极限大 10 倍. 由于很大的失谐，光子散射率相当小，为 70 光子/秒.

26.6 评 注

特别是，辐射压力已被用于原子束减速 (J.V. Prodan, W.D. Phillips, and H. Metcalf, Phys. Rev. Lett. 49, 1149 (1982))。多普勒制冷是由 T.W. Hänsch 和 A. Schawlow 提出的 (Opt. Commun. 13, 68 (1975))。一个相关的陷俘离子的制冷方案在同一年由 D. Wineland and H. Dehmelt 提出 (Bull. Am. Phys. Soc.20, 637 (1975))。中性原子 3D 激光致冷的第一次观测是由 S. Chu, L. Hollberg, J.E. Bjorkholm, A. Cable 和 A. Ashkin 报告的（Phys. Rev. Lett. 55, 48 (1985)），一年后，他们又报告了利用偶极子力在一个激光束焦点处陷俘原子的观测 (Phys. Rev. Lett. 57, 314 (1986))。

其后，在 W.D.Phillips 组的实验中发现激光致冷的原子的温度可以比在这个问题中导出的 Doppler 极限 $k_B T = \hbar \Gamma/2$ 低得多。利用 Sisyphus 制冷，C. Cohen-Tannoudji 组和 S. Chu 组独立地解释了 Murphy 定律的这个明显破坏（一个比预言好 10 倍的成功实验）。（请参见综述文章：C. Cohen-Tannoudji and W.D. Phillips, Physics Today, October 1990, p.33.）

1997 年的诺贝尔物理奖授予了 S. Chu, C. Cohen-Tannoudji 和 W.D. Phillips，以奖励他们用激光陷俘和制冷原子的工作。

第 27 章　布洛赫振荡

为检验几个与周期势场中波的传播相关联的预言,在驻波光场中原子量子运动的精确研究的可能性已在最近被采用. 在这一章我们介绍其中与布洛赫振荡现象相关的一些观测.

27.1　在一个量子系统上的幺正变换

考虑一个系统处在 $|\psi(t)\rangle$ 态上,它在哈密顿量 $\hat{H}(t)$ 的作用下演化. 考虑一个幺正算符 $\hat{D}(t)$。证明,变换后的态矢量

$$|\widetilde{\psi}(t)\rangle = \hat{D}(t)|\psi(t)\rangle$$

的演化由哈密顿量为

$$\widetilde{H}(t) = \hat{D}(t)\hat{H}(t)\hat{D}^\dagger(t) + i\hbar \frac{d\hat{D}(t)}{dt}\hat{D}^\dagger(t)$$

的薛定谔方程给出.

27.2 在一个周期势中的能带结构

光驻波对原子的力学作用可以用势来描写（见第 26 章）. 如果在光的频率和原子的共振频率 ω_A 之间的失谐度比原子与波的电偶极耦合大, 这个势则正比于光的强度. 于是, 质量为 m 的原子在激光驻波中的一维运动可以写成

$$\hat{H} = \frac{\hat{P}^2}{2m} + U_0 \sin^2(k_0 \hat{X}),$$

其中, $\hat{X}$ 和 $\hat{P}$ 是原子的位置与动量算符, 而且在这里我们忽略了任何自发发射过程. 我们将假定 $k_0 \approx \omega_A/c$, 并引入了"反冲能量" $E_R = \hbar^2 k_0^2/(2m)$.

27.2.1 (a) 给定了哈密顿量 $\hat{H}$ 的周期性, 简略地回顾为什么这个哈密顿量的本征态可以用下列形式（布洛赫定理）计算:

$$|\psi\rangle = e^{iq\hat{X}}|u_q\rangle,$$

其中实数 q（布洛赫指标）处在间隔 $(-k_0, k_0)$ 内, 而 $|u_q\rangle$ 在空间是周期性的, 其周期为 $\lambda_0/2$.

(b) 写出 $|u_q\rangle$ 满足的本征值方程. 讨论相应的谱: (i) 对于一个给定的 q 值, (ii) 当 q 在 $-k_0$ 和 k_0 之间变化时.

在下文中, 具有能量 $E_n(q)$ 的 $\hat{H}$ 的本征态记为 $|n, q\rangle$. 它们在一个 $\lambda_0/2 = \pi/k_0$ 的周期性空间归一化.

27.2.2 在 $U_0 = 0$ 的情况下, 用指标 n 和 q 给出能级.

27.2.3 对于最低的 $n = 0$ 能带, 用一级微扰论处理势 U_0 的效应（应当把 $q = \pm k_0$ 与 q "远离" $\pm k_0$ 的情况分开）. 给出由于存在微扰而出现在 $n = 0$ 与 $n = 1$ 能带之间的能隙宽度.

27.2.4 U_0 在什么条件下, 这个微扰近似是可靠的?

27.2.5 在这个微扰极限下, 别的能隙宽度随 U_0 如何变化?

27.3 布洛赫振荡现象

现在我们假设，在势 $U_0 \sin^2(k_0 x)$ 中制备一个波包，它处于一个随 q 分布清晰的 $n=0$ 的能带，并假设对原子施加一个恒定的外力 $F=ma$。

我们回顾绝热定理：假设在 t 为 0 的时刻，系统被制备成哈密顿量 $\hat{H}(0)$ 的本征态 $|\phi_n^{(0)}\rangle$。如果哈密顿量 $\hat{H}(t)$ 缓慢地随时间变化，系统将以很大的概率保持在本征态 $|\phi_n^{(t)}\rangle$ 上。这个定理的适用条件是对于任意的 $m \neq n$，有 $\hbar \langle \phi_m^{(t)} | \dot{\phi}_n^{(t)} \rangle \ll |E_m(t) - E_n(t)|$。我们使用了符号 $|\dot{\phi}_n^{(t)}\rangle = \dfrac{\mathrm{d}}{\mathrm{d}t} |\phi_n^{(t)}\rangle$。

27.3.1 初态的制备。初始时 $U_0 = 0$，$a=0$ 且原子动量的分布具有一个零平均值和一个比 $\hbar k$ 小的弥散度。我们将用动量本征态 $|p=0\rangle$ 来近似这个态。人们"缓慢地"加入位势 $U_0(t)\sin^2(k_0 x)$，其中 $U_0(t) \leqslant E_R$。

(a) 利用该问题的对称性，证明布洛赫指标 q 是一个运动常数。

(b) 写出指标为 $n=0, q=0$ 的 $H(t)$ 本征态的表达式到 U_0 第一级近似。

(c) 利用 $\dot{U}_0$，E_R，$\hbar$ 评估绝热近似的适用性。

(d) 人们线性地加入势 U_0，直到它达到 E_R 值。为使该过程保持绝热，操作时间 τ 的条件是什么？计算铯原子（$m = 2.2 \times 10^{-25}$ kg，$\lambda_0 = 0.85$ μm）的 τ 的极小值。

27.3.2 设计一个恒力。一旦 $U_0(t)$ 达到了它的最大值 U_0（$t=0$ 时刻），人们就实现了对形成驻波的两个行波的相位 $\phi_+(t)$ 和 $\phi_-(t)$ 的扫描。于是，被原子看到的势是 $U_0(t)\sin^2(k_0 x - (\phi_+(t) - \phi_-(t))/2)$，并且人们选择

$$\phi_+(t) - \phi_-(t) = k_0 a t^2.$$

(a) 证明存在一个参照系，在那里波是稳定的，并给出它的加速度。

(b) 为了研究原子在该加速的参照系中的量子运动，我们考虑由

$$\hat{D}(t) = \exp(\mathrm{i}at^2 \hat{P}/(2\hbar)) \exp(-\mathrm{i}mat\hat{X}/\hbar) \exp(\mathrm{i}ma^2 t^3/(3\hbar))$$

生成的幺正变换。位置与动量算符 $\hat{X}$ 和 $\hat{P}$ 如何变换？写出在这个幺正变换下哈密顿量

$$\widetilde{\hat{H}} = \frac{\hat{P}^2}{2m} + U_0 \sin^2(k_0 \hat{X}) + ma\hat{X}$$

产生的形式。

27.3.3 布洛赫振荡.

我们考虑 $n = 0$，$q = 0$ 的初态在哈密顿量 $\widetilde{H}$ 的作用下的演化.

(a) 检验态矢量保持了布洛赫形式，即

$$|\psi(t)\rangle = e^{iq(t)\hat{X}}|u(t)\rangle,$$

其中 $|u(t)\rangle$ 在空间是周期的，$q(t) = -mat/\hbar$.

(b) 对于 $|u(t)\rangle$ 的演化，绝热近似对应着什么？我们将假定在下文中这个近似是适用的.

(c) 证明 $|\psi(t)\rangle$ 是时间的周期函数，至多差一个相因子，并给出相应的周期值.

(d) 图 27.1 给出了作为时间函数的原子速度分布. 两条曲线之间的时间间隔是 1 ms，$a = -0.85 \text{ ms}^{-2}$. 评论这个使用铯原子测到的图.

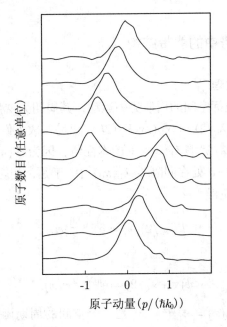

图 27.1 $U_0 = 1.4 E_R$ 时原子的动量分布（在加速的参考系测量）. 下面的曲线对应于制备相位的末端（$t = 0$），而相继从下到上的曲线以 1 ms 的时间间隔隔开. 为清楚起见，对每条曲线设置了不同的垂直偏移

27.4 解

27.1 在一个量子系统上的幺正变换

$|\tilde{\psi}\rangle$ 的时间微商给出

$$i\hbar|\dot{\tilde{\psi}}\rangle = i\hbar(\dot{\hat{D}}|\psi\rangle + \hat{D}|\dot{\psi}\rangle) = i\hbar(\dot{\hat{D}}\hat{D}^\dagger + \hat{D}\hat{H}\hat{D}^\dagger)\hat{D}|\psi\rangle,$$

因此，给出了这个引理的结果.

27.2 在一个周期势中的能带结构

27.2.1 布洛赫定理.

(a) 原子在一个坐标空间的周期势中运动，其周期为 $\lambda_0/2 = \pi/k_0$. 因此，哈密顿量与平移算符 $\hat{T}(\lambda_0/2) = \exp(i\lambda_0\hat{P}/(2\hbar))$ 对易，故人们可以寻找一组这两个算符的共同的基. $\hat{T}(\lambda_0/2)$ 具有模为 1 的本征值，因为 $\hat{T}(\lambda_0/2)$ 是幺正的. 它们可以写成 $e^{iq\lambda_0/2}$，其中 q 处在间隔 $(-k_0, k_0)$ 中. 于是，相应的 $\hat{H}$ 和 $\hat{T}(\lambda_0/2)$ 的本征矢是这样的，它使得

$$\hat{T}(\lambda_0/2)|\psi\rangle = e^{iq\lambda_0/2}|\psi\rangle,$$

或换句话说

$$\psi(x + \lambda_0/2) = e^{iq\lambda_0/2}\psi(x).$$

这等于是说，函数 $u_q(x) = e^{-iqx}\psi(x)$ 是一个空间的周期函数，其周期为 $\lambda_0/2$，因此就是所要的结果.

(b) u_q 满足的方程为

$$-\frac{\hbar^2}{2m}\left(\frac{\mathrm{d}}{\mathrm{d}x} + iq\right)^2 u_q + U_0\sin^2(kx)u_q = Eu_q.$$

对于一个固定的 q 值，我们求这个方程的周期解. 对于每一个 q，边界条件 $u_q(\lambda_0/2) = u_q(0)$ 和 $u'_q(\lambda_0/2) = u'_q(0)$ 导致所允许 E 值的一个分立集合，我们记为 $E_n(q)$. 相应的 $\hat{H}$ 和 $\hat{T}(\lambda_0/2)$ 的本征矢记为 $|\psi\rangle = |n, q\rangle$. 现在，当 q 在区

间 $(-k_0, k_0)$ 内变化时，能量 $E_n(q)$ 在间隔 $(E_n^{\min}, E_n^{\max})$ 内连续地变化. $E_n^{\min}$ 和 $E_n^{\max}$ 的精确值依赖于 U_0 的值. 于是，$E_n(q)$ 的能谱由一系列允许的能带构成，这些能带被对应着能量禁戒值的能隙分隔开. 间隔 $(-k_0, k_0)$ 被称为第一布里渊 (Brillouin) 区.

27.2.2 对 $U_0 = 0$，$\hat{H}$ 的能谱就是 $\hbar^2 k^2/(2m)$，它对应于本征态 $\mathrm{e}^{\mathrm{i}kx}$（自由粒子）. 每个 k 都能被写成 $k = q + 2nk_0$，其中 n 是一个整数，于是 $E_n(q)$ 的谱由折叠的部分抛物线构成（见图 27.2(a)）. 在这种情况下，不存在禁戒能隙，各种能带彼此接在一起（$E_{n+1}^{\min} = E_n^{\max}$）.

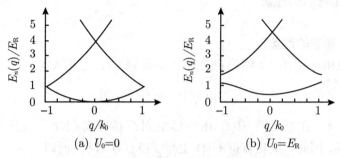

图 27.2 能级 $E_n(q)$ 的结构

27.2.3 当 q 偏离 $\pm k_0$ 足够远时，$\hat{H}$ 的谱没有简并，因而 $n = 0$ 的最低能带的能级移动就可以用下式求得：

$$\Delta E_0(q) = \langle 0, q | U_0 \sin^2(k_0 \hat{X}) | 0, q \rangle$$
$$= \frac{k_0}{\pi} \int_0^{\pi/k_0} \mathrm{e}^{-\mathrm{i}qx} U_0 \sin^2(k_0 x) \mathrm{e}^{\mathrm{i}qx} \mathrm{d}x = \frac{U_0}{2}.$$

当 $q = \pm k_0$ 时，$n = 0$ 和 $n = 1$ 的两个能带刚好重合，应对角化 $U(x)$ 对这个二维子空间的限制. 于是得到

$$\langle 0, k_0 | U_0 \sin^2(k_0 \hat{X}) | 0, k_0 \rangle = \langle 1, k_0 | U_0 \sin^2(k_0 \hat{X}) | 1, k_0 \rangle = \frac{U_0}{2},$$
$$\langle 0, k_0 | U_0 \sin^2(k_0 \hat{X}) | 1, k_0 \rangle = \langle 1, k_0 | U_0 \sin^2(k_0 \hat{X}) | 0, k_0 \rangle = -\frac{U_0}{4}.$$

矩阵

$$\frac{U_0}{4} \begin{pmatrix} 2 & -1 \\ -1 & 2 \end{pmatrix}$$

的对角化给出两个本征值 $3U_0/4$ 和 $U_0/4$，它意味着 $n = 0$ 和 $n = 1$ 这两个能带彼此不再接触，而是被一个能隙 $U_0/2$ 分隔开来（对 $U_0 = E_\mathrm{R}$，见图 27.2(b)).

27.2.4 如果可以忽略与所有其他能带的耦合，这种微扰方法是适用的. 因

为在 $n=1$ 和 $n=2$ 两个能带之间的特征能量劈裂是 $4E_R$, 适用性判据是

$$U_0 \ll 4E_R.$$

27.2.5 别的能隙在 $k=0$, 或在 $k=\pm k_0$ 处打开. 在 $U_0 \sin^2(k_0 x)$ 的影响下, 它们是来自 e^{ink_0x} 与 e^{-ink_0x} 耦合的结果. 当取 n 阶时, 这个耦合给出一个非零的结果. 因此, 其他的能隙尺度为 U_0^n, 且比最低的能隙小得多.

27.3 布洛赫振荡现象

27.3.1 初态的制备.

(a) 假设初态具有一个明确定义的布洛赫指标 q, 它意味着

$$\hat{T}(\lambda_0/2)|\psi(0)\rangle = \mathrm{e}^{iq\lambda_0/2}|\psi(0)\rangle.$$

在任意时刻 t, 哈密顿量 $\hat{H}(t)$ 在坐标空间都具有周期性, 而且与平移算符 $\hat{T}(\lambda_0/2)$ 对易. 因此, 演化算符 $\hat{U}(t)$ 也与 $\hat{T}(\lambda_0/2)$ 对易. 所以

$$\hat{T}(\lambda_0/2)|\psi(t)\rangle = \hat{T}(\lambda_0/2)\hat{U}(t)|\psi(0)\rangle = \hat{U}(t)\hat{T}(\lambda_0/2)|\psi(0)\rangle,$$
$$= \mathrm{e}^{iq\lambda_0/2}|\psi(t)\rangle,$$

它意味着 q 是一个运动常数.

(b) 在 U_0 的零阶, 对应着布洛赫指标 $q=0$ 的 H 的本征态是平面波 $|k=0\rangle$ (能量为 0)、$|k=\pm 2k_0\rangle$ (能量为 $4E_R$) ⋯⋯ 在 U_0 的第一阶, 为了确定 $|n=0, q=0\rangle$, 我们必须考虑 $|k=0\rangle$ 与 $|k=\pm 2k_0\rangle$ 的耦合, 它给出

$$|n=0, q=0\rangle = |k=0\rangle + \sum_{\epsilon=\pm} \frac{\langle k=2\epsilon k_0|U_0 \sin^2 k_0 x|k=0\rangle}{4E_R} |k=2\epsilon k_0\rangle.$$

矩阵元的计算是直截了当的, 它导致

$$\langle x|n=0, q=0\rangle \propto 1 + \frac{U_0(t)}{8E_R}\cos(2k_0 x).$$

(c) 倘若对于任意的 n',

$$\hbar\langle n', q=0|\left(\frac{\mathrm{d}|n=0, q=0\rangle}{\mathrm{d}t}\right) \ll E_{n'}(0) - E_0(0),$$

则当势 U_0 升高时, 系统将绝热地跟随 $|n=0, q=0\rangle$ 能级. 使用上面找到的对 $|n=0, q=0\rangle$ 的值, 并取 $n'=\pm 1$, 我们导出在这种特定情况下绝热近似的适用判据:

$$\hbar\dot{U}_0 \ll 64 E_R^2.$$

(d) 对 U_0 这样的一种线性变化，即 $U_0 = E_R t/\tau$，这个适用条件为

$$\tau \gg \hbar/(64E_R),$$

对铯原子，它对应着 $\tau \gg 10$ μs.

27.3.2 设计一个恒力.

(a) 考虑实验室系中一个坐标为 x 的点. 在加速度为 a、初始速度为 0 的这个参照系中，这个点的坐标是 $x' = x - at^2/2$. 在这个参照系中，激光强度按照 $\sin^2(kx')$ 变化，它对应着一个"真正的"驻波.

(b) 利用标准的关系 $[\hat{X}, f(\hat{P})] = i\hbar f'(\hat{P})$ 和 $[\hat{P}, g(\hat{X})] = -i\hbar g'(\hat{X})$，人们得到

$$\hat{D}\hat{X}\hat{D}^\dagger = \hat{X} + \frac{at^2}{2}, \qquad \hat{D}\hat{P}\hat{D}^\dagger = \hat{P} + mat.$$

变换后的哈密顿量 $\hat{D}\hat{H}\hat{D}^\dagger$ 为

$$\hat{D}\hat{H}\hat{D}^\dagger = \frac{1}{2m}\left(\hat{P} + mat\right)^2 + U_0 \sin^2(k_0 \hat{X}),$$

在 $\widetilde{H}$ 中出现的额外的项可以写成

$$i\hbar \frac{d\hat{D}}{dt}\hat{D}^\dagger = -at\hat{P} + ma\hat{X} - \frac{ma^2 t^2}{2}.$$

把这两项贡献加在一起，我们得到

$$\widetilde{H} = \frac{\hat{P}^2}{2m} + U_0 \sin^2(k_0 \hat{X}) + ma\hat{X}.$$

这个哈密顿量描写一个质量为 m 的粒子在叠加了一个恒力 ma 的周期势场中的运动.

27.3.3 布洛赫振荡.

(a) 态矢量的演化为 $i\hbar|\dot{\psi}\rangle = \widetilde{H}|\psi\rangle$. 我们现在让 $|\psi(t)\rangle = \exp(-imat\hat{X}/\hbar)|u(t)\rangle$，并寻找 $|u(t)\rangle$ 的演化. 经过直接计算，我们得到

$$i\hbar \frac{\partial u(x,t)}{\partial t} = -\frac{\hbar^2}{2m}\left(\frac{\partial}{\partial x} - \frac{imat}{\hbar}\right)^2 u(x,t) + U_0 \sin^2(k_0 x) u(x,t).$$

利用这个方程的结构，并使用 $u(x,0)$ 的初始空间周期性，人们可推导出: $u(x,t)$ 也具有空间周期性，其周期同样为 $\lambda_0/2$.

(b) 对 $|u(t)\rangle$ 的绝热假设意味着在 $t = 0$ 时刻等于 $|u_{n=0,q=0}\rangle$ 的矢量在任何时刻都等于 $|u_{n=0,q(t)}\rangle$ (译者注: 原文错误已改正). 原子驻留在 $n = 0$ 的能带上.

(c) 考虑一段时间 $T_B = 2\hbar k_0/(ma)$，在这段时间内，$q(t)$ 变成 $q(t) - 2k_0$. 因为 $2k_0$ 是布里渊带的宽度，我们有 $|u_{n,q-2k_0}\rangle \equiv |u_{n,q}\rangle$. 因此，当绝热近似适用时，

$|\psi(t+T_B)\rangle$ 态与 $|\psi(t)\rangle$ 态（在一个相因子范围内）一致. 因为这个相因子并不进入诸如位置或动量分布这些物理量的计算中，我们预期这些量随时间的演化将具有周期为 T_B 的周期性.

(d) 我们首先注意到，初始分布是平均动量为 0 的那种分布，而且正如在该问题中所假设的，动量的弥散与 $\hbar k_0$ 相比很小. 涉及时间的演化，我们的确看到，原子的动量分布对时间是周期的，其周期为 $T_B \approx 8$ ms，它与预期值 $2\hbar k_0/(ma)$ 相吻合. 最后，我们注意到，在开始的 4 ms 内，平均动量随时间准线性地增加，从 0 变到 $\hbar k_0$. 在对应着 $T_B/2$ 的这个时刻，"反射"发生了，且动量变成了 $-\hbar k_0$. 在这个布洛赫周期的第二个半段时间内（从 4 ms 到 8 ms），动量再次随时间线性地增长从 $-\hbar k_0$ 到 0. 在 $T_B/2$ 时刻，粒子处在该布里渊区的边缘（$q = \pm k_0$）. 这是一个绝热近似最脆弱的地方，因为此时 $n=1$ 能带非常靠近 $n=0$ 能带（能隙 U_0）. 人们可以检验此处的绝热近似适用性的判据是 $maE_R \ll k_0 U_0^2$，它在该实验中很好地应验了. 在 $t = T_B/2$ 时发生的反射可以看作是在周期性光栅 $U_0 \sin^2(kx)$ 上，动量为 $\hbar k_0$ 的原子的布拉格（Bragg）反射.

27.5 评　　注

一个恒力 ma 导致了粒子的振荡而不是恒定的加速，这种佯谬的情况称为布洛赫振荡现象. 它表明一个理想的晶体不可能是一个好的导体：当人们把一个位势差加到晶体边缘时，除了晶体产生的周期势之外，导带的电子还感受到了一个恒力，因而它们应当振荡而不是向晶体正的边缘加速. 电导现象是真实金属中出现缺陷的结果.

实验数据是从 M. Ben Dahan, E. Peik, J. Reichel, Y. Castin, and C. Salomon, Phys. Rev. Lett. 76, 4508 (1996) 和 E. Peik, M. Ben Dahan, I. Bouchoule, Y. Castin, and C. Salomon, Phys. Rev. A 55, 2989 (1997) 中抽取出来的. 使用光驻波做的原子光学实验的综述在 M. Raizen, C. Salomon, and Q. Niu, Physics Today, July 1997, p. 30 中给出.